北京理工大学"双一流"建设精品出版工程

Comprehensive Experiment Tutorial on Automation

自动化专业综合实验教程

彭熙伟　郭玉洁　费庆　郑戍华　王涛◎编著

北京理工大学出版社
BEIJING INSTITUTE OF TECHNOLOGY PRESS

内 容 简 介

本书为适应新一轮科技革命和产业变革对人才培养提出的新要求，按照自动化专业特色，进行体系设计，构建交叉融合、整合集成的实验教学内容，从工程性、实践性、应用性和综合性，加快自动化新工科专业建设。

本书主要内容包括 LabVIEW 编程基础知识、PLC 编程基础知识、微机原理与接口技术实验、单片机课程设计、FPGA 数字系统实验、基于 ARM 的嵌入式系统实验、传感与测试技术实验、液压传动实验、自动控制系统综合实验、可编程控制器（PLC/PAC）控制实验等。本书以设计任务为目标，以实验原理为基础，以分析、设计、实验、研究为抓手，以总结反思促提升，构建反映内在联系、发展规律及学科专业交叉融合、整合集成的综合性、研究性、项目制实验项目特点的实验教学内容，梯度明晰、融会贯通、螺旋上升，体现创新性和学科专业特色，突出工程特色，强化工程训练，为全面提高人才培养奠定坚实的实践基础。

本书可作为自动化、电气工程及其自动化等机电类专业的教材，也适合用于其他各类成人高校、电大、自学考试等相关机电类专业教材，也可供从事自动化、电气工程及其自动化的工程技术人员参考。

版权专有　侵权必究

图书在版编目（CIP）数据

自动化专业综合实验教程 / 彭熙伟等编著. -- 北京：北京理工大学出版社，2025.1.
ISBN 978-7-5763-4639-8

Ⅰ.TP2

中国国家版本馆 CIP 数据核字第 2025Y6F227 号

责任编辑：王梦春	文案编辑：辛丽莉
责任校对：周瑞红	责任印制：李志强

出版发行 / 北京理工大学出版社有限责任公司
社　　址 / 北京市丰台区四合庄路 6 号
邮　　编 / 100070
电　　话 /（010）68944439（学术售后服务热线）
网　　址 / http://www.bitpress.com.cn

版 印 次 / 2025 年 1 月第 1 版第 1 次印刷
印　　刷 / 三河市华骏印务包装有限公司
开　　本 / 787 mm×1092 mm　1/16
印　　张 / 21.75
字　　数 / 511 千字
定　　价 / 78.00 元

图书出现印装质量问题，请拨打售后服务热线，负责调换

前言

目前我国正处于加快构建新发展格局的新起点上,新时代人才强国战略对人才数量、质量、结构的需求将是全方位的,比历史上任何时期都更加渴求人才。这种发展趋势对工科专业人才培养质量提出了新要求,即不仅要具备扎实的专业学科基础理论知识,还应具备工程实践能力、工程设计能力、实践创新能力及解决复杂工程问题的能力。因此,面临新形势新要求,拔尖创新人才自主培养是解决我国关键核心技术"卡脖子"问题的关键。以习近平总书记新时代中国特色社会主义思想为指导,全面贯彻落实党的二十大精神,用心打造培根铸魂、启智增慧、适应时代要求的精品教材,为培养德智体美劳全面发展的社会主义建设者和接班人、建设教育强国作出更大的贡献,是我们的一项重大光荣使命。

自动化专业具有工程性、实践性、综合性和集成性强的显著特点,专业面宽,涵盖计算机与嵌入式技术、传感与检测技术、传动与控制技术等核心课程。由于自动化专业课程实验各自独立、内容零散、交叉融合欠缺,因此"教与学"两个方面都存在明显短板,以至于存在实验教学质量不高的实际情况。为适应新一轮科技革命和产业变革对人才培养提出的新要求,按照自动化专业特色进行体系设计,遵从学生认知规律,构建思想性、科学性、实践性、综合性和系统性的实验内容体系,以满足新经济和未来社会发展所需的高素质卓越工程师人才培养的需求。

本书以虚拟仪器、PLC 编程基础知识为基础,以微机原理与接口技术、单片机课程设计、FPGA 数字系统实验、基于 ARM 的嵌入式系统实验、传感与测试技术实验、液压传动实验、自动控制系统综合实验、可编程控制器(PLC/PAC)控制实验等内容为单元构建实验内容,以"内容主题"组织单元,以设计任务为目标,以实验原理为基础,以分析、设计、实验、研究为抓手,以总结反思促提升,构建交叉融合、整合集成的综合性、研究性、项目制实验内容,梯度明晰、融会贯通、螺旋上升,体现创新性和学科专业特色,突出工程特色、强化工程训练,为全面提高人才培养能力奠定坚实的实践基础。

本书可作为自动化、电气工程及其自动化等机电类专业的教材，也适合用于其他各类成人高校、电大、自学考试等相关机电类专业教材，也可供从事自动化、电气工程及其自动化的工程技术人员参考。

本书主要由彭熙伟教授编著，其他参与的编著人员有郭玉洁、费庆、郑戍华、王涛。

由于编著者水平所限，书中不妥之处，恳请各位读者批评指正。

编著者

2024 年 5 月

目 录 CONTENTS

第 1 章 LabVIEW 编程基础知识 001
1.1 LabVIEW 编程概述 001
1.2 LabVIEW 编程环境 005
1.3 LabVIEW 编程基础 015
1.4 LabWindows/CVI 编程语言 025
1.5 构建一个简单的 CVI 测量程序 033

第 2 章 SIMATIC S7-1200 PLC 编程基础知识 044
2.1 TIA Portal V16 编程软件基础知识 044
2.2 TIA Portal V16 编程软件应用实践 051

第 3 章 微机原理与接口技术实验 055
3.1 8086 汇编语言程序设计实验 055
3.2 Proteus 与微机原理实验系统概述 062
3.3 8259 可编程中断控制器实验 065
3.4 8253 可编程定时/计数器实验 070
3.5 8255 可编程并行接口实验 073
3.6 8250 串行通信实验 075
3.7 A/D 转换实验 079
3.8 D/A 转换实验 081
3.9 微机接口综合设计 084

第 4 章 单片机课程设计 088
4.1 8051 单片机 C 语言编程概述 088
4.2 单片机 I/O 接口实验——流水灯 092

4.3 单片机 I/O 接口实验——开关量输入 096
4.4 外部中断实验 100
4.5 定时器实验 105
4.6 串口通信实验 109
4.7 电子钟设计 116
4.8 简易电子琴设计 125
4.9 数字电压表设计 129
4.10 简易信号发生器设计 134
4.11 步进电机控制系统设计 141
4.12 温度检测系统设计 148

第 5 章 FPGA 数字系统设计实验 155

5.1 FPGA 数字系统设计概述 155
5.2 设计实验示例 171
5.3 组合逻辑电路设计 194
5.4 时序逻辑电路设计 197
5.5 数字接口电路设计 199
5.6 数字系统综合设计 204

第 6 章 基于 ARM 的嵌入式系统实验 211

6.1 概述 211
6.2 GPIO 输出实验 222
6.3 GPIO 输入实验 234
6.4 外部中断实验 240
6.5 串口通信实验 251
6.6 基本定时器实验 264

第 7 章 传感与测试技术实验 270

7.1 7660 采集板卡 270
7.2 基于 LWH 导电塑料位移传感器的位移测试系统设计 272
7.3 基于 E6B2-CWZ6C 旋转编码器的转速测试系统设计 274
7.4 基于 PT100 热电阻式温度传感器的测试系统设计 277
7.5 基于 10 kΩ 热敏电阻温度传感器的测试系统设计 279
7.6 基于 SSI P53 压力传感器的测试系统设计 281
7.7 基于 AD590 温度传感器的测试系统设计 283
7.8 基于涡轮流量传感器的测试系统设计 286
7.9 基于 HCT206NB 电流互感器的交流电流测试系统设计 288

第 8 章 液压传动实验 291

8.1 液压元件认知实践 291

8.2　液压系统卸荷、调压、节流阀特性实验 ⋯⋯⋯⋯⋯⋯⋯⋯⋯⋯⋯⋯⋯⋯⋯⋯⋯⋯ 296
　　8.3　液压马达调速综合设计系统实验 ⋯⋯⋯⋯⋯⋯⋯⋯⋯⋯⋯⋯⋯⋯⋯⋯⋯⋯⋯⋯ 299
　　8.4　液压缸调速综合设计系统实验 ⋯⋯⋯⋯⋯⋯⋯⋯⋯⋯⋯⋯⋯⋯⋯⋯⋯⋯⋯⋯⋯ 301

第9章　自动控制系统综合实验 ⋯⋯⋯⋯⋯⋯⋯⋯⋯⋯⋯⋯⋯⋯⋯⋯⋯⋯⋯⋯⋯⋯⋯⋯ 303
　　9.1　基于C++语言的电液比例位置闭环控制实验 ⋯⋯⋯⋯⋯⋯⋯⋯⋯⋯⋯⋯⋯⋯⋯ 303
　　9.2　基于C++语言的交流伺服位置闭环控制实验 ⋯⋯⋯⋯⋯⋯⋯⋯⋯⋯⋯⋯⋯⋯⋯ 309

第10章　可编程控制器（PLC/PAC）控制实验 ⋯⋯⋯⋯⋯⋯⋯⋯⋯⋯⋯⋯⋯⋯⋯⋯⋯ 320
　　10.1　可编程自动化控制系统及Sysmac Studio编程概述 ⋯⋯⋯⋯⋯⋯⋯⋯⋯⋯⋯⋯ 320
　　10.2　基于OMRON NX1P的逻辑顺序控制系统设计 ⋯⋯⋯⋯⋯⋯⋯⋯⋯⋯⋯⋯⋯⋯ 330
　　10.3　基于OMRON NX1P的电机运动控制系统设计 ⋯⋯⋯⋯⋯⋯⋯⋯⋯⋯⋯⋯⋯⋯ 338
　　10.4　基于OMRON NX1P的网络控制系统设计 ⋯⋯⋯⋯⋯⋯⋯⋯⋯⋯⋯⋯⋯⋯⋯⋯ 339

参考文献 ⋯⋯⋯⋯⋯⋯⋯⋯⋯⋯⋯⋯⋯⋯⋯⋯⋯⋯⋯⋯⋯⋯⋯⋯⋯⋯⋯⋯⋯⋯⋯⋯⋯⋯ 340

第 1 章　LabVIEW 编程基础知识

1.1　LabVIEW 编程概述

LabVIEW（laboratory virtual instrument engineering workbench）是一种用图标（icon）代替文本创建程序的图形化编程语言。传统文本编程语言根据语句和指令的先后顺序决定程序执行顺序，而 LabVIEW 则采用的是图形化编程语言 G 编写程序，产生的程序是框图的形式，程序框图中节点之间的数据流决定了 VI 及函数的执行顺序。VI 指虚拟仪器，是 LabVIEW 的程序模块（module）。

LabVIEW 提供很多外观与传统仪器（如示波器、万用表）类似的控件，可以用来方便地创建用户界面。用户界面在 LabVIEW 中称为前面板。使用图标和连线，可以通过编程对前面板上的对象进行控制，这就是图形化源代码，又称 G 语言。LabVIEW 的图形化源代码在某种程度上类似于流程图，因此又称程序框图代码。

LabVIEW 集成了与满足 GPIB、VXI、RS232 和 RS485 协议的硬件及数据采集卡通信的全部功能。它还内置了便于应用 TCP/IP、ActiveX 等软件标准的函数库（function library）。这是一个功能强大且灵活的软件。方便的是，它在与硬件结合的情况下，用户通过改变软件，就可以根据自己的需求定义和制造各种仪器，它可以增强构建自己的科学和工程系统的能力，为实现仪器编程和数据采集系统提供了便捷途径。使用它进行原理研究、设计、测试及实现仪器系统时，可以大幅提高工作效率。

LabVIEW 使工业生产与设备研发等变得更轻松。它拥有丰富的函数库，这些库可以帮助用户完成编程中的大部分任务，使用户免于被传统编程语言中的指针、内存分配以及其他的编程问题所困扰。LabVIEW 也包含特定的应用程序代码，如数据采集（data acquisition）、通用接口总线（general-purpose interface bus，GPIB）、串口仪器控制、数据分析、数据存储和 Internet 通信等。分析库包含了大量的实用函数，如信号产生、信号处理、滤波器、加窗、统计、回归、线性代数和矩阵运算等。

LabVIEW 作为一个标准的数据采集和仪器控制软件，其灵活性、模块化以及编程的便利性使它被广泛应用于教学、科研开发及生产制造中。与其他仿真软件相比，与硬件结合甚至"植入"硬件的强大功能使得它更容易在硬件上实现，从而也更容易检验所设计算法和系统的正确性、有效性与实用性。

本书以 LabVIEW 2019 为例，介绍 LabVIEW 的工作原理与安装流程。

1.1.1 LabVIEW 的工作原理

LabVIEW 编程开发环境不同于标准 C 或 Java 开发系统的一个重要区别就是：标准语言编程系统采用基于文本行的代码编程；而 LabVIEW 使用图形化编程语言，通常称为 G 语言，在称为框架的图形框架内编程。

一个 LabVIEW 程序由一个或多个 VI 组成。每一个 VI 由 3 个主要部分组成：前面板、框图、图标和连接器。这些 VI 的外观和操作通常模拟了实际的物理仪器，类似于传统编程语言（如 C 或 Visual Basic）中的主程序、函数、子程序。

1）前面板是 VI 的交互式用户界面，它模拟了实际物理仪器的前面板，如图 1-1 所示。前面板包含旋钮、按钮、图形及其他输入控件（用于用户输入）和指示器（用于程序输出）。用户可以使用键盘、鼠标和触屏等进行输入，然后在屏幕上观察 VI 程序运行产生的结果。

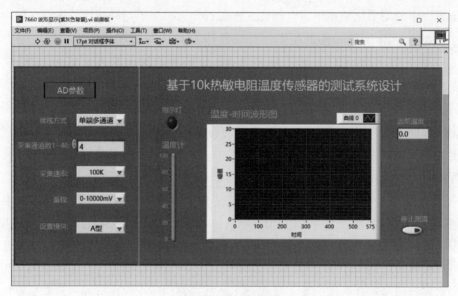

图 1-1 VI 前面板

2）框图是 VI 的源代码，由 LabVIEW 图形化编程语言构成，如图 1-2 所示。框图是实际可执行的程序。框图的构成有低级 VI、内置函数、常量和执行控制结构，用连线将相应的对象连接起来定义程序运行的数据流。前面板上的对象对应框图上的终端，这样数据可从用户传送到程序再回传给用户。

3）为了使一个 VI 能作为子程序用于另外一个 VI 的框图中，该 VI 必须有连接器，如图 1-3 所示。被其他 VI 所使用的 VI 称为子 VI，类似于子程序。图标是 VI 的图形表示（见图 1-3（a）），会在另外的 VI 框图中作为一个对象使用。当 VI 作为子 VI 使用时，其连接器（见图 1-3（b））用于从其他框图中连线数据到当前 VI。连接器定义了 VI 的输入和输出，类似于子程序的参数。

VI 是分层和模块化的程序，可以将其作为上层程序或子程序。使用这种体系结构，LabVIEW 进一步提升了模块化编程的概念。首先，把一个应用程序分解成一系列简单的子任务；其次，逐个建立 VI 完成每一个子任务；最后在一个上层框图中将这些 VI 连接起来完

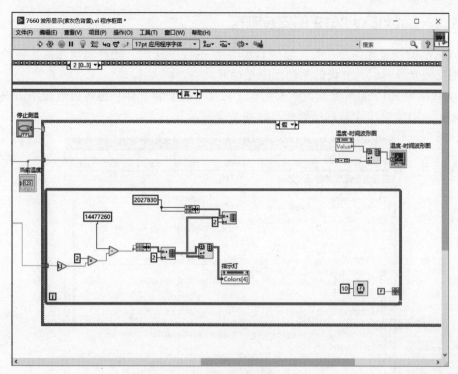

图 1-2　VI 框图

成更大的任务。

　　模块化编程就是叠加过程，因为每一个子 VI 都可以单独执行，以便调试。此外，一些低层子 VI 所执行的任务是很多应用程序所共用的，在每个应用程序中都可以独立地使用。

　　为了直观地理解上述概念，表 1-1 列出了一些 LabVIEW 术语及其等效的常规语言术语。

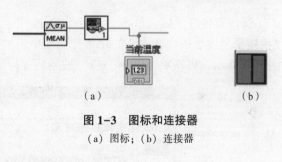

图 1-3　图标和连接器
(a) 图标；(b) 连接器

表 1-1　LabVIEW 术语及其等效的常规语言术语

LabVIEW 术语	常规语言术语
VI	程序
函数	函数或方法
子 VI	子程序、对象
前面板	用户接口
框图	程序代码
G	C、C++、Java、Delphi、Visual Basic 等

1.1.2 LabVIEW 2019 的安装流程

LabVIEW 的安装光盘分几类，包括 LabVIEW 主程序光盘、硬件驱动光盘、各种模块和工具包的安装光盘，以及外设的驱动程序光盘等。

将 LabVIEW 2019 的系统光盘插入光驱（磁盘上有安装文件，也可以直接单击安装执行程序 Install.exe），弹出安装选择界面，如图 1-4 所示。

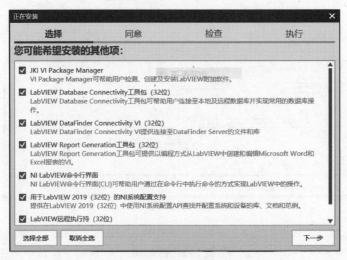

图 1-4　安装选择界面

选择安装选项后，单击"下一步"按钮，进入许可协议界面，如图 1-5 所示，选中"我接受上述 2 条许可协议"单选按钮后单击"下一步"按钮，进入摘要信息检查界面，如图 1-6 所示，再次单击"下一步"按钮后等待安装完成即可，如图 1-7 所示。

图 1-5　许可协议界面

如果配备 NI 公司生产的外部 I/O 接口设备，如通信卡、数据采集卡等，还要安装指定的驱动程序，安装步骤参照上述过程以及相应卡的驱动安装说明。

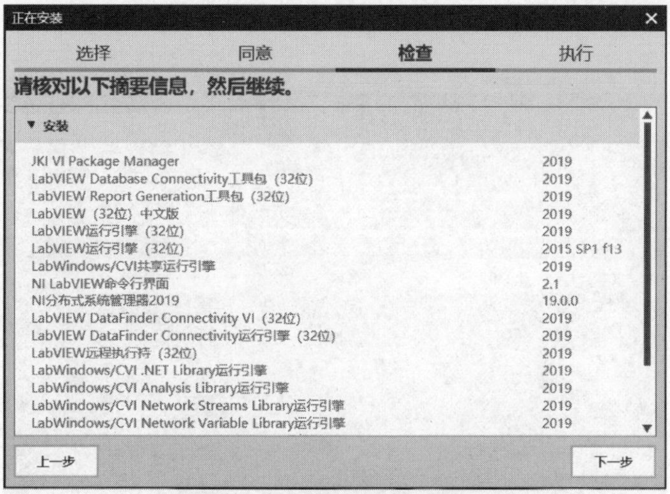

图 1-6　摘要信息检查界面

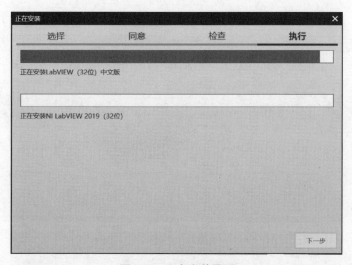

图 1-7　正在安装界面

1.2　LabVIEW 编程环境

本节学习 LabVIEW 的基本编程环境；学习 LabVIEW 程序的 3 个基本组成元素，即前面板、框图图标和连接器；学习项目浏览器（LabVIEW project explorer）、下拉菜单和弹出菜单、浮动选项卡、工具栏和获得帮助的方法，以及 LabVIEW 程序的编译方法。

双击 LabVIEW 图标，或通过菜单运行 National Instrument LabVIEW，即可启动 LabVIEW。启动窗口如图 1-8 所示。

1.2.1　前面板

前面板是一个窗口，用户通过它与 LabVIEW 程序进行交互。当运行 VI 时，必须打开前面板，以便向执行程序中输入数据。一般而言，前面板是必不可少的，因为它是 LabVIEW

程序输出的界面，LabVIEW 的一个示例前面板如图 1-9 所示。

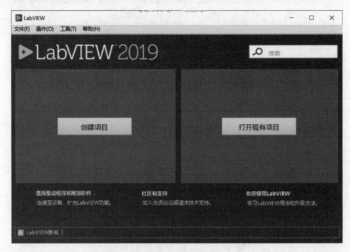

图 1-8　LabVIEW 启动窗口

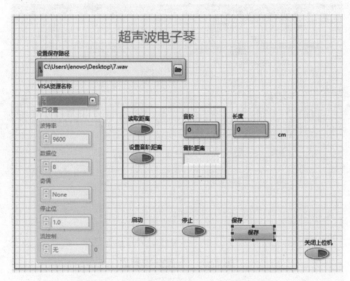

图 1-9　LabVIEW 的一个示例前面板

前面板主要是由输入控件和指示器组成的联合体。输入控件模拟典型的输入对象，这些对象可以在普通的仪器上找到，如旋钮和开关等。输入控件可以让用户输入数值，向 VI 的框图提供数据。指示器显示由虚拟仪器产生的输出信息，从而模拟实际仪器工作时的输出情况。下面的等式有助于理解输入控件和指示器：

输入控件=来自用户的输入=数据源

指示器=给用户的输出=数据的目的地或接收器

二者通常是不可互换的，因此要理解其不同之处。

从浮动"控件"选项卡的选项卡中，选定输入控件和指示器并将其放置到前面板上，放置位置可以是任意位置。控件对象被放置到前面板上，可以非常灵活地调整其大小、形状、位置、颜色等其他属性。

1.2.2 程序框图

框图窗口保存 VI 的图形化源代码。LabVIEW 的程序框图对应传统编程语言中的文本行,它是真正的可执行代码。通过将程序框图窗口上的各个对象连接在一起构成框图以执行特定的功能。这里对程序框图的各种组成元件,如端子、节点和连线等,进行讨论和研究。

图 1-10 所示的简单 VI 可以计算两数之和,其框图如图 1-11 所示,图中显示了端子、节点和连线示例。

注意:输入控件端子是粗边框,右侧带一个指向外部的箭头;而指示器是细边框,左侧有一个指向内部的箭头。区分二者是很重要的,因为二者在功能上是不等价的。

图 1-10 计算两数之和的简单 VI

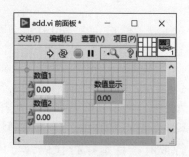
图 1-11 计算两数之和的框图

当放置输入控件和指示器到前面板上时,LabVIEW 自动在框图中创建对应的端子。默认情况下,不能直接删除框图上属于控件和指示器的端子,只有在删除前面板上其对应的控件和指示器,对应端子才会消失。然而,通过设置"程序框图"选项卡中的"从程序框图中删除/复制前面板接线端"选项,可以改变该功能的执行方式。

在框图中,可以把端子视为入口和出口,或者视为源和目的地。如图 1-11 所示,输入数值 1 控件的数据离开前面板,通过框图中的数值 1 控件的端子进入框图。数据再从该控件的端子沿着连线流入"加"函数的输入端子。同样,数据从数值 2 控件端子流入"加"函数的另一个输入端子。当"加"函数的两个输入端子都可以用时,该函数会执行内部计算,在输出端子上产生一个新的数据。输出数据流到数值显示指示器的端子并重新进入前面板,显示给用户。

框图端子有一个"显示为图标"选项(可右击框图端子,从弹出的快捷菜单中调出,如图 1-12 所示),使得端子以图标方式显示。启用"显示为图标"选项显示

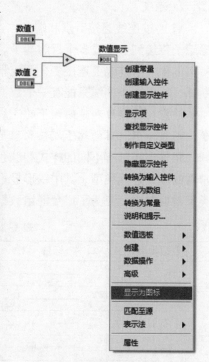
图 1-12 快捷菜单中"显示为图标"选项

的端子较大,并且包含反映端子对应的前面板控件类型的图标。关闭"显示为图标"选项,端子将更加简洁,数据类型更加醒目。这两种设置情况下的功能完全相同,可根据需要设定。

图 1-13 所示为以两种方式显示各种不同前面板控件的端子,其中图 1-13(a)为启用"显示为图标"选项,图 1-13(b)为关闭该选项。

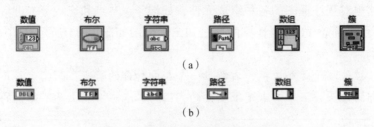

图 1-13 前面板控件的端子显示
(a) 启用"显示为图标"选项;(b) 关闭"显示为图标"选项

1. 节点

节点是执行元件形象化的名称。节点类似于标准编程语言中的语句、操作符、函数和子程序。"加"和"减"函数代表了一种类型的节点,结构则代表另一种类型的节点。结构能够重复地执行或有条件地执行代码,与传统编程语言中的循环语句和 case 语句相似。LabVIEW 也有特殊的节点,称为公式节点,对于计算数学公式和表达式非常有用。另外,LabVIEW 还有一种称为事件结构的特殊节点,能够捕获来自前面板和用户定义的事件。

2. 连线

VI 通过连线连接节点和端子。连线是从源端子到目的端子的数据路径,将数据从一个源端子传递到一个或多个目的端子。

如果一条连线上连接多个源或根本没有源,LabVIEW 将不支持该操作,连线将显示为断开,所以一条连线只能有一个数据源,但是可以有多个数据接收端。

注意:连接源和目的端子的连线规则解释了为什么控件和指示器不能互换。控件是源端子,而指示器是目的端子或接收端子。

每种连线都有不同的样式和颜色,取决于渡过连线的数据类型。表 1-2 列出了框图中常用的基本连线类型。其中线形显示了数字标量值的连线类型——细实线。简单地将颜色和类型对应起来,是为了避免混淆数据类型。

表 1-2 框图中常用的基本连线类型

数据类型	标量	一维数组	二维数组	颜色
浮点数				橙色
整数				蓝色
布尔				绿色
字符串				粉红
簇				棕色或粉色

3. 数据流编程

由于 LabVIEW 不是基于文本的编程语言，其代码不能逐行执行。管理 G 程序执行的规则称为数据流。简单地说，只有当其输入端子数据全部到达时才能执行；当其执行完毕，节点提供的数据送到所有的输出端子，并立即从源端子传递到目的端子。数据流显示对应执行文本程序的控制流方法，控制流按指令编写的顺序执行。传统执行流程是指令驱动的、而数据流执行是数据驱动的或是依赖数据的。

1.2.3　LabVIEW 项目

LabVIEW 项目能够组织 VI 和其他 LabVIEW 文件，也包括非 LabVIEW 文件，如文档和其他可能用到的文件。保存项目后，LabVIEW 会创建项目文件（.lvproj）。除了保存项目中包含的相关文件的信息之外，项目文件还保存项目的配置、编译和开发信息。

1. 项目浏览器窗口

项目浏览器窗口是创建和编辑 LabVIEW 项目的界面。图 1-14 为新建的空白项目。选择"文件"→"新建项目"选项打开项目浏览器，并创建空白的项目。

项目以包含子项的树目录形式显示。如图 1-14 所示，根项目是"未命名项目 1"，显示项目文件的名称并包含所有的项目内容。下一项是"我的电脑"，它代表了作为项目中目标对象之一的计算机。

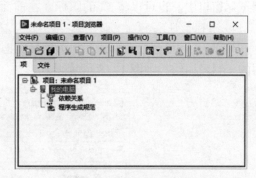

图 1-14　新建的空白项目

注意：目标对象是部署使用 VI 的地方，目标对象可以是本地计算机、LabVIEW RT 控制器、个人掌上电脑（personal digital assistant, PDA）、LabVIEW 现场可编程门阵列（field programmable gate array, FPGA）设备或任何可以运行 VI 的地方。通过右击根项目并在弹出的快捷菜单中选择"新建"→"目标或设备"选项，可以为项目添加目标对象，为了添加目标对象，还需要安装合适的 LabVIEW 附加模块。例如，LabVIEW RT、FPGA 和 PDA 模块，可以将这些对象添加到项目中。

"我的电脑"目标对象下是"依赖关系"和"程序生成规范"节点。依赖关系是项目中的 VI 需要的相关对象。程序生成规范是定义如何部署应用软件的规则。

2. 项目浏览器工具栏

项目浏览器包含许多工具，使得执行常用操作非常简洁，分别是"标准""项目""生成"和"源代码控制"工具栏（依次从左至右），如图 1-15 所示。

图 1-15　项目浏览器工具栏

在"查看"→"工具栏"选项中可以选择是否显示这些工具栏，或双击工具栏从弹出的快捷菜单中选择想要显示的工具栏，如图 1-16 所示。

3. 向项目添加对象

在项目"我的电脑"目标对象下可添加新内容，也可创建子目录，以便进行项目内容管理。向项目中添加新内容有多种方法，右击弹出的快捷菜单是添加新 VI（见图 1-17）和创建新子目录最便捷的方法。

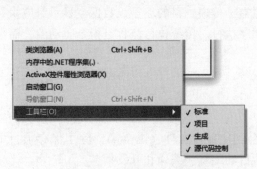

图 1-16 设置显示工具栏

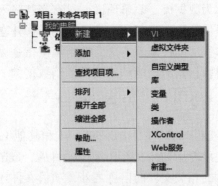

图 1-17 在项目浏览器中添加新 VI

可以从弹出的快捷菜单中添加对象，但最快捷的方法是从磁盘中拖动对象或目录到项目浏览器窗口中。也可以将 VI 的图标（在前面板或框图窗口的右上角）拖动到目标对象中。

4. 项目子目录

可以为子 VI 创建子目录，或为项目文档创建另外的子目录来管理项目文件，项目浏览器的子目录树结构如图 1-18 所示。

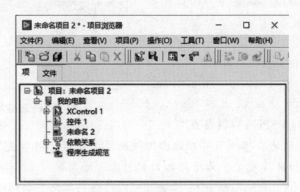

图 1-18 项目浏览器的子目录树结构

5. "程序生成规范"节点

项目开发环境提供了 VI 创建软件产品的功能。要使用该功能，可在项目浏览器中的"程序生成规范"节点上右击，在弹出的快捷菜单中选择"新建"选项，在子菜单中选择一种编译输出类型，如图 1-19 所示。可以选择以下各选项。

1）应用程序（EXE）——使用单机应用程序为其他用户提供可执行版本的 VI，当用户要在不安装 LabVIEW 开发系统的情况下运行 VI 时，该功能是很有用的。Windows 应用程序的扩展名为 .exe。

2）安装程序——使用安装程序（由 Application Builder 创建的单机应用程序、共享库和源代码发布）。安装程序包括 LabVIEW RT 引擎。如果用户要在不安装 LabVIEW 的情况下运行应用程序或使用共享库（DLL），LabVIEW RT 引擎是非常有用的。

3）.NET 互操作程序集——将一组 VI 打包，用于 Microsoft .NET Framework。如果使用

程序生成规范创建 .NET 互操作程序集则必须安装 Microsoft .NET Framework 2.0 或更高的版本。

4）程序包——用于使用 NI Package Manager 或 SystemLink 分发其他程序生成规范输出。

5）打包库——将多个 LabVIEW 文件打包至一个文件。

6）共享库（DLL）——如果想要用文本编程语言如 LabWindows/CVI、C++和 Visual Basic 等调用 VI，就要使用共享库。共享库为 LabVIEW 之外的编程语言提供了访问 LabVIEW 开发的代码的方法。当与其他开发者共享建立的 VI 功能时，共享库是很有用的。其他开发者可以使用共享库，但是不能编辑或查看框图，除非被允许调试。Windows 共享库的扩展名为 .dll。

图 1-19　项目浏览器编译选项

7）源代码发布——源代码发布用于打包源文件。如果要将代码发送给其他使用 LabVIEW 的开发者，源代码发布是很有用的。用户可为指定的 VI 配置参数，以添加口令，删除框图或使用其他设置。也可以在源代码发布中为 VI 选择不同的目标目录，但不会断开 VI 和子 VI 之间的连接。

8）Zip 文件——将多个文件或整个 LabVIEW 工程以单个便携式文件发布时，可以使用 Zip 文件，Zip 文件包含发送给用户文件的压缩文件。如果要将仪器驱动文件或源文件发到其他 LabVIEW 用户，压缩文件是十分有用的。也可以使用 Zip VI 编程创建压缩文件。

1.2.4　子 VI、图标和连接器

子 VI 指将被另一个 VI 调用的 VI。任何 VI 都能够配置成子 VI。例如，创建名为 Array to Bar Graph.vi 的子 VI，用于把数组值显示为直方图的形式。可以在前面板上一直运行 Array to Bar Graph.vi（单击工具栏上的"运行"按钮），同时也可以配置该 VI，以便其他 VI 在其框图中以函数方式调用，此时 Array to Bar Graph.vi 就称为子 VI。

当一个 VI 作为子 VI 使用时，其控件和指示器从调用者 VI 接收并返回数据。在另一个 VI 框图中，该 VI 的图标表示它是一个子 VI。图标可以包含形成 VI 的文本描述，也可以是两者的组合，如图 1-20 所示。

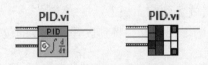

图 1-20　VI 图标及其连接器

VI 的连接器功能类似于 C 或 Pascal 语言函数调用的参数列表，连接器端子就像图形化参数一样，用于与子 VI 间交互传递数据。每个端子对应前面板上特定的控件和指示器。在调用子 VI 期间，将连接控件的输入值复制到输入参数端子上，然后执行子 VI。执行完毕，将输出参数端子数值复制到指示器。

每个 VI 都有一个默认的连接器和图标，显示在前面板和框图窗口右上角的窗格内，位

于 VI 前面板右上角的窗格内的 VI 连接器和图标如图 1-21 所示。当首次显示连接器时，LabVIEW 提供的连接器样式为 12 个端子（左边 6 个为输入，右边 6 个为输出）。用户根据需要选择不同的样式，可以为其分配多达 28 个端子。

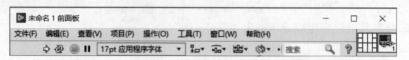

图 1-21　位于 VI 前面板右上角的窗格内的 VI 连接器和图标

实验示例 1　启动 LabVIEW

首先，启动 LabVIEW，然后逐步创建一个简单的 LabVIEW VI，产生随机数并绘制于波形图表中。详细的开发步骤将在后面叙述，这里只需对开发环境有一个初步的了解即可。

1）启动 LabVIEW（如果已经启动 LabVIEW，请退出再重新启动）。

2）在 LabVIEW 启动窗口中，选择"新建"选项卡中的 VI 选项，出现"未命名 1"前面板。

在浮动的"控件"选项卡上，切换到"新式"→"图形"选项卡，如图 1-22 所示。

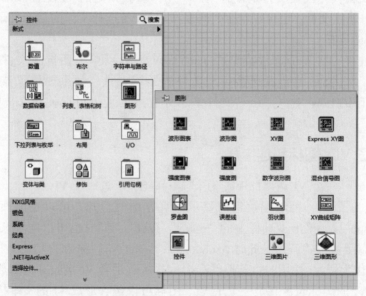

图 1-22　"图形"选项卡

在"图形"选项卡中选择"波形图表"选项，并将其放置到前面板上。

用户在拖动控件并在前面板上移动时，将会看到控件的虚线边框，将其放置到要放的位置时，图表显示为实际状态，如图 1-23 所示。

3）返回"新式"选项卡，然后切换到"布尔"选项卡，选择"停止按钮"选项，将其放置到图旁边，如图 1-24 所示。

4）将图表 Y 轴的坐标范围从 -10 到 10 改为从 0 到 1。单击图表中的 10（Y 轴的最大值），加亮显示数字，然后输入 1.0 并单击。采用相同的方法将 -10 改为 0。

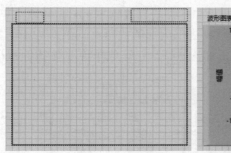
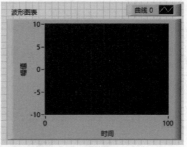

图 1-23 控件在拖动过程中和放置到前面板上的状态

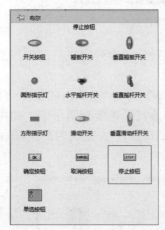
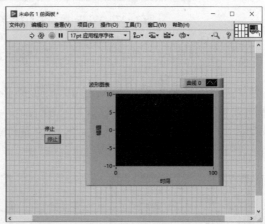

图 1-24 "布尔"选项卡与添加"停止按钮"的前面板

5) 在当前界面上打开窗口下拉菜单,选择"显示程序"选项,并将当前界面切换到框图窗口,这里可以看到框图窗口内已经有停止按钮端子和波形图表端子,如图 1-25 所示。

图 1-25 框图窗口显示的停止按钮端子和波形图表端子

6) 现在可将端子放到 While 循环中,使其作为程序重复执行的部分。从"函数"选项卡中,选择"编程"→"结构"选项卡,然后选择"While 循环"选项(见图 1-26)。此时应确认框图窗口处是激活状态,否则将会看到"控件"选项卡而不是"函数"选项卡。

当选择"While 循环"选项后,光标将会变成小的循环图标,从对象的左上角单击并拖动到右下角框选住对象,当释放鼠标后,所拖动的虚线将会变成 While 循环的边框,如图 1-27 所示。确保边框外部预留额外的空间。

7) 在"函数"选项卡中,选择"编程"→

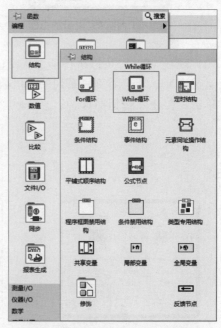

图 1-26 在"结构"选项卡中选择"While 循环"选项

"数值"选项卡中的"随机数(0~1)"选项,并将其放置到 While 循环内。While 循环是一种特殊的 LabVIEW 结构,它能够重复执行其边框内部的代码直到条件端子值为真(如果设置为真停止,就会出现一个小的红色停止标志 ⬤)。它等效于许多传统编程语言中的 Do-While 循环。

图 1-27 While 循环的选择与定位过程

8) 使用"定位/调整大小/选择"工具,排列框图对象。排列完成后的框图如图 1-28 所示。

9) 使用"进行连线"工具(wiring,以下简称连线工具),先单击随机数(0~1)端子,然后拖动到小型图表的端子,再次单击。现在有一条实线连接着两个图,如图 1-29 所示。接下来再连接布尔停止端子和 While 循环的条件端子,连线完成后的框图如图 1-30 所示。

 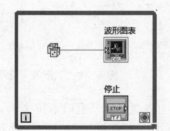

图 1-28 排列完成后的框图　　　图 1-29 随机函数和波形图表的连线

10) 现在 VI 已经可以执行了。从窗口菜单中选择"显示前面板"选项。单击"运行"按钮运行该 VI,将会看到一系列的随机数连续绘制在图表中,如图 1-31 所示。如果想要停止,单击"停止"按钮即可。

 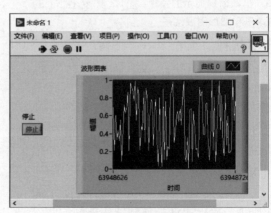

图 1-30 连线完成后的框图　　　图 1-31 运行中的前面板

11)在桌面的适当位置创建子目录"我的工作",选择"文件"→"保存"选项,在弹出的"保存"对话框中指定刚创建的子目录,将 VI 保存在该目录下,命名为"随机数.vi"。

1.3 LabVIEW 编程基础

本节学习 LabVIEW 编程的基本原理,学习如何使用不同的数据类型,如何创建、修改、连线和运行 VI,并且学习一些常用的快捷键来加速开发过程。

1.3.1 关键术语

LabVIEW 编程的一些关键术语如下。

选项(option)	格式和精度(format and precision)
数值型	数组、矩阵与簇(array,matrix and cluster)
字符串型(string)	错误连线(bad wires)
布尔型(boolean)	快捷键(shortcuts)
路径(path)	标签(label)
复合按钮控件	标题(caption)

1.3.2 创建 VI

在 1.2 节已经讲述了 LabVIEW 编程环境的一些基本要素,现在详细展示如何创建自己的 VI。

1. 在前面板上放置项目

可将控件、指示器和装饰元件从选项卡拖动到前面板上,如图 1-32 所示。

大多数情况下,将一个项目放置到前面板上时,其端子将自动出现在框图窗口里。因为前面板和框图可以同时在屏幕上显示,所以,可以选择将前面板窗口和框图窗口在屏幕上左右平放。该功能是通过选择"窗口"→"左右两栏显示"选项实现的。

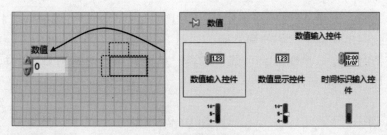

图 1-32 在前面板上拖放控件

2. 设置项目标签

标签是前面板和框图中的文本区域,用来表示指定元件的名称。当对象第一次出现在前面板窗口内时使用默认的标签名字(如"数值1""字符串1"等)。在单击其他区域前,标签文本将处于选中状态,此时可以从键盘输入文字重命名标签。如果单击了其他区域,则默认标签名将被保留。在将文本输入到标签后,下面的任何一种方法都可以完成修改。

1)按数字键盘上的 Enter 键。
2)单击工具栏上的 Enter Text 按钮。

3) 单击前面板或框图上标签之外的其他区域。

4) 按 Shift + Enter 或 Shift + Return 快捷键。

标签将同时出现在相对应的框图端子和前面板对象处。

LabVIEW 有两种标签：固定标签和自由标签。固定标签属于特定的对象，并且随对象一起移动，只用来注释特定的对象。当在前面板上创建一个控件或指示器时，默认的固定标签将随之出现，等待输入。前面板对象和对应的框图将拥有相同的固定标签。自由标签不属于任何特定的对象，可以在前面板和框图上随意地创建和删除。

3. 改变文本的字体、字形、字号以及颜色

在 LabVIEW 中可以通过工具栏上的"字体"工具中的各个选项来改变文本的属性。用"定位"工具选择对象或者用"编辑文本"工具或"操作值"工具选中文本，然后在"文本设置"下拉列表框中进行选择，如图 1-33 所示。选中的文本或对象将产生相应的变化。如果没有选中任何对象，所做的选择将作为默认的字体，作用于以后的文本设置。

如果在"文本设置"下拉列表框中选择"字体对话框"选项，将会出现一个对话框，可使用该对话框同步修改选中文本的字体属性。

图 1-33 "文本设置"下拉列表框

LabVIEW 接口的特殊部分使用系统字体、应用程序字体和对话框字体。这些字体都是 LabVIEW 预先定义好的，如果进行修改，则所有用到它们的控件也会相应地改变。

4. 编辑技巧

一旦窗口中有了对象，就需要对其进行移动、复制、删除等操作。

(1) 选择对象

在移动对象之前要先选中该对象。想要选中某个对象，只需将"定位"工具移动到对象上面并单击。当选择对象后 LabVIEW 将用一个虚线将其包围，该虚线称为选取框，如图 1-34 所示。要选取多个对象时，可以在按 Shift 键的同时单击每个要选取的对象，还可以在按 Shift 键的同时再次单击某个对象来撤销对该对象的选择。

(2) 调整对象的大小

大部分对象的大小都可以改变。"定位"工具通过一个大小可调的调整对象时，对象一角或边缘处就会出现调整大小的调整柄，如图 1-35 所示。当"定位"工具通过可以调整大小的调节柄时，光标将变成大小调节工具。单击并拖动光标直到虚线框勾勒出所要的大小为止，如图 1-36 所示。

图 1-34 虚线选取框

图 1-35 "定位"工具

图 1-36 调整柄和虚线框

(3) 移动、组合和锁定对象

对象可以位于其他对象的上面甚至遮挡其他对象，这是因为用户将其放置在那里或通过一些连带的移动造成的。LabVIEW "编辑"菜单中有几个用来相对于其他对象移动某个对象的选项，这些选项对于找到程序中"丢失"的对象是十分有用的。如果发现一个对象被

阴影包围着，很有可能是该对象位于其他对象的上面。在图 1-37 中，字符串控件并不是真的位于循环内，而是在循环上。

可以使用"重新排序"复合按钮中的选项重新排序对象，如图 1-38 所示。

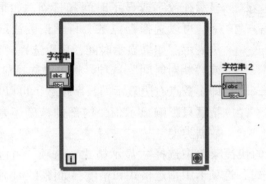

图 1-37　字符串控件位于循环上

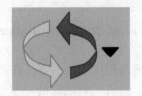

图 1-38　"重新排序"复合按钮

在前面板中，可以将两个或多个对象组合在一起，如图 1-39 所示。首先选中想要组合的对象，然后从"重新排序"复合按钮中选择"组合"选项。当移动、调整大小或删除组合对象时就如同对单个对象那样操作。取消组合对象，组中的每个成员都会变成为独立的对象。锁定对象将锁定对象的大小和位置，使对象不能被重新移动、调整大小或删除。这是一个非常有用的工具，能够避免前面板上的对象太多导致编辑时错误编辑某个对象的问题。

图 1-39　组合对象

1.3.3　基本控件和指示器及其功能

LabVIEW 的基本输入控件和指示器主要包括 4 种类型：数值型、布尔型、字符串型和路径型。当需要为控件或指示器输入数字或文本值时，可以使用"自动选择"工具（以下简称选择工具）或"编辑文本"工具。新输入的或修改过的文本直接按数字键盘上的 Enter 键、单击工具栏上的 Enter Text 按钮或者单击对象以外的地方，完成对象编辑。

1. 数值控件和指示器

数值控件用来在 VI 中输入数字值，数值指示器用于显示对象的数字值。LabVIEW 有多种类型的数值对象：旋钮、滑动条、容器和温度计、简单的数字显示。要使用数值对象，可从"控件"→"新式"→"数值"选项卡中选择。所有的数值对象可以是控件也可以是指示器。例如，一个温度计通常被默认为指示器，因为大部分情况下会将其作为一个指示器使用；相反，旋钮将作为一个输入控件出现在前面板上，因为旋钮通常是输入设备。

（1）数据类型

框图的数值端子的外观取决于数据类型。不同的类型提供了不同的数据存储方式，有助于有效地利用存储器。存储不同的数据时占用不同的字节数，可以把数据分为有符号数（可以表示负值）和无符号数（只有正值和0）。当数据为整数时，框图端子为蓝色；当数据为浮点数时框图端子为橙色（整数，在小数点的右边没有数字）。端子上标有一些表示数据类型的字母，如 CXT 表示扩展精度复数。

单击输入控件或指示器，在弹出的快捷菜单中选择"表示法"选项，可以改变数值常量、

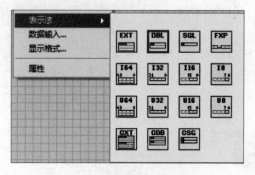

图 1-40　数值数据类型快捷菜单

输入控件和指示器的数据类型，如图 1-40 所示。

（2）格式和精度

LabVIEW 中可以选择数值显示器的格式，显示纯数字或显示时间和日期。如果显示纯数字，可以选择浮点数、科学记数法或工程记数法表示。如果显示时间，可以选择"绝对时间"或"相对时间"选项。还可以选择显示的精度，即小数点右边显示的数字位数，可以从 0 到 20。精度只影响显示值，内部的精度还是取决于其数据类型。

右击输入控件或指示器，在弹出的快捷菜单中选择"显示格式"选项，可以在"数值类的属性：数值"对话框的"显示格式"选项卡中指定格式和精度，如图 1-41 所示。如果是显示时间和日期，可从列表框中选择"绝对时间"或"相对时间"选项（见图 1-42），对话框也将相应地改变。

图 1-41　数值对话框

图 1-42　选择"相对时间"选项

（3）复合按钮控件

复合按钮是一种特殊的数值对象，可将 16 位无符号整数与字符串、图片或者同时与两者结合在一起。这些复合按钮可以在"控件"→"新式"→"下拉列表与枚举"选项卡或"控件"→"经典"→"经典下拉列表及枚举"选项卡上找到。这种对象对于选择互斥项是很有用的，如操作方式、计算函数等。

当创建一个复合按钮时，可以输入文本或粘贴图片并与一个特定的数字相关联（0 为第 1 个文本信息，1 为下一个的编号，依此类推）。在该复合按钮弹出的快捷菜单中选择"显示项"→"数字显示"选项，就可以看到这些数字。复合按钮控件如图 1-43 所示。

图 1-43　复合按钮控件

2. 布尔控件和指示器

布尔型数据有两种状态：真或假。LabVIEW 为布尔控件和指示器提供了很多种开关、指示灯和按钮，这些可以在"控件"→"新式"→"布尔"或"控件"→"经典"→"经典布尔"选项卡上找到。改变一个布尔型变量的状态可以用操作工具在其上单击。与数值控件和指示器一样，每一种布尔型变量都有一个基于其最可能应用的默认类型（如开关作为控件出现，而指示灯作为指示器出现）。

（1）带标签的按钮

LabVIEW 中有 3 个按钮，在其上嵌入了表示功能的文本信息："确定""取消"和"停止"按钮。不仅这 3 个按钮，其他所有布尔型文本也都有一个显示项，使其可以按照状态显示"开"和"关"。这些文本仅为用户提供信息。一个标签可以包括两条文本信息：一个代表真，一个代表假。当第 1 次放置按钮时，状态为真的显示"开"，状态为假的显示"关"，可以使用标签工具改变这些信息。

单击按钮上的布尔型文本和单击按钮本身的效果相同。然而对于按钮的标签和标题就不同了，如果将标签和标题移动到按钮上，单击它们将不起作用，这阻止了用户对按钮的访问。

（2）机械动作

布尔控件有一个非常便捷的弹出式菜单"机械动作"（mechanical action），该菜单可以决定当单击布尔控件时控件的行为（例如，当单击时不管值是否变化，释放时一定改变，或者只是在一段时间内变化可以用来读数，然后又返回到原始状态）。LabVIEW 为布尔控件的机械动作提供了以下 6 种模式。

1）单击时转换：每次使用操作工具在控件上单击时，该动作将改变控件的值。这是布尔控件的默认动作，类似吊灯开关，并且不受 VI 读取控件快慢的影响。

2）释放时转换：仅在控件的图形边界内单击并释放鼠标后，该动作才能改变控件的值，并且不受 VI 读取控件快慢的影响。该模式类似在对话框单击复选框时的情况，在释放鼠标之前只是加亮显示，其值不会改变。

3）保持转换直到释放：单击控件时立刻改变控件的值，并在释放鼠标前保留新值。释放鼠标后，控件又恢复到原来的值。该动作类似门铃开关，并且不受 VI 读取控件快慢的影响。

4）单击时触发：单击控件立刻改变控件的值并保留新值，当 VI 读取一次控件的值之后，控件又立刻自动翻转到其默认值。无论是否继续单击，该动作都发生。该动作类似电路的断路器，当需要 VI 实现一些设置后仅执行一次的事情时有用，如单击"停止"按钮来停止 While 循环。

5）释放时触发：仅当释放鼠标后才改变控件的值；当 VI 读取一次控件的值后控件恢复为原来的值。该动作至少保证读到一个新值。就像步骤 2）释放时转换模式，该模式类似对话框中的按钮，当单击按钮时加亮显示，并且当释放鼠标时锁定一次读取。

6）保持触发直到释放：单击控件时立刻改变控件的值，在 VI 读取一次值或释放鼠标前保持该值，如对于垂直摇杆开关，其默认值为关。

（3）用导入的图片定制自己的布尔控件

对于任何一个布尔控件或指示器，其风格都可以通过分别在真和假状态下导入不同的图片来自行设定。

在定制控件时，如果需要导入图片，首先要准备好所需要的图片文件，因为 LabVIEW 没有包含任何类型的图片编辑器。当创建定制的布尔型或其他类型的控件时，可以基于现有的控件形式，如布尔 LED 或数值滑动条控件。

1）在前面板上放置一个平面方形按钮控件，并选中该控件，如图 1-44 所示。

2）在"编辑"菜单中选择"自定义控件"选项（或右击控件，在弹出的快捷菜单中选择"高级"→"自定义"选项）来打开控件编辑器窗口。

3）控件编辑器窗口将显示布尔控件。

4）在编辑模式下，控件编辑器窗口就像前面板一样，如图 1-45 所示。可以右击控件，在弹出的快捷菜单进行设置，如刻度、精度等。

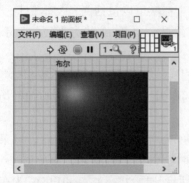

图 1-44 放置在前面板上的布尔控件

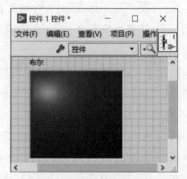

图 1-45 切换到编辑模式的控件编辑器

5）在编辑模式下，通过单击"工具"按钮，可以调整大小、着色，以及替换控件的各种图片组件。

6）在自定义模式下（见图 1-46），右击布尔控件，在弹出的快捷菜单中选择"从剪贴板导入图片"选项（或"从文件导入"等其他选项），选择准备好的图片文件。

7）为布尔控件的 TRUE 分支重复步骤 6），使用不同的图片，最后生成的自定义控件如图 1-47 所示。

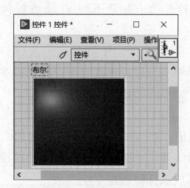

图 1-46 切换到自定义模式的控件编辑器

图 1-47 设定好的自定义控件

8）选择"文件"菜单中的"保存"选项对定制控件进行保存操作。LabVIEW 中的定制控件使用 .ctl 文件扩展名。

3. 字符串控制和指示器

字符串控件和指示器用来输入和显示文本数据，使用非常简单。字符串中的数据通常以 ACSII 码格式保存，这是存储文本数字格式字体的标准格式。字符串端子和连线承载着字符串数据，在框图上显示为粉红色，端子包括字母 abc。可以在"控件"→"新式"→"字符串与路径"选项卡（见图 1-48）或"控件"→"经典"→"经典字符串及路径"选项卡（见图 1-49）上找到字符串控件，如图 1-48 和图 1-49 所示。

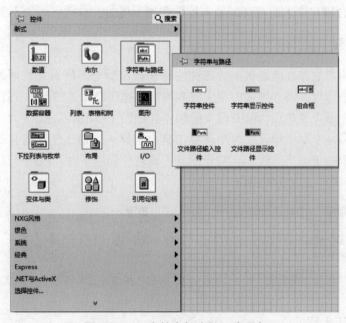

图 1-48　"字符串与路径"选项卡

4. 路径控件和指示器

路径控件和指示器用来输入和显示文件、文件夹或目录的路径。如果一个函数要返回失败的路径，则路径指示器中将显示非法路径。路径是独立的不依赖于平台的数据类型，尤其是对于文件路径，其端子和连线在框图上为蓝绿色。路径首先指定一个驱动器，然后是文件夹或目录，最后是文件名称。在 Windows 操作系统下目录和文件名用反斜杠（\）分隔。路径控件和指示器如图 1-50 所示。

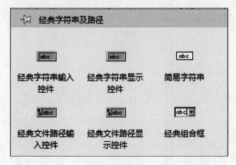

图 1-49　"经典字符串及路径"选项卡

图 1-50　路径控件和指示器

5. 装饰件

为了美观,"控件"选项卡上还有一个特殊的装饰件(Decorations)选项卡用来改善前面板的外观。这些装饰件仅有一种独立的审美功能,它们只是"控件"选项卡上的对象,在框图上并没有相应的端子。

6. 定制输入控件和指示器

为增强编程的效果,LabVIEW允许用户创建自己的定制输入控件和指示器。因此当LabVIEW没有符合用户要求的精确的输入控件和指示器时,自己可以动手制作一个。

1.3.4 连线

在编程时,用户放置在前面板上的各种控件和指示器是不能自动按照逻辑流程运行的,要让程序按照设想运行,则必须在框图上将各种端子按照顺序连接起来。连线使用的是连线工具。该工具的光标点或热点为散开线头的端点,如图1-51所示。

要将端子与另一个端子相连,可用连线工具单击第一个端子,接着移动到第二个端子,然后再单击第二个端子。当连线工具的光标点正确定位到端子时,该端子区域将会闪烁,如图1-52所示,单击即完成连线操作。

图1-51 连线工具示意　　图1-52 用连线工具将两个端子相连

1. 自动选择连线路径

为了方便用户编程时的连线操作,LabVIEW提供了一项可以自动选择连线路径的功能,它能够找到最佳的连接方式和连线路径,尽可能减少连线的拐弯(见图1-53)。通过在引出一条线后按A键来暂时关闭连线路径的自动选择功能。再次按A键将会打开连线路径的自动选择功能。清除已经存在的连线,只要右击连线并且从弹出的快捷菜单中选择"删除连线"选项即可。如果用户不喜欢连线路径的自动选择功能,可以选择"工具"→"选项",在弹出的"选项"窗口中选择左侧类别选项中的"程序框图"选项,然后在窗口右侧的程序选项区域,取消勾选"自动连线路径选择"复选框来关闭该功能。

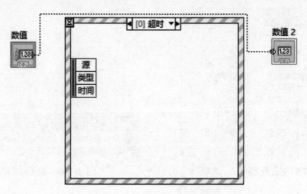

图1-53 自动选择连线路径

2. 自动连线

另外一种连线功能是使用LabVIEW的自动连线特性。当从"控件"选项卡中选择了一个函数后，若在框图上拖动该控件时，LabVIEW会产生临时的连线来显示有效的连接。如果将一个控件拖动到一个端子或其他有着有效输入或输出的对象附近时，LabVIEW会自动将它们连接起来。

3. 连接复杂对象

当连接复杂的内置节点或子VI时，用连线工具接近图标时所出现的接口和提示条（见图1-54）是非常有用的。VI图标周围的接口通过自身的类型、粗细和颜色指出了端子所需要的数据类型。接口可以为前面描述过的自动连线功能提供支持。

4. 自动添加常量、控件和指示器

除了可以从选项卡上通过选择创建常量、控件和指示器然后再手动连线到端子的复杂操作，还可以右击端子，在弹出的快捷菜单中选择"创建"→"常量"、"创建"→"输入控件"选项或"创建"→"显示控件"选项来自动生成与数据类型一致的对象，而且新对象的连线会自动完成。例如，为某个函数创建一个指示器来显示

图1-54 当连线工具接近图标时所出现的接口和提示条

其输出结果，可以右击该函数，在弹出的快捷菜单中选择"创建"→"显示控件"选项，LabVIEW将自动在框图上创建一个指示器端子并与该函数的输出相连，同时在前面板上也生成一个指示器，这样就极大地方便了编程工作。

1.3.5 运行VI

若要运行VI，可以从"操作"菜单中选择"运行"选项，也可以使用相关的快捷键或者单击"运行"按钮。当VI运行时，"运行"按钮的状态将会发生改变。

若当前VI正在顶层运行，"运行"按钮为黑色，看起来好像在移动。

若VI作为一个子VI被其他VI调用执行时，"运行"按钮上的大箭头上又包含了一个小箭头。

若需连续运行一个VI，则单击"连续运行"按钮。这样做有一定风险，因为这种操作可能会导致程序进入死循环，只有重启才能退出，所以一般不建议用这种运行方式。如果计算机一直处繁忙状态，可以使用异常终止快捷键（Windows操作系统下按Ctrl键）来终止程序运行。

单击"异常终止"按钮终止顶层VI的执行。如果一个子VI被多个运行着的VI所调用，"异常终止"按钮是灰色的。使用"异常终止"按钮可以使程序立即终止运行，但不推荐这样做，因为可能导致数据丢失。一个好的处理方法是在程序中编写一个"软件停止"语句，将其置于程序中，承担程序的停止功能任务。

当单击"暂停"按钮时程序会暂停运行，再次单击该按钮程序会恢复运行。

可以同时运行多个VI：在第一个VI开始运行后，可以切换到下一个VI的前面板或框图窗口，用前述的方法启动它。如果将子VI作为顶层VI运行，直到该子VI完成之前，所有调用它的VI都是断开的。不能将一个子VI作为顶层VI和子VI同时运行。VI运行按钮及

其状态如图 1-55 所示。

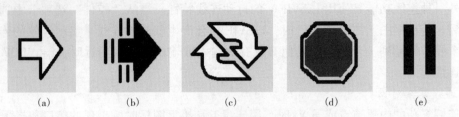

图 1-55 运行按钮及其状态

（a）"运行"按钮；（b）"运行"按钮（活动的）；（c）"连续运行"按钮；（d）"异常终止"按钮；（e）"暂停"按钮

实验示例 2 创建一个温度计

本实验是一个简单的仿真程序，实现的功能是以摄氏温度（℃）为单位读取温度，然后将该值转换为华氏温度（℉），并且将两个值都显示出来。其创建过程如下。

1) 打开一个新的前面板。

2) 在"控件"→"新式"→"数值"选项卡中选择一个温度计控件放置到前面板上。一旦温度计控件出现在前面板上，在其标签框中输入"温度计（℉）"，显示的是华氏温度。

3) 在温度计控件上右击设定一个精确的温度值，并且选择"显示项"→"数字显示"选项。

4) 选择"新式"→"数值"选项卡，然后在前面板上放置一个数值显示控件。将该控件标签改为"温度（℃）"。

5) 注意：可以使用"定位"工具移动控件和指示器，按照任意方式排列，布局后的前面板如图 1-56 所示。

6) 将 VI 保存为"温度计.vi"。

7) 创建框图。在"窗口"菜单中选择"左右两栏显示"选项可以同时显示前面板和框图。然后在"函数"选项卡选择"选择VI"选项将温度模拟子VI放置在框图中。连线后的框图如图 1-57 所示。

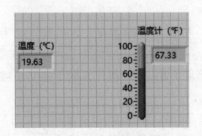

图 1-56 布局后的前面板

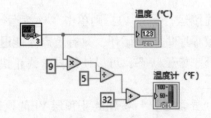

图 1-57 连线后的框图

将摄氏度转换为华氏温度的计算公式如下：

$$F = \frac{C \times 9}{5} + 32$$

式中，F 为华氏温度值；C 为摄氏温度值。

使用"编程"→"数值"选项卡上的乘、除和加函数来实现该公式，用"数值常量"

选项创建框图上的数值常量控件，如图 1-58 所示。

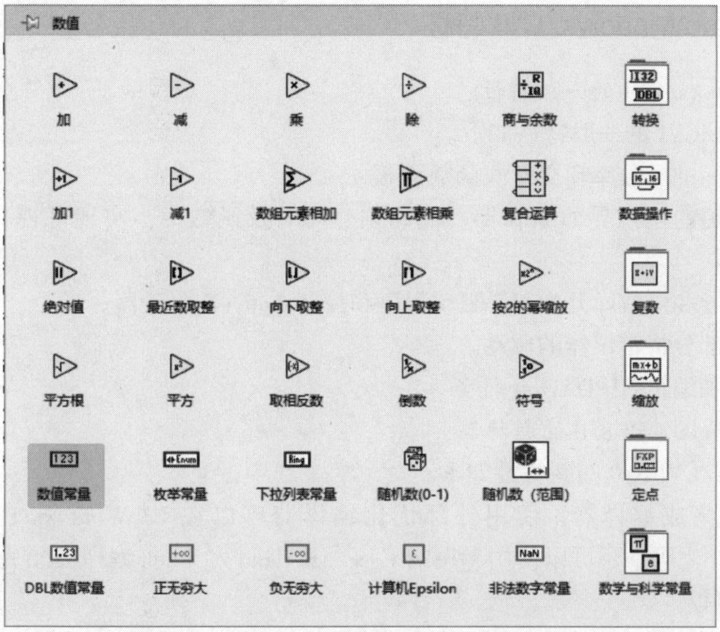

图 1-58 "数值" 选项卡上的 "数值常量" 选项

8）单击 "运行" 按钮将 VI 运行几次。将会看到温度计控件显示从仿真函数读取的温度值。如果不能编译 VI，可调试检查程序并修改正确后再运行。

9）在 "文件" 菜单中选择 "保存" 选项，将 VI 保存起来。

1.4 LabWindows/CVI 编程语言

本节学习 LabWindows/CVI 编程语言的基本特性与编程环境概况，学习 LabWinows/CVI 的一般特性和扩展特性、工作空间的构成元素、文件类型、对象编程的概念特性，最后学习 LabWindows/CVI 的基本编程窗口构成与使用方法。

LabWindows/CVI 是一个完全的 ANSI C 开发环境的应用软件，用于仪器控制、自动检测、数据处理。它以 ANSI C 为核心，将功能强大、使用灵活的 C 语言平台与用于数据集、分析和显示的测控专业工具有机地结合起来。它的交互式开发平台、交互式编程方法、丰富的功能面板和函数库大大增强了 C 语言的功能，为熟悉 C 语言的开发人员建立自动化检测系统、数据采集系统、过程控制系统提供了一个理想的软件开发环境。

LabWindows/CVI 软件把 C 语言同 VI 的软件工具库结合起来，包含了各种总线、数据采集和分析库，同时，LabWidows/CVI 软件提供了国内外知名厂家生产的 300 多种仪器的驱动程序。LabWindows/CVI 软件的重要特征就是在 Windows 和 Sum 平台上简化了图形化用户接口的设计，使用户很容易地生成各种应用程序，并且这些程序可以在不同的平台上移植。

使用 LabWindows/CVI 设计的应用程序可脱离 LabWindows/CVI 开发环境独立地运行并且可以打包生成 .msi 安装文件，LabWindows/CVI 主要采用事件驱动和回调函数编程方法。

需要说明的是，LabWindows/CVI 编程语言汉化版本应用不多，本书以英文编程环境为例介绍该开发平台的特点与应用。

1.4.1 LabWindows/CVI 特性

1. LabWindows/CVI 的一般特性

LabWindows/CVI 的一般特性如下。

1）提供了标准函数库和交互式函数面板。

2）利用便捷的用户界面编辑器、代码创建向导及函数库，实现可视化用户界面的建立、显示和控制。

3）利用向导和函数库开发 IVI 驱动程序和控制 ActiveX 服务器。

4）提供了部分特定仪器的驱动。

5）可创建和编辑 NI-DAQmx 任务。

2. LabWindows/CVI 8.0 的新特性

LabWindows/CVI 8.0 的新特性如下。

1）优化的集成编译器，使用外部优化编译器可以在 LabWindows/CVI 环境中编译 LabWindows/CVI 代码，还可以使用专用的 C++、Borland 和 Intel 编译器预先配置好的模板，或创建自定义模板。

2）便捷的程序发布功能，重新设计了应用程序的发布方式，可创建高级程序发布，其中不仅包含 LabWindows/CVI 应用程序，还包括其他支持的程序，如 NI-DAQmx、NI-VISA 和 NI-SCOPE 等驱动程序。

3）调用 .NET 程序集，使用 .NET 库调用方法，从 .NET 处设置获取属性，如记录错误或监视中央处理器（central processing unit，CPU）使用情况。LabWindows/CVI 还具有创建 .NET 控制器的功能，可使用该功能生成一个仪器驱动程序，作为 .NET 程序集的载体。

4）Tab 控件，新增加了 Tab 控件，可将用户界面分别添加到多个 Tab 中，与其他控件类似，用户可在用户界面编辑器或通过编程方式创建并修改 Tab 控件。

5）全新分析函数，新的高级分析库包含全新改写的曲线拟合和加窗函数、高效线性代数函数和各种特殊函数，同时对快速傅里叶变换（fast Fourier transform，FFT）进行了改进。

6）表格控件中增加了新的单元格类型，在前期版本中，表格控件支持数字、图片和字符串单元格，在新版本中，表格控件还支持下拉列表控件、组合框和按钮单元格。

1.4.2 LabWindows/CVI 的工作空间

工作空间窗口如图 1-59 所示，包括以下内容。

1）工程目录区。工程目录区中包含当前工作空间中所有工程的目录，位于界面的左上角，粗体的工程名表示该工程为当前激活状态。编程人员可以对这个激活的工程进行构建、调试、修改等。如果一个工程名后有符号*，则表明该工程已经被修改需要保存。

2）函数目录区。函数目录区包括 LabWindows/CVI 的函数库和仪器库目录，位于界面的左下角。当装载一个仪器驱动时，仪器文件夹中包含了仪器函数面板目录。双击 LabWindows/CVI 当中的函数名，即可打开相关的函数面板。

3）窗口区。在窗口区可以打开源代码编辑器、用户界面编辑器、函数面板编辑器等，位于界面的右半部分。当打开任意窗口时，菜单栏和工具栏随着编辑界面的不同而发生相应

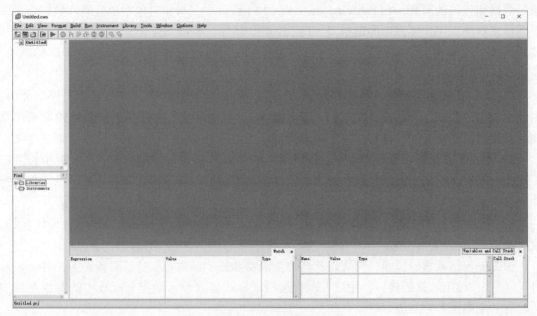

图 1-59 工作空间窗口

的改变。

4) 输出区。输出区域包括编译错误、运行时错误和源代码错误信息窗口等，一般位于界面的右下角。这些输出窗口中包括错误、提示、程序变量列表等。在错误信息列表中双击一条错误信息，则会在源文件中与错误对应的程序代码处加亮显示。

5) 运行区。运行区包括变量、监视、内存和堆栈窗口，一般位于界面的右下角，可以在这些窗口中编辑变量和观察程序运行状况。

1.4.3 LabWindows/CVI 的文件类型

用 LabWindows/CVI 编写的 VI 程序，其工作空间文件 .cws 通常包含的文件类型有如下6 种。

1) .prj 文件。工程文件是程序文件的主体框架，主要由 .uir 文件、.c 文件、.h 文件组成。程序调试运行后，可以生成可执行文件（.exe）。

2) .c 文件。C 源程序，它主要包含头文件、主程序文件和回调函数，其结构和 C 语言结构一致。

3) .uir 文件。用户界面文件，即面板文件。该文件中包括菜单和各种控件资源。

4) .h 文件。在 LabWindows/CVI 中，头文件是由系统自动生成的。它的作用一方面是便于打开和编辑，另一方面是确保编译器在编译时能引用它们。

5) .fp 文件。当打开工程仪器驱动函数面板文件时，LabWindows/CVI 自动加载仪器驱动文件。

6) .lib 文件。文件可能是 DLL 导入库文件，也可能是静态库文件。

1.4.4 LabWindows/CVI 中的对象编程

对象编程是 LabWindows/CVI 编程的核心概念。VI 的面板和面板中的控件都是对象，对象是数据和代码的组合。在 LabWindows/CVI 的 VI 设计中，可将对象中的代码和数据当成一个整体来对待。用户界面中的面板是 VI 的最基本部分，模拟实际仪器的面板，类似 VB 或其他环境中的 form，同时也是一个对象。VI 的面板是传统仪器的面板和软件界面的融合，它具有以下特点。

1) 面板互锁性。传统仪器的面板只有一个，上面布置着种类繁多的显示与操作元件，由此可能导致许多读写操作错误。VI 可以通过在几个分面板上的操作来实现比较复杂的功能，并且设置逻辑上的互锁功能，从而提高操作的正确性与便捷性。

2) 控件操作的灵活性。VI 面板上的显示元件和操作元件的种类与形式不受标准件和加工工艺的限制，它们是由编程来实现的。设计者可以设计符合用户认知要求的显示元件、操作元件和面板的布局。

3) 帮助特性。"帮助"菜单是 VI 的一大特色。用户可以借助帮助信息学会操作仪器，解决使用时所遇到的问题。

面板中包括旋钮、按钮、图表以及其他控制器和指示器对象，这些对象称为控件。面板是 VI 输入和输出数据的接口，用户可以直接用鼠标或键盘输入数据。面板中的对象是可视的，有一个图标和它对应。

对象的两个基本元素是属性和事件。在 LabWindows/CVI 中，可通过对象的这两个元素来操纵和控制对象。

1) 对象的属性。属性是反映对象特征的参数，如仪器面板中旋钮的大小、位置、刻度等。在 LabWindows/CVI 中，可通过控件属性对话框来设置属性。

对于 LabWindows/CVI 的大部分控件，都有如下的属性设置。

① 控件名称的设置。
② 控件事件响应函数的设置。
③ 控件外观的设置。
④ 控件标签的设置。

2) 对象的事件和回调函数。每一个控件对象都有其相应的响应事件，如双击、拖动窗口、单击按钮等。在 LabWindows/CVI 中，每个事件对应一个回调函数，当事件发生时，相应的回调函数被激活，由回调函数来完成控件相应的功能，从而达到预定的结果。

1.4.5 LabWindows/CVI 的基本编程窗口

LabWindows/CVI 开发平台是交互式集成开发平台，图形化用户界面，其编程环境由用户界面编辑窗口、源代码窗口以及函数面板窗口 3 部分组成。

1. 用户界面编辑窗口

用户界面编辑窗口是用来创建、编辑图形用户界面（graphical user interface，GUI）的面板、控件和菜单的。一般情况下，一个用户界面至少要有一个面板。用户界面编辑窗口可以创建面板和控件以及设置各种属性，在短时间内建立符合要求的高质量图形用户界面。

当右击用户界面编辑窗口的背景时，弹出的快捷菜单包含创建面板的选项；当右击面板背景时，弹出的快捷菜单包含创建控件的选项；当右击控件时，弹出的快捷菜单包含生成和查看控件回调函数的选项。用户界面编辑窗口如图 1-60 所示。

（1）File 菜单

File 菜单用于完成对工作空间文件、工程文件、C 源代码文件、头文件、用户界面文件及函数面板文件的新建、打开、保存、另存为等功能，同时还具有保存全部文件、自动保存工作空间、设置当前工程、最近打开文件及退出环境等功能。File 菜单如图 1-61 所示。

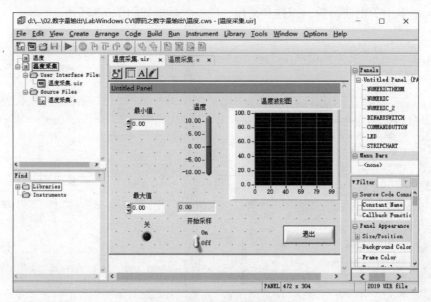

图 1-60　用户界面编辑窗口

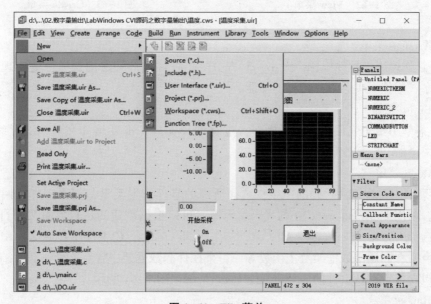

图 1-61　File 菜单

（2）Edit 菜单

Edit 菜单用于完成对工作空间的编辑、工程编辑、向当前工程添加文件、撤销操作、重复操作、剪切、复制、粘贴、删除面板、复制面板、控件编辑、菜单编辑等。

（3）View 菜单

View 菜单用于定制是否显示工程目录区、函数目录区、工具栏及排列方式，并且对于不同的编辑窗口，其他选项会有不同。在用户界面编辑窗口为当前激活窗口的状态下，View 菜单如图 1-62 所示。

（4）Create 菜单

Create 菜单用于创建面板、控件和菜单。Create 菜单如图 1-63 所示。

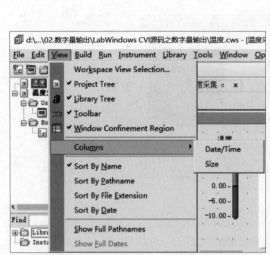

图 1-62　View 菜单　　　　　　图 1-63　Create 菜单

（5）Arrange 菜单

Arrange 菜单用于控件位置、大小、对齐方式、控件叠放顺序的调节，能实现对控件的前后排顺序、标签居中、对齐控件的功能。

（6）Build 菜单

Build 菜单用于完成相关的编译操作，进行编译文件、配置编译文件、配置编译类型、导入外部编译器、标记编译文件等。

（7）Code 菜单

Code 菜单用于程序源代码的产生，选择所需的事件消息类型，查看控件的回调函数及事件设置。利用 LabWindows/CVI 的代码编辑器，可以根据创建的用户界面文件自动产生 C 源代码。选择 Create→Generate→All Code 选项，LabWindows/CVI 将在 C 源文件中写入头文件、变量声明、回调函数框架及主函数等。每个控件函数框架中含有一个 switch 结构，每个结构中都包含指定默认事件的 case 声明。Code 菜单如图 1-64 所示。

（8）Run 菜单

Run 菜单用于执行程序、调试程序、设置断点、单步执行、终止执行等，而且可以设置错误中断方式。

（9）Instrument 菜单

Instrument 菜单是一个动态菜单，它包含已载入的仪器驱动目录和载入、卸载及编辑仪器驱动文件的菜单选项。当载入一个仪器驱动时，该名称将添加到菜单选项中，卸载后再从菜单选项中删除。在菜单中选择一个仪器驱动名，将进入该仪器驱动的函数面板。

Instrument 菜单如图 1-65 所示。

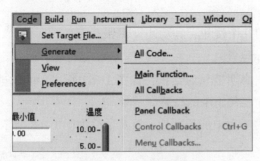

图 1-64　Code 菜单

图 1-65　Instrument 菜单

2. 源代码编辑窗口

源代码编辑窗口显示了程序的源代码，用于编辑 C 语言代码文件。如添加、删除、插入函数等编程所需的基本编辑操作。而且 LabWindows/CVI 又有其独特的简捷快速的开发、编辑工具，可以让用户在短时间内完成一个较复杂的 C 语言代码的开发。源代码编辑窗口的菜单与用户界面编辑窗口菜单类似。在编辑源代码时，可以通过右击弹出的快捷菜单的方式，来查看回调函数对应的控件及打开所在函数的函数面板等操作。

3. 函数面板窗口

函数面板是 LabWindows/CVI 的一大特色。在 LabWindows/CVI 编程环境下，当在源代码某处插入标准函数时，只需找出对应的函数库，再从库中选择所需函数，便弹出一个与之对应的函数面板，填入一些参数即可完成函数的插入。在函数面板窗口中，可以直接声明变量而无须切换到代码窗口，也可以选择调用已经设置好的变量和常量。因此可以大幅提高源代码编写效率，避免输入错误。函数面板窗口如图 1-66 所示。

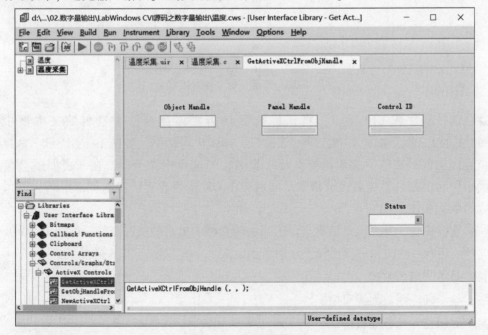

图 1-66　函数面板窗口

在函数面板或面板上的控件中右击，可以弹出相应的帮助窗口，在帮助窗口中有关于函数属性设置的详细说明。

在函数面板窗口中经常用到工具栏的几个按钮，其功能说明如下。

▶▤：将函数插入到源代码文件的鼠标位置。

▤：声明变量名，单击该按钮会弹出声明变量对话框，如图 1-67 所示，可以选择变量类型、变量数组的元素个数、语句插入到源代码中的位置。

▤：选择目标文件，一般默认为当前工程中的源文件，该对话框如图 1-68 所示。

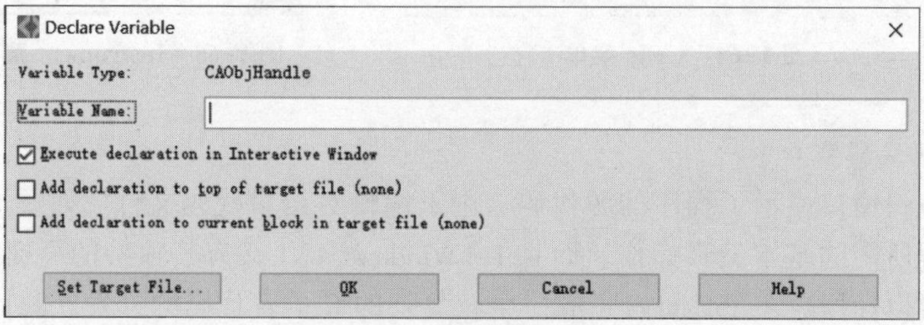

图 1-67　声明变量对话框

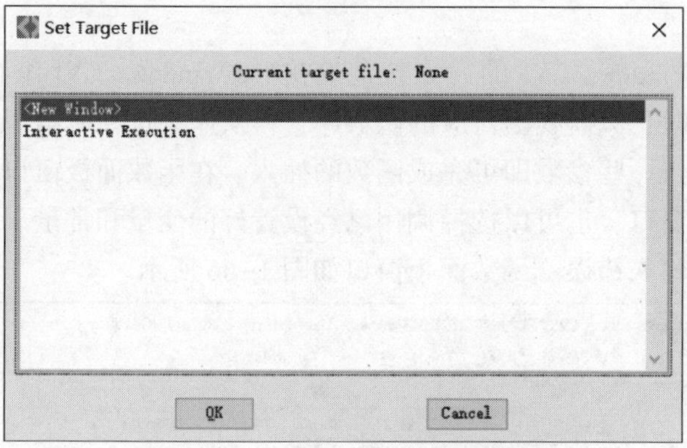

图 1-68　选择目标文件对话框

▤：选择属性或 UIR 常量，将鼠标放置在需要添加控件常量名的文本框中，如图 1-66 中的 Control ID 文本框，单击该按钮，则弹出对话框，如图 1-69 所示。选择指定的用户界面文件、文件中的常量类型及常量名，如选择控件类型，在列表框中会显示用户界面中所有的控件常量名，选择常量名后单击 OK 按钮或直接双击该常量名，即可添加到相应函数面板中。

▤：选择变量，其弹出对话框会显示当前源文件中出现的所有变量，如图 1-70 所示。

此外，还有一些按钮可供选择，如下所示。

▤：显示当前函数树。

▤：显示前一函数面板窗口。

▤：显示后一函数面板窗口。

图 1-69　选择属性或 UIR 常量对话框

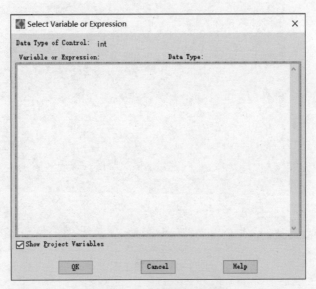

图 1-70　选择变量对话框

1.5　构建一个简单的 CVI 测量程序

通过一个温度显示仪的简单实例，介绍如何利用 LabWindows/CVI 构建一个程序。本例实现的功能是在图表控件（如 Strip Chart）中显示随机数组，在数值控件（如 Thermometer）中实时显示当前随机产生（采集）的数据（温度信号）。当信号产生完毕后，显示数组中的最大值和最小值。控件 LED 实时显示当前的开关状态。

LabWindows/CVI 编程的基本步骤如下：

1）建立工程文件，根据任务所要实现的功能，确定程序基本框架，包括各类控件所需的各类函数；

2）创建用户图形界面，添加控件、设置控件属性及确定控件的回调函数名；

3）编辑程序源代码，由计算机自动生成程序源代码及回调函数的基本框架，然后向源文件中添加程序源代码，完成所要实现的功能；

4）调试程序和生成可执行文件。

1.5.1 建立工程文件

建立一个用户界面，并对温度信号进行模拟采集，在 Thermometer 和 Strip Chart 控件中进行显示，并在采集结束后，显示温度的最大值和最小值。

在 LabWindows/CVI 集成开发环境中，选择 File →New → Project（*.prj）选项，新建一个空的工程目录，默认名为 Untitled.prj，该工程存储在名为 Untitled.cws 的工作空间中。新建工程如图 1-71 所示。

选择 File→Save Untitled Project As 选项，保存新建的工程文件为"温度.prj"。

图 1-71 新建工程

1.5.2 创建用户界面文件

在大多数情况下，LabWindows/CVI 应用程序都有一个用户交互界面，因而在程序开发过程中需要创建相应的界面文件。选择 File→New→User Interface（*.uir）选项，创建用户界面文件，LabWindows/CVI 会自动生成带有一个空面板的窗口。新建的用户界面编辑窗口如图 1-72 所示。

1. 面板的设置

双击面板控件，即可弹出面板属性设置对话框，如图 1-73 所示。

1）Constant name：常量名，每个面板必须有唯一的常量名，一般用大写字母和下划线组成。

2）Callback function：回调函数名。

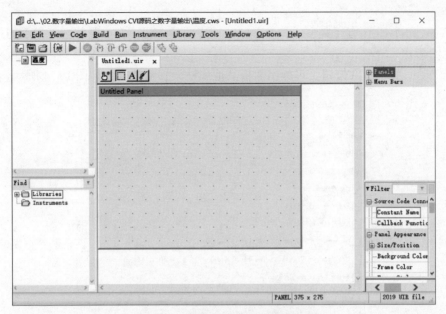

图 1-72　新建的用户界面编辑窗口

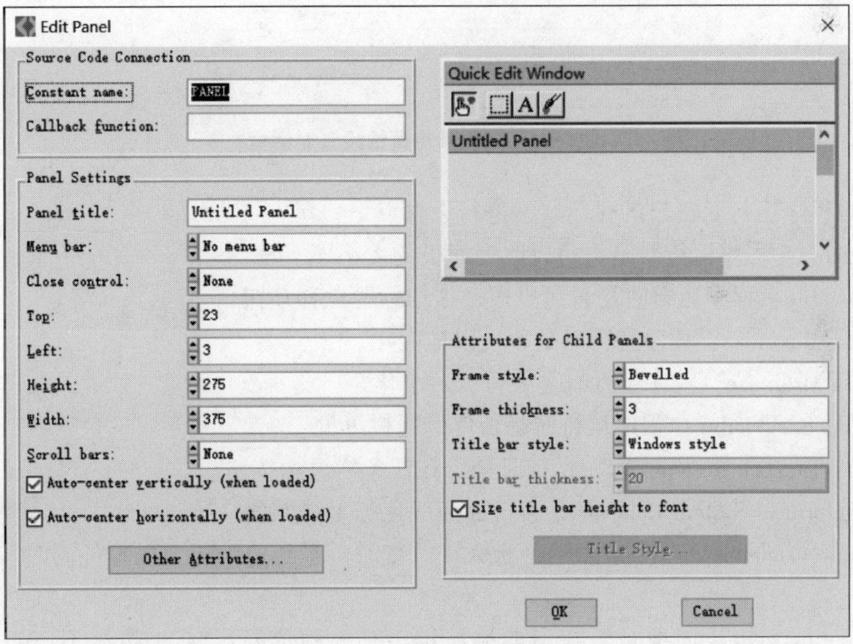

图 1-73　面板属性设置对话框

3) Panel title：面板标题。

4) Menu bar：如果存在菜单，可以选择是否装载。

5) Close control：选择一个面板上的控件，用于响应关闭面板选项。

6) Auto-center vertically（when loaded）：选择是否在面板装载时，使面板垂直居中显示。

7) Auto-center horizontally（when loaded）：选择是否在面板装载时，使面板水平居中

显示。

8) Title bar style：有经典方式和 Windows 方式两种选择。在编辑状态下显示用户界面文件标题栏的形式。

单击 Other Attributes 按钮，可弹出面板其他属性设置对话框，如图 1-74 所示。

图 1-74 面板其他属性设置对话框

可以对程序运行时窗口的显示状态进行设置。

1) Sizable：程序运行时是否可以改变面板的大小。

2) Movable：程序运行时是否可以通过拖动标题栏移动窗口。

3) Can Maximize：程序运行时是否可以最大化。

4) Can Minimize：程序运行时是否可以最小化。

5) Title Bar Visible：程序运行时是否使标题栏可见。

6) Has Taskbar Button：程序运行时是否在任务栏显示按钮。

7) Conform to System Colors：是否使面板颜色与系统颜色一致。

8) Scale Contents On Resize：当面板大小改变时，是否使面板上的控件同时按比例改变大小。

9) Floating Style：面板是否在最前端显示。有 3 种选择：Never 指从不；When App Is Active 指当程序激活时在最前端显示；Always 指总在最前端显示。

2. 向面板中添加控件

(1) 创建控件

该程序中有 7 个控件和 1 个仪器面板，其中在仪器面板中包含 5 个指示器、1 个按钮控件和 1 个开关控件。

1) 在菜单中选择 Create→Graph→Strip Chart 选项创建一个滚屏显示随机温度图表控件。

注意：Graph 控件是整屏显示一组静态数据的，而 Strip Chart 是滚屏显示数据的，能够动态添加数据点。

2) 在菜单中选择 Create →Numeric → Thermometer 选项创建一个显示随机温度的温度计控件。

3) 在菜单中选择 Create→Numeric→Numeric 选项创建两个用于显示随机温度最大值和最小值的控件。

4) 在菜单中选择 Create→Binary Switch→Vertical Toggle Switch 选项创建一个开关按钮，用来控制采集的开始和关闭状态。

5) 在菜单中选择 Create→Led→Round Led 选项创建一个用于显示采集开始和关闭状态的 LED 显示灯。

6) 在菜单中选择 Create → Command Button→Square Command Button 选项创建一个控制按钮实现退出程序的功能。

这样面板上就会出现 7 个控件，用鼠标拖动各个控件或选择 Arrange→Alignment 选项，安排好各个控件的摆放位置。编辑好的用户界面控件布局如图 1-75 所示。

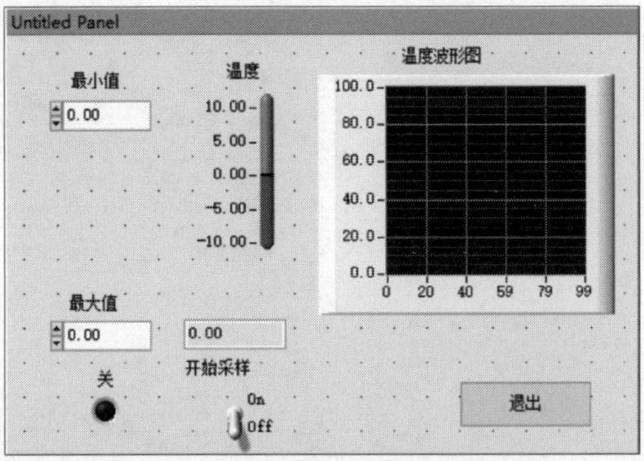

图 1-75 编辑好的用户界面控件布局

(2) 设置各个控件的属性

上面创建的控件，其属性并没有设置。下面需要设置各个控件的属性。各个控件此时的属性都是系统的默认值，需要根据控件所需要完成的具体任务，对各个控件进行设置。控件的属性设置如表 1-3 所示。

表 1-3 控件的属性设置

常量名	控件类型	控件的主要属性
STRIPCHART	Strip Chart	标题：温度波形图
NUMERICTHERM	Thermometer	标题：温度
NUMMERIC	Numeric	标题：最大值 Control Mode：Indicator 类型
NUMMERIC 2	Numeric	标题：最小值 Control Mode：Indicator 类型
BINARYSWITCH	Binary Switch	标题：开始采样 回调函数：Acquire
LED	LED	标题：关
COMMANDBUTTON	Command Button	标题：退出 回调函数：Quit

1.5.3 生成源代码文件

1. 生成全部源代码框架

设置完成用户界面文件后,在用户界面编辑窗口中,选择 Code→Generate→All Code 选项,弹出生成全部代码对话框,如图 1-76 所示。

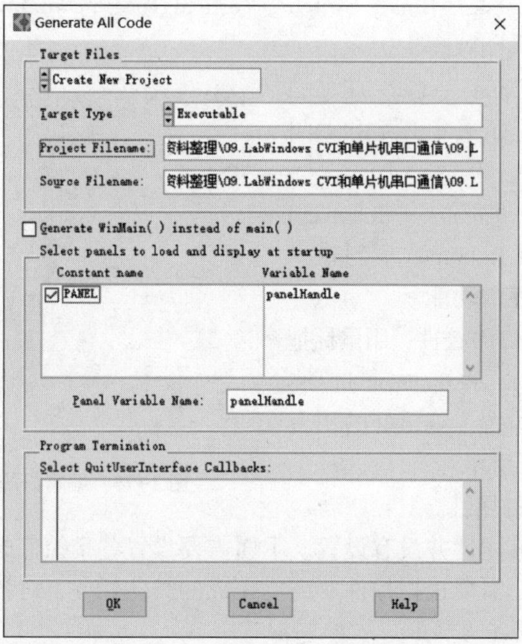

图 1-76 生成全部代码对话框

首先,要确定程序启动时要显示的面板(Select panels to load and display at startup)。本节实例中只存在一个面板,所以选择该面板作为程序启动时显示的面板。有的用户界面文件中存在多个面板,此时就需要勾选启动时要显示的面板的复选框。

其次,可以在窗口的下半部的 Program Termination 选项区域中选择回调函数,用来实现结束程序的功能。用户界面文件中所声明的回调函数均会出现在列表框中。

若勾选 Generate WinMain( ) instead of main( )复选框,则会产生一个名为 WinMain 的主函数。

如图 1-76 所示设置好后,单击 OK 按钮,可在新建的源代码窗口中生成程序框架。生成的源程序代码如下。

```
#include <cvirte.h>
#include <userint.h>
#include "温度采集.h"

//定义面板句柄变量
static int panelHandle;

//主函数
```

```c
int main (int argc, char * argv[])
{
    //初始化 CVI 运行时库
    if (InitCVIRTE (0, argv, 0) == 0)
        //若内存溢出,返回-1
        return - 1;         /* out of memory */
    //装载面板,返回面板句柄
    if ((panelHandle = LoadPanel (0, "温度采集.uir", PANEL)) < 0)
        return - 1;
    //显示面板
    DisplayPanel (panelHandle);
    //运行用户界面
    RunUserInterface ();
    //删除面板
    DiscardPanel (panelHandle);
    //若程序成功退出,返回 0
    return 0;
}
//回调函数 Acquire()
int CVICALLBACK Acquire (int panel, int event, void * callbackData,
                         int eventData1, int eventData2)
{
    switch (event)
    {
        //控件响应的事件
        case EVENT_COMMIT:
        //添加数据采集程序
            break;
    }
    return 0;
}

int CVICALLBACK Quit (int panel, int control, int event,
                      void * callbackData, int eventData1, int eventData2)
{
    switch (event)
    {
        case EVENT_COMMIT:
        //退出用户界面
            QuitUserInterface (0);
            break;
    }
    return 0;
}
```

2. 向源代码框架中添加回调函数

在本实例中用到了两个回调函数 Quit( ) 和 Acquire( )。

（1） Quit( ) 回调函数

这个函数所要实现的功能是当单击该按钮时，退出用户界面。根据上节方式产生的回调函数框架，已经自动生成了退出界面的函数 QuitUserInterface( )，因此实际上该函数在这种情况下不用填写。

（2） Acquire( ) 回调函数

1） 函数功能。当开关控件处于 ON 状态时，使 LED 点亮，且 LED 控件标题变为"开"。在 Strip Chart 上滚动显示 100 个随机产生的温度数值，在温度计控件中显示即时温度。当温度数值显示完毕后，在最大值和最小值数值控件中，显示所产生的 100 个随机数值中的最大值和最小值。当开关控件处于 OFF 状态时，将 LED 熄灭，其标题变为"关"，温度计控件显示的即时温度归零。

2） 回调函数源程序代码如下：

```c
int CVICALLBACK Acquire (int panel, int control, int event,
        void *  callbackData, int eventData1 , int eventData2 )
{
    static double max, min;
    static int max _index, min _index ;
    int i,j, value;

    //定义信号采样数据点数组
    double datapoints[100] ;
    switch (event)
    {
        //控件所响应的事件
        case EVENT_COMMIT:

            //获得控件值
            GetCtrVal ( panelHandle, PANEL_BINARYSWITCH, &value);
            if (value = =1)
            {
                //设置控件值
                SetCtrlVal (panelHandle, PANEL_LED, 1);
                SetCtrlAttribute ( panelHandle, PANEL_LED, ATTR_LABEL_TEXT, "开" );
                for (i=0; i<100; i++)
                {
                    //产生随机数
                    datapoints [i] = 100 *  rand()/32767. 0;
                    //延时 0.01 秒
                    Delay (0.01) ;
                    SetCtrlVal (panelHandle, PANE_NUMERICTHERM, datapoints [i])
                    //绘图
                    PlotStripCharPoint ( panelHandle,PANEl_STRIPCHART, datapoints [i]);
                }
```

```c
            //获得1维数组的最大与最小值
            MaxMin1D (datapoints, 100, &max, & max _index, &min, &min_index);
            SetCtrlVal (panelHandle, PANFI_NUMERIC, max) :
            SetCtrlVal (panelHandle. PANEL _NUMERIC_2, min);

            //当数据产生完毕后。关闭"开始采样"开关
            SetCtrlVal (panelHandle,PANEL_ BINARYSWTTCH,0);
            SetCtrlVal (pane|Handle, PANEL_LED,0) ;
            SetCtrlVal (panelHandle, PANEL_NUMERICTHERM ,0. 00) ;
            SetCtrlAttribute (panelHandle, PANEL _LED,ATTR _LABEL_TEXT, "关" );
        }
        else
        {
            //关闭 LED
            SetCtrlVal (panelHandle, PANEL_LED,0) ;
            SetCtrlVal (panelHandle, PANEL._NUMERICTHERM,0. 00) ;
            SetCtrlAttribute (panelHandle, PANEL _LED,ATTR _LABEL_TEXT, "关" );
        }
        break;
    }
    return 0;
}
```

(3) 向回调函数框架中插入函数

1) 函数面板。LabWindows/CVI 的一大优点就是自带强大的函数库。其中包含了用户界面函数库、高级分析函数库等，这给编程带来极大的方便。从 LabWindows/CVI 7.0 开始，在窗口左下方会出现一个函数树，方便编程人员查找和调用函数面板。函数面板的作用在于交互式执行函数，不需要在程序里手动添加函数。

进入函数库的方法有两种：一种是选择 Library 菜单，即可出现各种函数库；另一种方法是单击窗口左下方的函数树。

函数树是以多级结构方式组织的，函数按所实现的功能分为不同的类别。用户可以选择所需要的函数类别逐级查找。

2) 利用函数面板向框架中添加函数。本实例中所涉及的函数都是基本用户界面函数。这个函数库中含有控制图形化用户界面的一组函数，包括的函数对象有菜单、面板、控件和位图等。

回调函数 Acquire( )中首先要判断的是 Binary Switch 的状态是 ON 还是 OFF。可以利用 GetCtrlVal( ) 和 SetCtrlVal( ) 函数来获得和设置控件的值，当选择 Library→User lnterface Library→Controls/ Graphs/ Strip Charts→General Functions 选项时，则弹出选择函数面板对话框，如图 1-77 所示。双击所需函数，则会弹出相应的函数面板。

① GetCtrlVal( )函数：获得控件的值。函数原型如下。

```c
int GetCtrlVal (int Panel_Handle, int Control_ID , void *    Value)
```

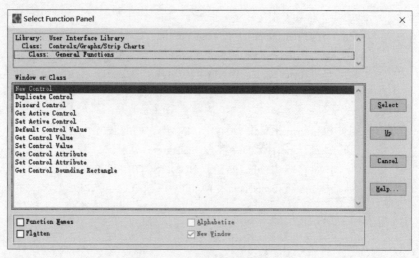

图 1-77 选择函数面板对话框

其中参数说明如下。

Panel_Handle：面板句柄，该项是在 LoadPanel( ) 函数里设置的。

Contrl_ID：控件 ID。

* Value：控件的值，该数据类型与控件本身的数据类型一致。

在执行 GetCtrlVal( ) 函数后，从 Binary Switch 控件中得到的值有两种可能：0 或 1。出现这样的数值是由用户界面中 Binary Switch 控件属性决定的。双击用户界面中的 Binary Switch 控件，弹出控件属性设置对话框，如图 1-78 所示。

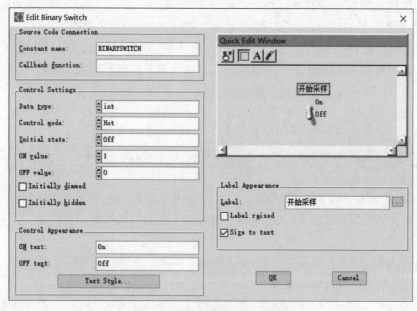

图 1-78 控件属性设置对话框

在该对话框中，将 ON value 设定为 1，OFF value 设定为 0，1 代表开关控件"开"，0 代表开关控件"关"。

② SetCtrVal( )函数：设置控件的属性值。函数原型如下。

int SetCtrlVal (int Panel_Handle,int Control_ID,…)

③ SetCtrlAttribute( )函数：设置控件属性。该函数面板如图1-79所示。函数原型如下。

int SetCtrlAttribute (int Panel_Handle,int Control_ID,int Control_Attribute,…)

1.5.4 生成可执行文件

选择Build→Target Type→Executable选项后，可以创建一个可执行文件。选择Build→Target Settings选项，弹出目标设置对话框，如图1-80所示。在该对话框中可以设置可执行文件的Application icon file（应用程序图标）、Application title（应用程序标题）、Run-time support（运行时支持库）、Version Info（版本信息）等。

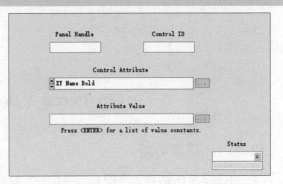

图1-79　SetCtrlAttribute( )函数面板

选择Build →Create Debuggable Executable选项，系统会在工程目录下生成一个可执行文件，本实例生成的可执行文件为"温度_debug. exe"。也可以直接选择Run→"Debug 温度_debug. exe"选项，则会在程序运行前生成"温度_debug. exe"可执行文件。

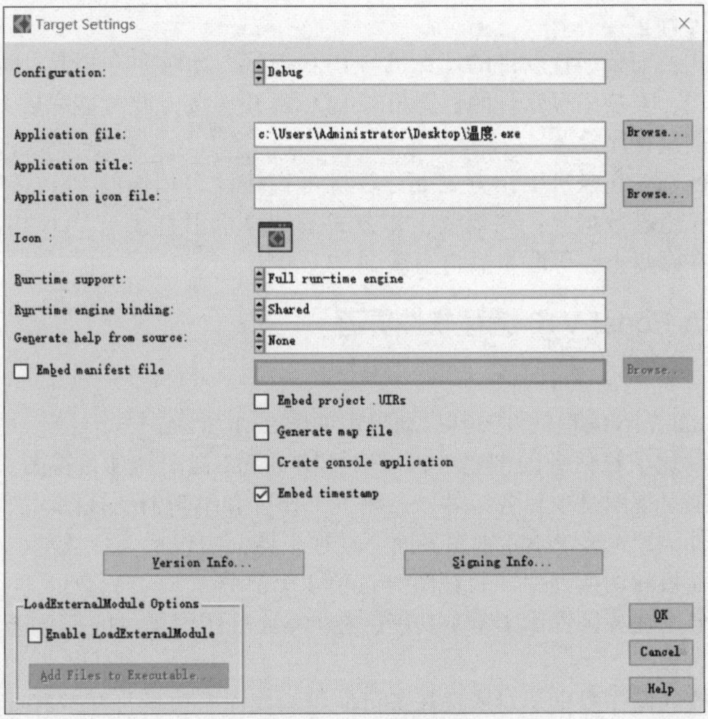

图1-80　目标设置对话框

第 2 章 SIMATIC S7-1200 PLC 编程基础知识

2.1 TIA Portal V16 编程软件基础知识

2.1.1 基本功能

TIA Portal V16 的基本功能是协助用户完成应用软件的开发,如创建用户程序、修改和编辑原有的用户程序。在编辑过程中编辑器具有简单的语法检查功能,同时它还有一些工具性的功能,如给用户程序的文档进行管理和加密等。此外,还可直接用软件设置可编程逻辑控制器(programmable logic controller,PLC)的工作方式、参数和运行监控等。

程序编辑过程中的语法检查功能可以避免一些语法和数据类型方面的错误。

软件功能的实现可以在联机工作方式(在线方式)下进行,部分功能的实现也可以在离线工作方式下进行。

联机工作方式:安装编程软件的计算机与 PLC 连接,此时允许两者之间直接通信。

离线工作方式:安装编程软件的计算机与 PLC 断开连接,此时能完成大部分基本功能,如编程、编译和调试程序等。

两者的主要区别:在联机工作方式下计算机可直接针对相连的 PLC 进行操作,如上传和下载用户程序、组态数据等;在离线工作方式下计算机不直接与 PLC 相连,所有程序和参数都暂时存放在磁盘上,等联机后再下载到 PLC 中。

2.1.2 TIA Portal V16 编程软件界面

1. 启动界面

启动 TIA Portal V16 编程软件,其启动界面如图 2-1 所示。

在软件的自动化项目任务的创建中,可以使用 Portal 视图和项目视图。Portal 视图是面向任务的视图,项目视图是项目各组件以及相关工作区和编辑器的视图。

双击打开软件,即进入 Portal 视图界面,在这个界面中包括任务选项、任务选项对应的操作、操作选择面板和切换到"项目视图"选项 4 个部分。

任务选项为各个任务区提供了基本功能,在 Portal 视图中提供的任务选项取决于安装的软件产品。

任务选项对应的操作提供了对所选任务可使用的操作,包括打开现有项目、创建新项目等操作。

操作选择面板根据所选择的任务操作选项,出现不同的内容,如果选择打开现有项目的操作,就会出现最近使用的项目,可以直接打开项目。

切换到"项目视图"选项,可以将当前的 Portal 视图界面切换到项目视图界面。

第 2 章　SIMATIC S7-1200 PLC 编程基础知识

图 2-1　TIA Portal V16 编程软件启动界面

2. 设备组态

设备组态的任务就是在设备与组态编辑器中生成一个与实际的硬件系统完全相同的虚拟系统，包括系统汇总的设备——PLC 和人机界面（human computer interface，HMI），PLC 各模块的型号、订货号和版本、模块的安装位置和设备之间的通信连接，都应与实际的系统完全相同。

首先，选择"创建新项目"选项，为项目命名，并选择"保存"路径，单击"创建"按钮。添加新项目的方法有两种，一种是在 Portal 视图中添加，一种是在项目视图中添加，两种方式本质上是一样的。

其次，进行设备组态，进入项目视图，双击"添加新设备"选项，选择"非特定的 CPU1200"选项，通过网线将计算机和 PLC 连接，如图 2-2 所示。

图 2-2　TIA Portal V16 编程软件"添加新设备"对话框

最后，PLC 通电，选择"或获取相连设备的组态"中的"获取"选项，设备组态就会自动上传，如图 2-3 所示。在硬件检测时，如图 2-4 所示，"PG/PC 接口的类型"下拉列表框选择 PN/IE 选项，"PG/PC 接口"下拉列表框选择自己计算机的网口名称（这一项可以在"控制面板"→"网络和共享中心"→"以太网"→"属性"选项中查看，如图 2-5 所示），然后单击"开始搜索"按钮，找到可访问的设备后，单击"检测"按钮，选择为计算机分配地址即可。

图 2-3　TIA Portal V16 编程软件"获取"相连设备的组态选项

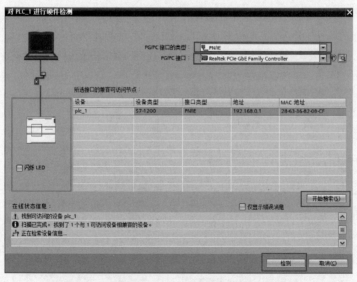

图 2-4　TIA Portal V16 编程软件硬件检测界面

添加完新设备后，与该设备匹配的机架随之生成，可以在"设备概览"选项（见图 2-6）中查看组态详细信息，包括数字量输入/输出模块、模拟量输入模块、通信模块等。

在图 2-3 中，也可以选择"请使用硬件目录指定 CPU"中的"硬件目录"选项，手动进行设备组态，所有通信模块配置在 S7-1200 CPU 左侧，所有信号模块配置在 S7-1200 CPU 右侧，在 CPU 本体上可以配置拓展板；在硬件配置过程中，软件会自动检测模块的正

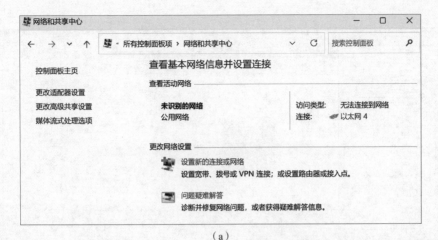

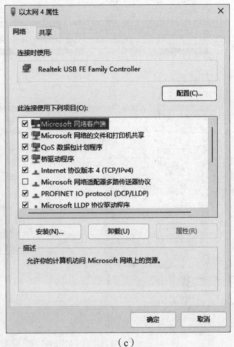

图 2-5　查看计算机的网口名称

(a) 打开网络和共享中心；(b) 查看以太网 4 状态；(c) 查看以太网 4 属性

确性，在"硬件目录"选项下选择模板后，机架中允许配置该模块的槽位边框变成蓝色，不允许配置的槽位边框无变化。如果需要更换已组态的模块，直接选中并右击鼠标，在弹出的快捷菜单中选择"更改设备类型"选项，即可选择新的模块。

另外，如果在硬件检测过程中遇到问题，检查一下计算机的设置情况，进入计算机的服务里面，将与西门子有关的服务全部启用，在开机项里，将与西门子有关的项目全部打开，然后重启计算机。

3. 项目视图

项目视图是面向项目的视图，设计 PLC 程序就是在项目视图中完成的，包括菜单和工具栏、项目树、详细视图、任务卡、工作区、巡视窗口等，如图 2-7 所示。

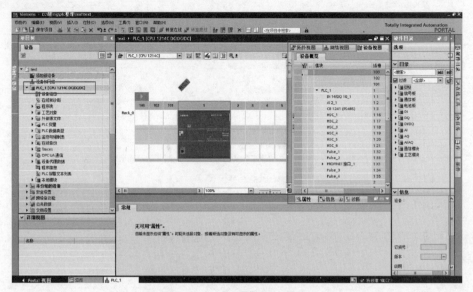

图 2-6 "设备概览"选项

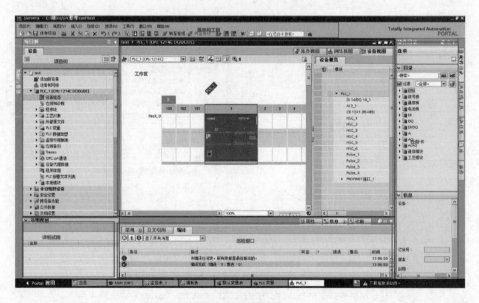

图 2-7 项目视图

1) 菜单和工具栏可以选择特定的功能进行使用。
2) 在项目树中可以访问所有的设备和项目数据,添加新的设备,打开项目数据编辑器等。
3) 在详细视图中显示项目树所选对象的具体内容,如选择变量时,可以直接在这里进行选择。
4) 如果选择的是"设备视图"选项,在工作区中就可以对设备进行组态及相关参数的设置;如果选择的是"程序块"选项,那么在工作区就可以进行程序的编写;如果选择的是"变量表"选项,在工作区可以对变量表进行定义。

5）在任务卡中可以切换硬件目录、在线工具、任务、库等操作界面。例如，在硬件组态时，可以在"硬件目录"选项中选择所需的硬件。

6）巡视窗口的使用很重要，因为 CPU 和各种扩展模块的参数都是在这个窗口设置完成的，包括属性、信息和诊断等 3 部分。属性部分是用于显示和修改选项中的对象的属性，主要是各种参数的设置，包括 I/O 变量设置、IP 地址设置、时钟设置等。信息部分显示编译信息，诊断部分显示系统诊断时间和组态的报警事件。

7）在"程序块"选项中可以编写相应的程序，在"PLC 变量"选项中可以添加相应变量，也可以导入/导出变量，在"默认变量表"选项中定义的变量是全局变量，在任意程序块中都可以调用。在"监控和强制表"选项中可以新建监控表，监控表和强制表的区别是，强制表里的强制变量可以一直保持住，编程界面如图 2-8 所示。

4. 仿真

仿真之前，需要安装 S7-PLCSIM 仿真软件，否则会弹出图 2-9 所示的未安装提示信息对话框，安装仿真软件后即可正常弹出 S7-PLCSIM 仿真器。S7-PLCSIM 支持仿真 S7-1200 和 S7-1200F 的所有指令（系统函数和系统函数块），支持方式与物理 PLC 相同。按照图 2-10 所示的下载界面的步骤将程序下载到仿真器。

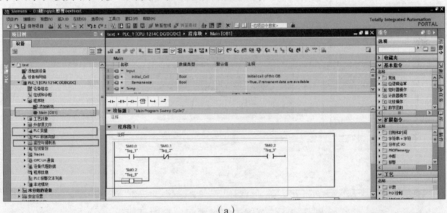

(a)

(b)

图 2-8 编程界面

(a) 查看程序块；(b) 查看变量表

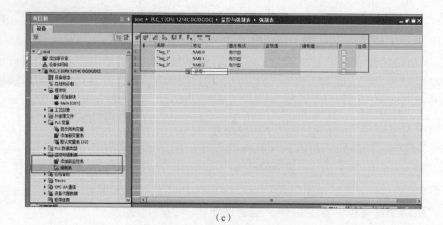

(c)

图 2-8　编程界面（续）

(c) 查看强制表

图 2-9　仿真器未安装提示信息对话框

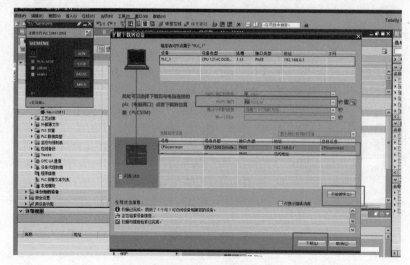

图 2-10　下载界面

2.2 TIA Portal V16 编程软件应用实践

2.2.1 程序文件操作

1. 新建项目程序

在启动界面创建新项目，按照设备组态中的步骤进行配置，进入编程界面。

用户可根据实际编程需要做以下操作：

1) 确定项目名称和保存路径，创建新项目；
2) 进行设备组态；
3) 添加新块或选择 Main。

选择"程序块"选项，用户可根据需要选择添加新块，双击"添加新块"选项即可选择添加组织块、函数块、函数或者数据块，双击"程序块"选项即可进入程序编辑界面。

4) 编辑程序。

2. 打开已有程序文件

在启动界面选择打开磁盘中已有的项目文件。

2.2.2 编辑程序

编辑和修改控制程序是程序员利用 TIA Portal V16 编程软件要做的最基本工作，该软件具有较强的编辑功能。本节只以梯形图编辑器为例介绍一些基本编辑操作。

以图 2-8（a）所示的梯形图程序为例，介绍程序的编辑过程和各种操作。

1. 输入编程元件

梯形图的编程元件主要有线圈、触点、指令盒、标号及连接线。输入方法有以下两种。

方法 1：用指令块（见图 2-11）里一系列指令输入，这些指令按照类别分别编排在不同子目录中，找到要输入的指令并单击选中，拖动到需要的位置即可。

方法 2：用程序块上方的一组指令工具栏（见图 2-12）输入，单击选中并拖动到需要的位置即可。可以选择性地将自己经常用的指令拖动到指令工具栏。将光标放置在指令上停留 3 s 可以查看该指令的用法帮助及快捷打开方式。

图 2-11 指令块

图 2-12 指令工具栏

（1）顺序输入

在一个网络中，如果只有编程元件的串联连接，输入和输出都无分叉，则视为顺序输入。此方法非常简单，只需从网络的开始依次输入各编程元件即可。

（2）输入操作数

在 PLC 程序中输入元件后，元件上方的<??.?>表示此处必须有操作数。程序段如图 2-13 所示。此处的操作数为触点的名称。可以单击<??.?>，然后输入操作数，也可以先在变量表中添加变量，然后直接单击下拉列表选择对应的变量。

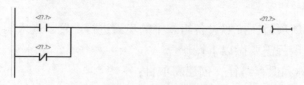

图 2-13　程序段

（3）任意添加输入

如果想在任意位置添加一个编程元件，只需选中需要的编程元件，将其拖到添加位置即可。

图 2-14　基本指令和扩展指令

（a）基本指令；（b）扩展指令

2. 基本指令和扩展指令

基本指令包括常规、位逻辑运算、定时器操作、比较操作、数学函数、移动操作、转换操作、程序控制指令、字逻辑运算、移位和循环等。

扩展指令包括日期和时间、字符串+字符、分布式 I/O、PROFIenergy、中断、报警、诊断、脉冲、配方和数据记录、数据块控制、寻址等，如图 2-14 所示。

3. 插入和删除

插入和删除一行、一列、一个网络、一个子程序或中断程序等有两种方法：可以在编程区右击要进行操作的位置，在弹出的快捷菜单中选择"插入"或"删除"选项；也可以选中需要操作的位置后，选择菜单栏的"编辑"选项，然后选择相应操作。

4. PLC 变量表

在"PLC 变量"选项中可以添加相应变量，操作标识符有 I、Q、M，其中 I 表示硬件输入，Q 表示硬件输出，M 表示 CPU 默认的内部存储，一般在仿真时使用。S7-1200 的接口地址如图 2-15 所示。

5. 监控和强制表

在"监控和强制表"选项中可以新建监控表。

6. 切换编程语言

软件可以实现 3 种编程语言（编辑器）之间的任意切换。首先选中"程序块"，然后选择"编辑"→"切换编程语言"选项，或者直接右击"程序块"，选择"切换编程语言"选项，再选择 STL、LAD 或 FBD 选项便可进入对应的编程环境。使用最多的是 STL 选项和 LAD 选项之间的互相切换，STL 选项的编程可以按或不按网络块的结构顺序编程，但 STL 选项只有严格按照网络块结顺序编程才可以切换到 LAD 选项，不然无法实现转换。

7. 编译

程序编辑完成后，可以用工具栏中的 "编译"按钮进行编译，编译结束后，在巡视

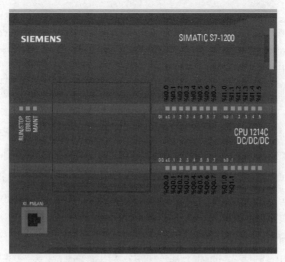

图 2-15　S7-1200 的接口地址

窗口显示编译结果信息。

8. 下载

注意：下载之前要先单击"保存"按钮，在程序编写过程中也要时不时保存，该软件没有断电恢复的功能。

下载分为硬件下载和软件下载，可以在拓扑视图、网络视图、设备视图以及在左侧的项目树的工程项目名上右击，在弹出快捷菜单中进行软件和硬件的下载。下载界面如图 2-10 所示。下载的内容主要包括 4 种，分别为硬件和软件（仅更改）、硬件配置、软件（仅更改）、软件（全部下载）。只要下载硬件，不管是硬件和软件（仅更改）还是硬件配置，CPU 处理器都会停机。

9. 监控及调试

下载完成后，可以单击 监控程序状态，如图 2-16 所示，同时可以进行仿真、赋值，或者在监控表中更改变量等操作。

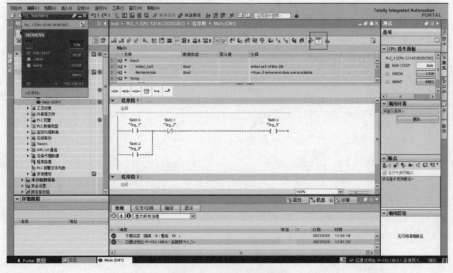

图 2-16　监控程序状态

(1) 调试选项

1) 程序状态下测试：通过程序状态可以监视程序的运行情况。可以显示操作数的值和逻辑运算结果（result of logic operation，RLO），从而可以识别和解决程序中的逻辑错误。

2) 断点测试：使用断点，可以测试以 STL 或 SCL 语言创建的块。通过在程序代码中设置断点即可实现这一测试，在断点处程序将停止执行。随后可以继续执行程序，每次运行一步。

3) 强制表测试：通过强制表可以监视和强制用户程序或 CPU 中各变量的当前值。执行强制时，将用指定值覆盖各变量。这样就可以测试用户程序，并在不同环境下运行该程序。

4) 监控表测试：通过监控表可以监视和修改用户程序或 CPU 中各变量的当前值。可以通过为各变量赋值来进行测试，并在不同的情况下运行该程序。也可以在 STOP 模式下为 CPU 的 I/O 接口分配固定值，如用于检查接线情况。

(2) 使用监控表输入变量

首先双击"监视和强制表"选项，其次双击"添加新监视表"选项将添加新的监视表，在"名称"列或"地址"列中，输入要监视或修改的变量的名称或绝对地址。

注意：输入监控表中的变量，必须事先在 PLC 变量表中已定义。输入变量时，请从外向内进行操作。即在监控表中先输入输入变量。然后输入受这些输入影响或影响输出的变量。最后输入输出变量。如果不使用默认设置，则可以在"显示格式"列的下拉列表框中选择要显示的格式。此时可以决定对这些输入的变量进行监视或修改。在监控表中的相应列中，输入修改的值及其注释信息。

(3) 设置监视和修改模式

永久：监视时，在周期结束时监视输入，在周期开始时监视输出；修改时，在周期开始时修改输入，在周期结束时修改输出。另外可选择扫描周期开始时、扫描周期结束时，或者从 RUN 切换到 STOP 模式时。

仅一次：可选择在扫描周期开始时、扫描周期结束时，或者从 RUN 切换到 STOP 模式时。

思考题

1) 选择一个 PLC 梯形图程序，并在 TIA Portal V16 编程软件上进行练习。
2) 交叉引用的作用是什么？

第3章 微机原理与接口技术实验

3.1 8086汇编语言程序设计实验

3.1.1 实验教学目标

1) 能够熟练使用IDE86软件，在PC上编辑、编译、链接、调试和运行汇编语言程序。
2) 能够掌握汇编语言指令与子程序调用。
3) 能够使用汇编语言编写程序，实现求和、比较大小、屏幕输出等功能。

3.1.2 IDE86软件使用

1. 运行

运行IDE86.exe就可进入调试环境的主菜单，如图3-1所示。

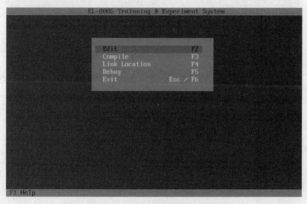

图3-1 调试环境的主菜单

F1键为帮助。按"↑""↓"键将改变当前选择项，按Enter键表示选择当前行，并弹出参数输入对话框。

2. 编辑

选择Edit选项后，弹出Edit tool file对话框，在此对话框中输入编辑器的文件名edit，输入完成后按Enter键即进入下一个对话框Source file name，在此对话框中输入文件名，必须带扩展名.asm，文件名长度不超过8个字符，不能使用特殊符号，如图3-2所示。按Esc键可退回到主菜单。

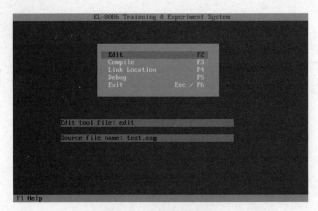

图 3-2　填写编辑参数

两个参数都输入完成后，按 Enter 键即进入编辑界面，编写 8086 汇编语言源程序，如图 3-3 所示。

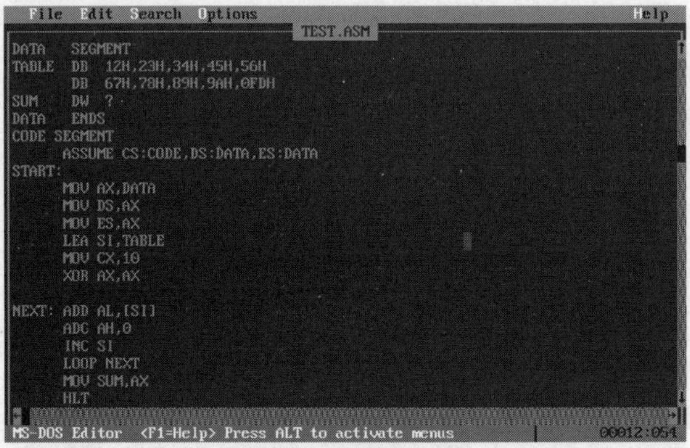

图 3-3　编辑界面

编写完程序需要及时保存。

3. 编译

选择 Compile 选项，弹出 Source file name 对话框，在此对话框中输入被编译的文件名，必须带扩展名 .asm。输入完成后按 Enter 键即进入下一个对话框 Control parameter，在此输入编译的控制参数，对于汇编语言来说，输入控制参数/zi 即可，如图 3-4 所示。输入完成后按 Enter 键即进行编译。

编译后，会提示程序是否有语法错误，如果有错误，需返回编辑界面进行修改；如果没有错误，可进行下一步。

4. 链接

选择 Link Location 选项，弹出 Source file name 对话框，在此对话框中输入链接的文件名，必须带扩展名 .obj。输入完成后按 Enter 键即进入下一个对话框 Control parameter，在此输入链接的控制参数，对于汇编语言来说，输入控制参数/v 即可，如图 3-5 所示。输入完成后按 Enter 键即进行链接，生成可执行文件。

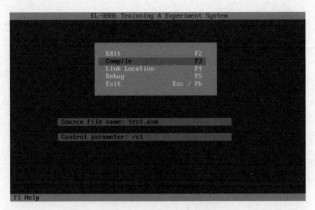

图 3-4　填写编译参数

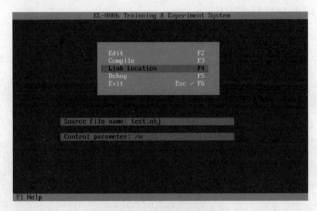

图 3-5　填写链接参数

5. 调试

选择 Debug 选项,弹出 Source file name 对话框,在此对话框中输入链接的文件名,必须带扩展名 .exe。输入完成后按 Enter 键即进入下一个对话框 Control parameter,在此输入调试的控制参数,对于汇编语言来说,输入控制参数/v 即可,如图 3-6 所示。输入完成后按 Enter 键即进入调试界面,如图 3-7 所示。

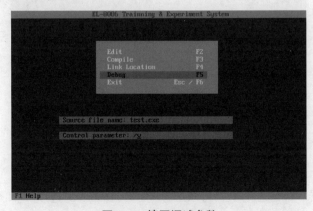

图 3-6　填写调试参数

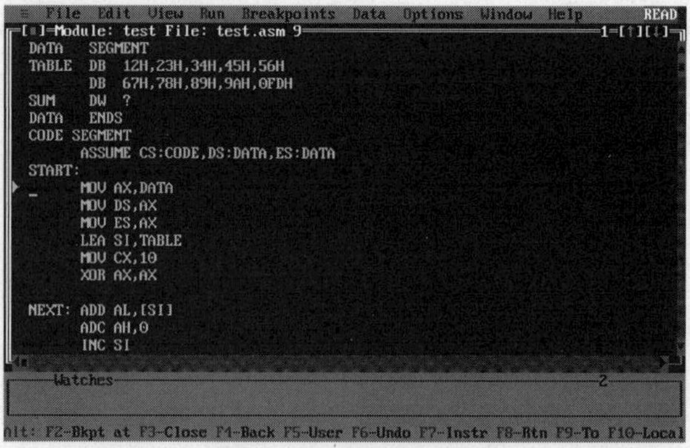

图 3-7 调试界面

1）在调试界面里的一些快捷键如下。

F1——帮助。

F2——设置或取消断点。

F3——关闭当前窗口。

F4——执行到光标处。

F5——窗口最大化。

F7——跟踪子程序的单步调试。

F8——不跟踪子程序的单步调试。

F9——全速运行。

F10——选择菜单。

2）在调试界面里的一些观察参数的方法。

观察 CPU 内部参数，可以选择 View→CPU 选项，如图 3-8 所示。在 CPU 对话框中，可观察到代码段、数据段、堆栈段、寄存器、标志位等，如图 3-9 所示。

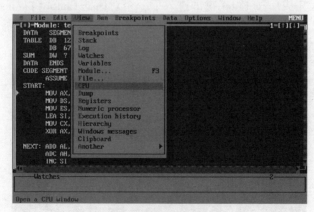

图 3-8 CPU 选项

单独观察寄存器、标志位的值，可以选择 View→Registers 选项，如图 3-10 所示。

单独观察数据存储器中的数据，可选择 View→Dump 选项，如图 3-11 所示。

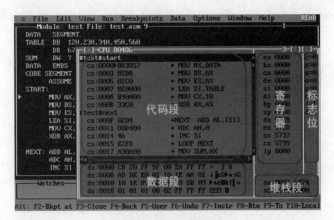

图 3-9　CPU 对话框

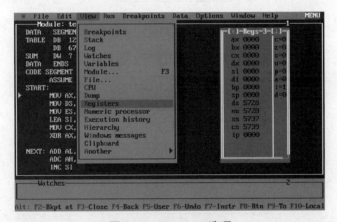

图 3-10　Registers 选项

图 3-11　Dump 选项

3.1.3　实验内容

编写程序，求从 TABLE 开始的 10 个无符号字节数的和，结果存放在 SUM 字单元中。以单步形式观察程序的执行过程。要求观察执行每条指令后，寄存器 AX、CX、SI 及标志位

CF 的值，分别查看前 5 个数之和、前 8 个数之和，查看以 TABLE 开始的数据段存储器单元中的内容。

3.1.4 实验方法

1）设计思路：将 10 个无符号字节数储存在以 TABLE 开始的 10 个连续存储单元中，然后利用循环结构依次取出数值并放入 AL 中进行累加，若有进位则加到 AH 中直至 10 次循环结束，将累加的结果放在 SUM 中并返回 DOS 状态。

2）程序流程图：求 10 个数累加和的程序流程如图 3-12 所示。

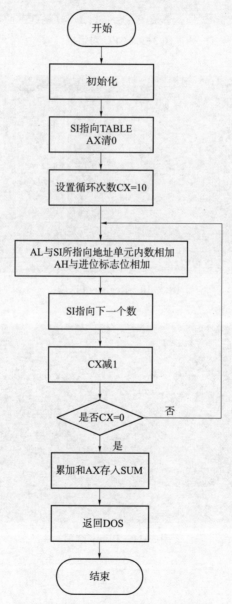

图 3-12 求 10 个数累加和的程序流程

3）源程序代码如下。

```
DATA    SEGMENT                        ;定义数据段
    TABLE   DB 12H,23H,34H,45H,56H
            DB 67H,78H,89H,9AH,0FDH    ;定义10个加数
    SUM     DW ?
DATA    ENDS
CODE    SEGMENT                        ;定义代码段
    ASSUME CS:CODE,DS:DATA
START:MOV AX,DATA
    MOV DS,AX                          ;初始化DS
    LEA SI,TABLE                       ;指针SI指向TABLE
    MOV CX,10                          ;循环次数为10
    XOR AX,AX                          ;AX清零
NEXT: ADD AL,[SI]                      ;取一个数加到AL中
    ADC AH,0                           ;若有进位AH加1
    INC SI                             ;指针SI指向下一个数
    LOOP NEXT                          ;循环相加
    MOV SUM,AX                         ;循环结束后,将结果保存到SUM中
    MOV AH,4CH                         ;返回DOS状态
    INT 21H
CODE ENDS
    END START
```

3.1.5 实验步骤

1）编辑程序后进行编译，排除程序代码错误并修改，编译通过后进行链接。

2）利用软件调试程序。以单步形式观察程序的执行过程，观察执行每条指令后，寄存器 AX、CX、SI 及标志位 CF 的值。查看前 5 个数之和、前 8 个数之和，查看以 TABLE 开始的数据段存储器单元中的内容。

3）模仿实验范例，完成思考题程序编写。

3.1.6 实验报告

1）实验名称、实验教学目标、实验内容。
2）实验方法：说明具体设计思路，绘制程序流程图。
3）程序代码：添加程序注释。
4）实验结果。
5）实验中（包括设计、调试、编程）遇到的问题与解决问题的方法。
6）实验总结与体会。

3.1.7 思考题

1）编程实现，求从 TABLE 开始的 10 个无符号字节数的最大值。以单步形式观察程序求出最大值的过程，记录最大值。

2) 编程实现，求 1~100 的累加和，用十进制形式将结果显示在屏幕上，并返回 DOS 状态。需完成求和、转换成十进制、转换成 ASCII 码并从屏幕显示。

3.2 Proteus 与微机原理实验系统概述

3.2.1 微机原理实验系统简介

基于 Proteus 的微机原理实验系统（8086/8051）由广州风标教育技术公司针对微机原理与接口技术课程、单片机课程的教学需求所研发。Proteus 是进行 8086 实验的必备软件，支持电路设计、电路仿真与调试、程序编译等。通过 USB 连接线把计算机与实验系统相连接，能完成针对 8086 的各种交互仿真实验。

微机原理实验系统采用模块化设计，总线器件都可以挂在总线上，只需要接上 CS 片选就可以实验。微机原理实验系统如图 3-13 所示，该系统主要由接口芯片与外设模块（peripheral module，PMOD）组成。

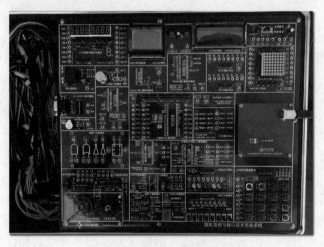

图 3-13 微机原理实验系统

接口芯片包括 8255 可编程并行接口（简称 8255）模块、8259 可编程中断控制器（简称 8259）模块、8253 可编程定时/计数器（简称 8253）模块、8251 可编程串行接口模块、8237 可编程 DMA 控制器和存储器模块、数/模（A/D）转换模块（DAC0832）、模/数（D/A）转换模块（ADC0809）、245/373 I/O 读写模块等。外设模块包括 8 位独立发光二极管、8 位联体数码管、LCD1602 模块、LCD12864 模块、8×8 点阵模块、直流电机模块、步进电机模块、继电器模块、蜂鸣器模块、单脉冲模块、8 位独立拨码开关模块、4×4 矩阵键盘模块、光照传感器模块、温度传感器模块、电位器模块、4 MHz 信号源模块、6 分频模块、RS232 串行通信模块、门电路模块等。

3.2.2 Proteus 概述

Proteus 软件是英国 Lab Center Electronics 公司出版的电子设计自动化（electronic design automation，EDA）工具软件，可以进行电路分析与实物仿真及印制电路板设计，可以仿真、分析各种模拟电路与集成电路。软件提供了大量模拟与数字元器件及外部设备、各种虚拟仪器,包括示波器、逻辑分析仪、虚拟终端、SPI 调试器、I2C 调试器、信号发生器、模式发生器、交直流电压表、交直流电流表等。特别是其处理器模型可以支持 8086、51 系列、AVR、PIC、ARM 等。在编译方面,它也支持 IAR、Keil 和 MATLAB 等多种编译器。

启动 Proteus 8.15,新建一个工程,设置保存路径后,默认选择创建原理图(schematic)、不创建 PCB 布板设计,然后创建固件项目,选择 8086 系列控制器,使用 MASM32 编译器,进入原理图设计界面,如图 3-14 所示。窗口左侧是含有 3 个组成部分的模式选择工具栏,包括主模式图标、部件模式图标和二维图形模式图标。表 3-1 列出了这些模式图标的功能说明。

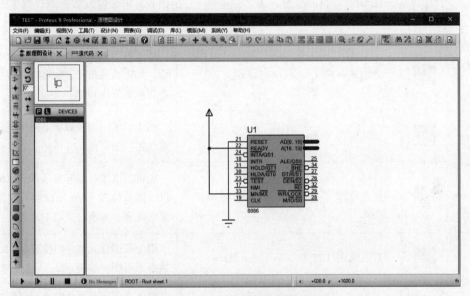

图 3-14 Proteus 原理图设计界面

表 3-1 Proteus 模式图标的功能说明

模式图标	图标	名称	功能说明
主模式图标		选择模式(Selection Mode)	用于选取仿真电路图中的元器件等对象
		元器件模式(Component Mode)	用于打开元器件选取界面,选取各种元器件
		连接点模式(Junction Dot Mode)	用于在电路中放置连接点
		连线标号模式(Wire Label Mode)	用于放置或编辑连线标号
		文本脚本模式(Text Script Mode)	用于在电路中输入或编辑文本
		总线模式(Buses Mode)	用于在电路中绘制总线
		子电路模式(Subcircuit Mode)	用于在电路中放置子电路图或放置子电路元器件

续表

模式图标	图标	名称	功能说明
部件模式图标		终端模式（Terminals Mode）	提供各种终端，如输入、输出、电源和地等
		设备引脚模式（Device Pins Mode）	提供6种常用的元器件引脚
		图形模式（Graph Mode）	列出可选择的各种仿真分析所需要的图表，如模拟分析图表、数字分析图表、频率响应图表等
		激励源模式（Generator Mode）	用于列出可供选择的模拟和数字激励源，如正弦波信号、数字时钟信号及任意逻辑电平序列等
		探针模式（Probe Mode）	用于记录模拟或数字电路中探针处的电压值、电流值
		虚拟仪器（Virtual Instruments Mode）	提供的虚拟仪器有显示器、逻辑分析仪、虚拟终端、SPI 调试器、直流与交流电压表、直流与交流电流表
二维图形模式图标		直线模式（2D Graphics Line Mode）	用于在创建元器件时绘直线，或者直接在原理图中绘制直线
		方框图形模式（2D Graphics Box Mode）	用于在创建元器件时绘制矩形框，或者直接在原理图中绘制矩形
		圆形图形模式（2D Graphics Circle Mode）	用于在创建元器件时绘制圆形，或者直接在原理图中绘制圆形
		闭合图形模式（2D Graphics Closed Path Mode）	用于在创建元器件时绘制任意多边形，或者直接在原理中绘制多边形
		文本模式（2D Graphics Text Mode）	用于在原理图中添加说明文字
		符号模式（2D Graphics Symbol Mode）	用于从符号库中选择各种元器件符号
		标记模式（2D Graphics Markers Mode）	用于在创建或编辑元器件、符号、终端、引脚时产生各种标记图标

  以上介绍了 Proteus 模式工具栏中的各种操作模式图标，紧挨着模式工具栏有旋转与镜像按钮，以及两个小窗分别是预览窗口和对象选择窗口，预览窗口显示的是当前仿真电路的缩略图，对象选择窗口列出的是当前仿真电路中用到的所有元器件、可用的所有终端、所有 VI 等，当前所显示的可选择对象与当前所选择的操作模式图标对应。Proteus 主窗口右边的

大面积区域是仿真电路原理图编辑窗口。Proteus 主窗口最下面还有仿真运行、暂停及停止等控制按钮。

当设计完电路原理图后，单击"源代码"选项卡，进入源代码界面，如图 3-15 所示，开始进行汇编程序设计。程序编写完成后，选择菜单栏"构建"→"构建工程"选项，即进行编译链接，如果程序正确，可生成 Debug.exe 调试文件。如果程序有错误，在主窗口下方的 VSM Studio 窗口里会给出程序报错的位置，修改正确后再重新构建工程。在原理图界面，双击 8086 CPU 选择 Debug.exe 文件的打开路径，确定以后，单击窗口左下角的仿真运行按钮，开始仿真实验。

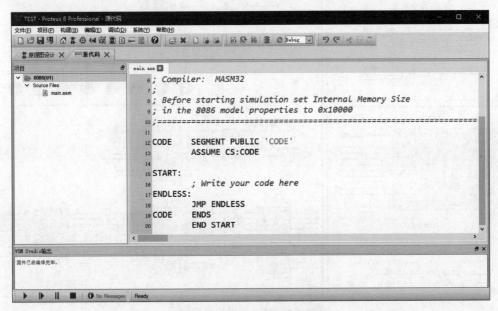

图 3-15 Proteus 源代码界面

3.3 8259 可编程中断控制器实验

3.3.1 实验教学目标

1) 能够掌握 8259 的工作原理。
2) 能够编写中断服务程序。
3) 能够掌握初始化中断向量的方法。

3.3.2 实验内容

利用 8086 CPU 控制 8259，实现对外部中断的响应和处理。中断请求 IR0 对每次中断进行计数，中断请求 IR1 对中断次数清 0，用 74HC373 将计数结果输出到发光二极管显示。

3.3.3 实验方法

1) 实验电路：8259 实验电路原理如图 3-16 所示。

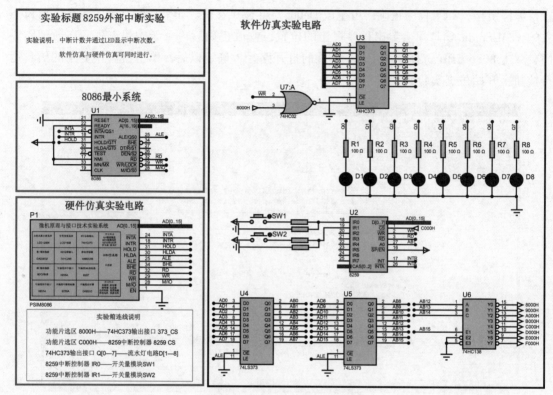

图 3-16 8259 实验电路原理

2) 工作原理。

8259 将中断源识别、中断源优先级判断、中断屏蔽电路集于一体，可以对外部中断进行管理。8259 在工作之前必须写入初始化命令字（ICW），使其处于准备就绪状态。初始化命令字必须按顺序写入，即先写入 ICW1，接着写入 ICW2、ICW3（仅在级联方式下写入），最后写入 ICW4。然后可以写操作命令字（OCW），根据需要，可以在主程序中写入，也可以在中断服务程序中写入。接着需要设置中断向量表，把需要执行的中断服务程序的入口地址放入中断向量表的相应存储单元中。最后写入中断（STI），允许响应所有可屏蔽中断。如果响应中断，即可执行中断服务程序，中断服务程序通常需完成以下任务，包括保护现场、中断处理、恢复现场、向 8259 发送中断结束命令、中断返回等。

实验中，8259 的中断类型码为 20H ~ 27H，数据口地址为 0C000H，控制口地址为 0C002H。初始化规定如下：边沿触发方式，非缓冲器方式，中断结束为普通结束方式，中断优先级管理采用全嵌套方式。74HC373 的端口地址为 8000H，输出引脚连接到 8 个 LED 灯，可控制 LED 灯的亮灭。

3）程序流程图，8259 实验程序流程如图 3-17 所示。

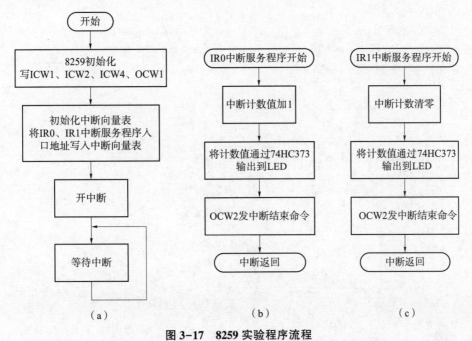

图 3-17　8259 实验程序流程

(a) 主程序；(b) IR0 中断服务程序；(c) IR1 中断服务程序

4）源程序代码如下。

```
Q373    EQU    8000H           ;74HC373 端口地址
ICW1    EQU    13H             ;ICW1 设置上升沿触发,单片 8259,要写入 ICW4
ICW2    EQU    20H             ;ICW2 设置中断类型号,起始中断类型号为 20H
ICW4    EQU    01H             ;ICW4 设置普通全嵌套方式,一般为 EOI 方式
OCW1    EQU    00H             ;OCW1 设置所有中断都能响应
A8259   EQU    0C000H          ;8259 偶地址
B8259   EQU    0C002H          ;8259 奇地址
CODE    SEGMENT
        ASSUME CS:CODE
ORG 800H
START:
        MOV    DX,A8259
        MOV    AL,ICW1         ;写 ICW1
        OUT    DX,AL
        MOV    DX,B8259
        MOV    AL,ICW2         ;写 ICW2
        OUT    DX,AL
        MOV    AL,ICW4         ;写 ICW4
        OUT    DX,AL
        MOV    AL,OCW1         ;写 OCW1
        OUT    DX,AL
```

```
        MOV    AX,0                    ;AX 清零
        MOV    DS,AX
        MOV    SI,80H                  ;中断向量地址,20H* 4=80H
        MOV    AX,OFFSET HINT0         ;取 IR0 中断服务程序偏移地址
        MOV    DS:[SI],AX
        ADD    SI,2
        MOV    AX,CS                   ;中断向量段基址
        MOV    DS:[SI],AX
        ADD    SI,2
        MOV    AX,OFFSET HINT1         ;取 IR0 中断服务程序偏移地址
        MOV    DS:[SI],AX
        ADD    SI,2
        MOV    AX,CS                   ;中断向量段基址
        MOV    DS:[SI],AX
        MOV    DX,Q373                 ;74HC373 端口地址
        MOV    CL,0                    ;中断计数初始值清 0
        MOV    AL,CL
        OUT    DX,AX                   ;输出至 LED 灯,全熄灭状态
        STI                            ;开中断
LP:     NOP                            ;空操作,等待中断
        JMP    LP
HINT0:                                 ;IR0 中断服务程序
        MOV    DX, Q373
        INC    CL                      ;计数值加 1
        MOV    AL, CL
        OUT    DX, AX                  ;点亮对应的 LED 灯
        MOV    DX, A8259               ;OCW2 输出中断结束命令
        MOV    AL, 20H
        OUT    DX, AX
        IRET                           ;中断返回
HINT1:                                 ;IR1 中断服务程序
        MOV    DX, Q373
        MOV    CL, 0                   ;计数值清 0
        MOV    AL, CL
        OUT    DX, AX                  ;输出至 LED 灯,全熄灭状态
        MOV    DX, A8259               ;OCW2 输出中断结束命令
        MOV    AL, 20H
        OUT    DX, AX
        IRET                           ;中断返回
CODE ENDS
        END START
```

3.3.4 实验步骤

1)根据实验内容要求,在 Proteus 中设计电路原理图。

2）编写程序，编译并调试。

3）进行仿真实验。用 Proteus 软件进行仿真实验时，电路原理图中硬件仿真实验电路模块 PSIM8086 须勾选"不进行仿真"复选框，如图 3-18 所示。

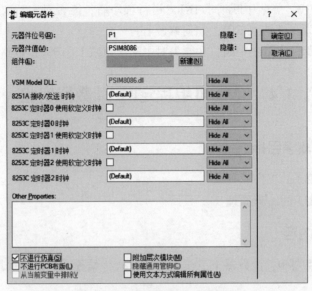

图 3-18　PSIM8086 模块设置

4）通过 USB 线，将 PC 与微机原理实验系统相连，并连接电源线。

5）在断电的情况下，进行微机原理实验系统硬件连线。8259 实验硬件连线如表 3-2 所示。

表 3-2　8259 实验硬件连线表

接线孔 1	接线孔 2
373_CS（输出接口）	8000H~8FFFH（I/O 功能片选区）
8259_CS（8259 中断模块）	C000H~CFFFH（I/O 功能片选区）
Q0~Q7（可编程并行通信接口）	D1~D8（8 位流水灯模块）
IR0（8259 中断模块）	SW1（8 位开关量模块）
IR1（8259 中断模块）	SW2（8 位开关量模块）

6）进行硬件实验。进行硬件实验时，电路原理图中硬件仿真实验电路模块 PSIM8086 需取消勾选"不进行仿真"复选框，即允许进行仿真实验。

7）观察实验现象，验证实验结果。

3.3.5　实验报告

1）实验名称、实验教学目标、实验内容。

2）实验方法：说明具体设计思路，绘制程序流程图。

3）实验结果。

4）完成思考题，记录实验现象。

5）实验中（包括设计、调试、编程）遇到的问题与解决问题的方法。

6）实验总结与体会。

3.3.6 思考题

1) 若设置中断类型号为 80H，IR0、IR1 的中断向量地址是多少？
2) 如何设置 OCW1 屏蔽中断请求 IR1，运行程序后，能否对中断次数清 0？
3) 设置 ICW4 为自动结束 EOI，如何修改程序？
4) 在实验中增加一个 IR2 中断，功能是对中断次数减 1，请设计电路原理图，编写程序。

3.4 8253 可编程定时/计数器实验

3.4.1 实验教学目标

1) 能够掌握 8253 的工作原理。
2) 能够掌握 8253 的编程原理。

3.4.2 实验内容

设定 8253 的计数器 0、计数器 1 工作于方波方式，编程实现输出周期为 2 s 的方波，观察其输出。

3.4.3 实验方法

1) 实验电路：8253 实验电路原理如图 3-19 所示。

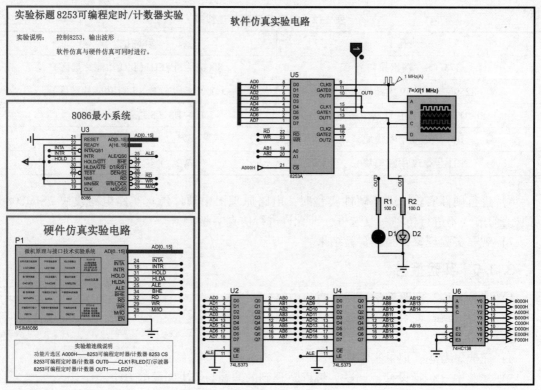

图 3-19　8253 实验电路原理

2)工作原理。

8253 是通用可编程定时/计数器,内部有 1 个控制寄存器和 3 个独立的 16 位减法计数器,分别是计数器 0、计数器 1、计数器 2,每个计数器都可按二进制或十进制减法计数,有 6 种工作方式。使用 8253 必须进行初始化编程,以计数器为单位逐个进行初始化,或先写各计数器的控制字,再写各计数器的计数初值。

实验中,8253 的计数器 0 地址为 0A000H,计数器 1 地址为 0A002H,控制字寄存器地址为 0A006H。8253 输出周期为 2 s 的方波,通过计数器 0 和计数器 1 级联实现,系统提供频率为 1 MHz 输入信号作为计数器 0 的时钟输入 CLK0。因此初始化规定:设置计数器 0 的计数初值为 50 000(0C350H),计数器 1 的计数初值为 40,工作于方式 3(方波方式),16 位二进制计数。

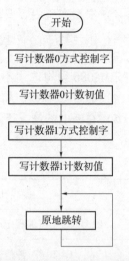

图 3-20 8253 实验程序流程

3)程序流程图:8253 实验程序流程如图 3-20 所示。
4)源程序代码如下。

```
TCONTRO EQU     0A006H          ;控制寄存器端口地址
TCON0   EQU     0A000H          ;计数器 0 端口地址
TCON1   EQU     0A002H          ;计数器 1 端口地址
TCON2   EQU     0A004H          ;计数器 2 端口地址
CODE SEGMENT
        ASSUME CS:CODE
START:
        MOV     DX,TCONTRO
        MOV     AL,36H          ;控制字 00110110B,写计数器 0,方式 3,16 位二进制计数
        OUT     DX,AL
        MOV     DX,TCON0        ;写计数器 0 初值
        MOV     AL,50H          ;先写低 8 位
        OUT     DX,AL
        MOV     AL,0C3H         ;再写高 8 位
        OUT     DX,AL
        MOV     DX,TCONTRO
        MOV     AL,76H          ;控制字 01110110B,写计数器 1,方式 3,16 位二进制计数
        OUT     DX,AL
        MOV     DX,TCON1        ;写计数器 1 初值
        MOV     AL,10           ;先写低 8 位
        OUT     DX,AL
        MOV     AL,0            ;再写高 8 位
        OUT     DX,AL
        JMP     $               ;原地跳转
CODE ENDS
        END START
```

3.4.4 实验步骤

1) 根据实验内容要求，在 Proteus 中设计电路原理图。
2) 编写程序，编译并调试。
3) 进行仿真实验。用 Proteus 软件进行仿真实验时，电路原理图中硬件仿真实验电路模块 PSIM8086 须勾选"不进行仿真"复选框。
4) 通过 USB 线，将 PC 与微机原理实验系统相连，并连上电源线。
5) 在断电的情况下，进行微机原理实验系统硬件连线。8253 实验硬件连线如表 3-3 所示。

表 3-3 8253 实验硬件连线

接线孔 1	接线孔 2
8253_CS（可编程定时/计数器模块）	A000H-AFFFH（I/O 功能片选区）
OUT（时钟信号源模块）	IN（分频模块）
CLK0（可编程定时/计数器模块）	1/4（分频模块）
GATE0（可编程定时/计数器模块）	+5 V（电源模块）
OUT0（可编程定时/计数器模块）	CLK1，D1（LED 灯）
GATE1（可编程定时/计数器模块）	+5 V（电源模块）
OUT1（可编程定时/计数器模块）	D2（LED 灯）

6) 进行硬件实验。进行硬件实验时，电路原理图中硬件仿真实验电路模块 PSIM8086 需取消勾选"不进行仿真"复选框，即允许进行仿真实验。
7) 观察实验现象，验证实验结果。

3.4.5 实验报告

1) 实验名称、实验教学目标、实验内容。
2) 实验方法：说明具体设计思路，绘制程序流程图。
3) 实验结果。
4) 完成思考题，记录实验现象。
5) 实验中（包括设计、调试、编程）遇到的问题与解决问题的方法。
6) 实验总结与体会。

3.4.6 思考题

1) 将实验程序中定时器 1 计数初值修改为 0064H，修改程序，观察实验现象变化情况。
2) 将实验程序中定时器 1 改为方式 2（即分频器方式），修改程序，观察实验现象变化情况。
3) 实验中，当 GATE 接到低电平时，观察实验现象变化情况。

3.5　8255 可编程并行接口实验

3.5.1　实验教学目标

1）能够掌握 8255 的工作原理。
2）能够掌握 8255 的编程方法。

3.5.2　实验内容

8255 的 A 口作为输入口，与逻辑电平开关相连。8255 的 B 口作为输出口，与发光二极管相连。编写程序，使得逻辑电平开关的变化在发光二极管上显示出来。

3.5.3　实验方法

1）实验电路：8255 实验电路原理如图 3-21 所示。

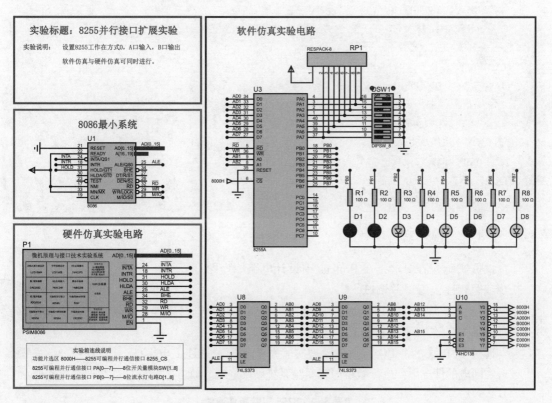

图 3-21　8255 实验电路原理

2）工作原理。

8255 是一种通用可编程并行接口芯片，可为多种并行 I/O 设备提供接口，常作为键盘、扬声器、打印机等外设的接口电路芯片。内部有 3 个独立的输入/输出端口（A 口、B 口、C 口）及一个控制寄存器，其中端口 C 可分成 4 位的两组，高 4 位与 A 口、低 4 位与 B 口组合,以输出控制信号/输入状态信号。8255 需初始化工作方式控制字,设定各端口的工作方式及数据传送方向,A 口可工作在 0、1、2 三种方式中任意一种,B 口可工作在 0、1 两种方式中的一种,C 口只能工作在方式 0。方式 0 为基本输入/输出方式;方式 1 为选通输入/输出方式;方式 2 为双向选通工作方式。

实验中,8255 的 A 口地址为 8000H,B 口地址为 8002H,C 口地址为 8004H,控制字寄存器地址为 8006H。初始化规定为 A 口输入,B 口输出,工作在方式 0。

3) 程序流程图:8255 实验程序流程如图 3-22 所示。

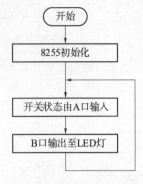

图 3-22 8255 实验程序流程

4) 源程序代码如下。

```
CODE SEGMENT
    ASSUME  CS:CODE
START:
        MOV DX,8006H        ;写控制字寄存器
        MOV AX,90H          ;控制字 10010000B,A 口输入,B 口输出,方式 0
        OUT   DX,AX
START1:
        MOV   DX,8000H      ;A 口
        IN    AX,DX         ;从 A 口输入
        MOV   DX,8002H      ;B 口
        OUT   DX,AX         ;从 B 口输出
        JMP   START1        ;跳转到 START1
CODE ENDS
        END   START
```

3.5.4 实验步骤

1) 根据实验内容要求,在 Proteus 中设计电路原理图。
2) 编写程序,编译并调试。
3) 进行仿真实验。用 Proteus 软件进行仿真实验时,电路原理图中硬件仿真实验电路模块 PSIM8086 须勾选"不进行仿真"复选框。
4) 通过 USB 线,将 PC 与微机原理实验系统相连,并连上电源线。
5) 在断电的情况下,进行微机原理实验系统硬件连线。8255 实验硬件连线如表 3-4 所示。

表 3-4 8255 实验硬件连线

接线孔 1	接线孔 2
8255_CS(可编程并行接口)	8000H-8FFFH(I/O 功能片选区)
PB0~PB7(可编程并行接口)	D1~D8(8 位流水灯模块)
PA0~PA7(可编程并行接口)	SW1~SW8(8 位开关量模块)

6）进行硬件实验。硬件实验时，电路原理图中硬件仿真实验电路模块 PSIM8086 需取消勾选"不进行仿真"复选框，即允许进行仿真实验。

7）观察实验现象，验证实验结果。

3.5.5　实验报告

1）实验名称、实验教学目标、实验内容。

2）实验方法：说明具体设计思路，绘制程序流程图。

3）实验结果。

4）完成思考题，记录实验现象。

5）实验中（包括设计、调试、编程）遇到的问题，以及解决问题的方法。

6）实验总结与体会。

3.5.6　思考题

1）实验中，设置 8255 的控制字使 B 口输入、A 口输出，工作于方式 0，修改电路与程序，实现读取并显示开关状态。

2）实验中，设置 8255 的控制字使 C 口低 4 位输入、高 4 位输出，修改电路与程序，实现读取并显示开关状态。

3）搭建 4×4 矩阵键盘，利用 8255 的 C 口识别按键，A 口连接数码管显示键值，设计电路原理图，编写程序并调试。

3.6　8250 串行通信实验

3.6.1　实验教学目标

1）能够掌握 8086 实现串口通信的方法。

2）能够掌握串行通信的协议。

3）能够掌握 8250 的编程方法。

3.6.2　实验内容

利用 8250 实现串行通信，从串口接收一个字符，并返回一个同样的字符，若不正确，则无返回值或返回值不同。

3.6.3　实验方法

1）实验电路：8250 实验电路原理如图 3-23 所示。

2）工作原理。

8250 是一种通用串行异步通信接口芯片，主要用于 CPU 与外部串行设备的沟通。在使用 8250 前需初始化各控制寄存器，需要设定传输波特率、字符格式、Modem 工作方式、中断允许与屏蔽。

在实验中，8250 内部各寄存器的对应地址如下。

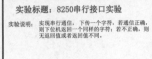
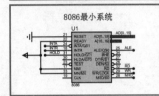
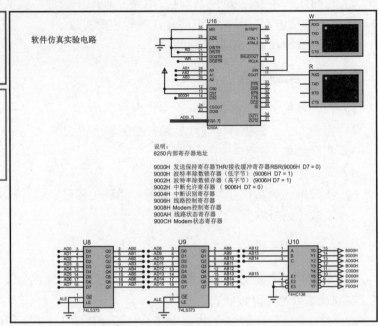

图 3-23　8250 实验电路原理

9000H　发送保持寄存器 THR/接收缓冲寄存器 RBR（9006H D7＝0 时）。

9000H　波特率除数锁存器（低字节）（9006H D7＝1 时）。

9002H　波特率除数锁存器（高字节）（9006H D7＝1 时）。

9002H　中断允许寄存器（9006H D7＝0 时）。

9004H　中断识别寄存器。

9006H　线路控制寄存器。

9008H　Modem 控制寄存器。

900AH　线路状态寄存器。

900CH　Modem 状态寄存器。

初始化规定：波特率为 2 400，传输字符格式 8 位数据位、1 位停止位、无奇偶校验位，所有中断屏蔽。

3) 程序流程图：8250 实验程序流程如图 3-24 所示。

4) 源程序代码如下。

```
DATA    SEGMENT                    ;定义数据段
    SBUF DB 0                      ;存放字符单元
DATA    ENDS
STACK    SEGMENT ' STACK'          ;定义堆栈段
    STA DB   100 DUP(0)
    TOP EQU LENGTH STA
STACK    ENDS
CODE    SEGMENT
    ASSUME CS:CODE, DS: DATA,SS:STACK
```

```
START:
    MOV AX,DATA
    MOV DS,AX
    MOV AX,STACK
    MOV SS,AX
    MOV AX,TOP
    MOV SP,AX
                        ;8250 初始化
    MOV DX,9006H        ;通信线路控制寄存器
    MOV AL,80H          ;设置 D7=1
    OUT DX,AL
    MOV DX,9000H        ;波特率除数寄存器低字节
    MOV AL,30H          ;波特率 2 400 的除数低 8 位
    OUT DX,AL
    MOV DX,9002H        ;波特率除数寄存器高字节
    MOV AL,0            ;波特率 2 400 的除数高 8 位
    OUT DX,AL
    MOV DX,9006H        ;通信线路控制寄存器
    MOV AL,3            ;设置 D7=0,无奇偶校验,1 位停止位,8 位数据位
    OUT DX,AL
    MOV DX,9008H        ;MOEDM 控制寄存器
    MOV AL,0FH          ;
    OUT DX,AL
    MOV DX,900AH        ;中断允许寄存器
    MOV AL,0            ;禁止所有中断
    OUT DX,AL
LOOP1:
    CALL RECV           ;调用接收字符子程序
    CALL SEND           ;调用发送字符子程序
    JMP  LOOP1          ;跳转到 LOOP1,循环
RECV:                   ;接收字符子程序
    MOV DX,900AH        ;线路状态寄存器
    IN AL,DX
    TEST AL,1           ;判断接收数据缓冲寄存器是否满
    JZ RECV
    MOV DX,9000H
    IN AL,DX            ;读入接收数据缓冲寄存器内的字符
    MOV SBUF,AL         ;数据存入 SBUF
    RET
SEND:
    MOV DX,900AH        ;线路状态寄存器
    IN AL,DX
    TEST AL,20H         ;判断发送数据保持寄存器是否空
```

```
        JZ SEND
        MOV AL,SBUF              ;从 SBUF 取出字符
        MOV DX,9000H
        OUT DX,AL                ;发送数据
        RET
CODE    ENDS
        END START
```

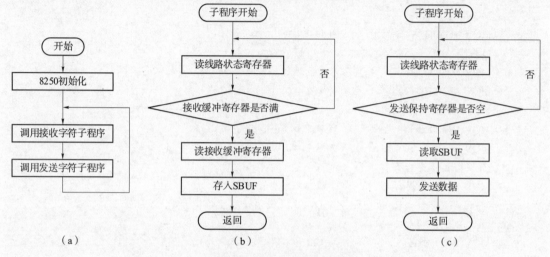

图 3-24 8250 实验程序流程

(a) 主程序;(b) 接收数据子程序;(c) 发送数据子程序

3.6.4 实验步骤

1) 根据实验内容要求,在 Proteus 中设计电路原理图。

2) 编写程序,编译并调试。

3) 进行仿真实验。单击原理图设计界面左侧的 VI 模式,选择 VIRTUAL TERMINAL 选项,添加两个虚拟终端,分别连接到 8250 的串行输入和输出端(8250 实验无硬件实验,不需要进行连线)。

4) 在虚拟终端发送一个字符,观察另一个虚拟终端是否收到相同的字符,验证实验结果。

3.6.5 实验报告

1) 实验名称、实验教学目标、实验内容。

2) 实验方法:说明具体设计思路,绘制程序流程图。

3) 实验结果。

4) 完成思考题,记录实验现象。

5) 实验中(包括设计、调试、编程)遇到的问题与解决问题的方法。

6) 实验总结与体会。

3.6.6 思考题

1)将从串口接收的数据,利用 8255 显示到 8 个发光二极管,设计电路原理图,编程完成实验。

2)利用 8255 连接到 8 个电平开关,将开关状态从串口发送,设计电路原理图,编程完成实验。

3.7 A/D 转换实验

3.7.1 实验教学目标

1)能够了解 A/D 转换的基本原理。
2)能够掌握 ADC0809 的编程方法。

3.7.2 实验内容

ADC0809 采集电位器的电压模拟量输入,进行 A/D 转换,转换后的二进制数由 8255 的 A 口输出至 LED 灯显示。

3.7.3 实验方法

1)实验电路,ADC0809 实验电路原理如图 3-25 所示。

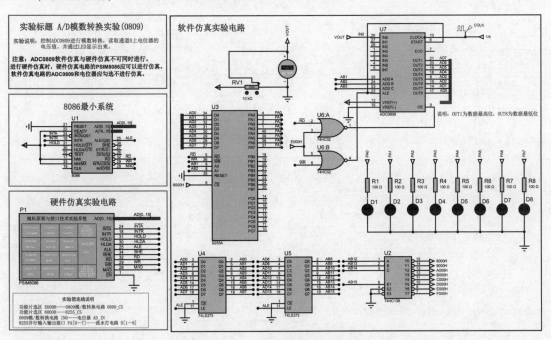

图 3-25 ADC0809 实验电路原理

2)工作原理。

常见的 A/D 转换器转换有逐次逼近型、双积分型和计数型 3 种,常用的是前两种。

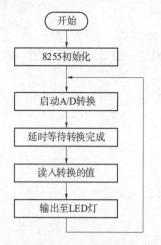

图 3-26　ADC0809 实验程序流程

ADC0809 是 8 位 8 通道逐次逼近型 A/D 转换器，片内有 8 路模拟开关，可以同时连接 8 路模拟量输入信号，单极性，量程为 0~5 V，转换一次约需 100 μs。可以采用延时方式或查询方式读入 A/D 转换结果，也可以采用中断方式读入结果，在中断方式下，A/D 转换结束后会自动产生 EOC 信号，将其与 CPU 的外部中断相连。

在实验中，ADC0809 的通道 0 地址为 0E000H，通过写入数据，启动 A/D 转换，等待延时 100 μs 后，读取转换后的数值。8255 的 A 口地址为 8000H，控制字寄存器的地址为 8006H，初始化规定：A 口输出，工作在方式 0，将读取的转换值从 A 口输出至 LED 灯显示。

3）程序流程图：ADC0809 实验程序流程如图 3-26 所示。

4）源程序代码如下。

```
ADIN0    EQU    0E000H           ;0809 的通道 0 地址
PA8255   EQU    8000H            ;8255 的 A 口地址
CTL8255  EQU    8006H            ;8255 的控制字寄存器端口地址
MODE     EQU    80H              ;8255 控制字,A 口输出,方式 0
CODE     SEGMENT
         ASSUME CS:CODE
START:
         MOV DX, CTL8255          ;8255 初始化控制字
         MOV AL, MODE
         OUT DX, AL
START1:
         MOV DX, ADIN0            ;启动 A/D 转换
         MOV AL, 11H
         OUT DX, AL
         NOP
         CALL DELAY               ;调用延时子程序,等待转换完成
         MOV DX, ADIN0
         IN  AL, DX               ;读入转换值
         MOV DX, PA8255
         OUT DX, AL               ;从 8255 的 A 口输出至 LED 灯显示
         JMP START1               ;跳转至 START1,循环
DELAY:                            ;延时子程序
         MOV CX,10H
         LOOP $
         RET
CODE  ENDS
      END START
```

3.7.4 实验步骤

1) 根据实验内容要求，在 Proteus 中设计电路原理图。
2) 编写程序，编译并调试。
3) 进行仿真实验。用 Proteus 软件进行仿真实验时，电路原理图中硬件仿真实验电路模块 PSIM8086 须勾选"不进行仿真"复选框。在实验时，调节电位器位置，可改变输入电压值。
4) 通过 USB 线，将 PC 与微机原理实验系统相连，并连上电源线。
5) 在断电的情况下，进行微机原理实验系统硬件连线。ADC0809 实验硬件连线如表 3-5所示。

表 3-5 ADC0809 实验硬件连线

接线孔 1	接线孔 2
0809_CS（ADC0809A/D 转换模块）	E000H~EFFFH（I/O 功能片选区）
8255_CS（可编程并行接口）	8000H~8FFFH（I/O 功能片选区）
IN0（ADC0809A/D 转换模块）	AD_IN（可调电位器模块）
PA0~PA7（可编程并行接口）	D1~D8（8 位流水灯模块）

6) 进行硬件实验。硬件实验时，电路原理图中硬件仿真实验电路模块 PSIM8086 需要取消勾选"不进行仿真"复选框，即允许进行仿真实验。
7) 观察实验现象，验证实验结果。

3.7.5 实验报告

1) 实验名称、实验教学目标、实验内容。
2) 实验方法：说明具体设计思路，绘制程序流程图。
3) 实验结果。
4) 完成思考题，记录实验现象。
5) 实验中（包括设计、调试、编程）遇到的问题与解决问题的方法。
6) 实验总结与体会。

3.7.6 思考题

1) 使用 ADC0809 的通道 1 采集电压，经 A/D 转换后的数据由 8250 通过串口发送，设计电路原理图，编程完成实验。
2) 使用 8253 定时，每隔 1 s ADC0809 采集一次电压，经 A/D 转换后由 8255 输出至 LED 显示，设计电路原理图，编程完成实验。

3.8 D/A 转换实验

3.8.1 实验教学目标

1) 能够了解 D/A 转换的基本原理。

2) 能够掌握 DAC0832 的编程方法。

3.8.2 实验内容

利用 DAC0832 进行数模转换,产生三角波,使用示波器观察波形。

3.8.3 实验方法

1) 实验电路:DAC0832 实验电路原理如图 3-27 所示。

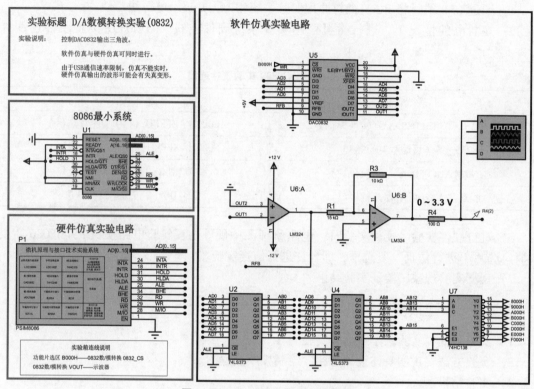

图 3-27 DAC0832 实验电路原理

2) 工作原理。

DAC0832 是互补金属氧化物半导体器件(complementary metal oxide semiconductor,CMOS)单片 8 位 D/A 转换器,转换时间为 1 μs,8086 CPU 地址线通过译码电路产生的片选信号与其片选引脚相连,既是片选信号也是输入寄存器的控制信号。

实验中,DAC0832 的片选地址为 0B000H,当执行 OUT 指令时,将所输出数据存到输入寄存器,启动 D/A 转换,可使用示波器实时观察输出波形。

3) 程序流程图:DAC0832 实验程序流程如图 3-28 所示。
4) 源程序代码如下。

```
IOCON   EQU 0B000H              ;D/A 端口地址
CODE    SEGMENT
        ASSUME CS:CODE
START:
        MOV AL,00H              ;D/A 转换初值为 0
        MOV DX,IOCON
```

```
OUTUP:                              ;三角波上升波形程序
    OUT DX,AL                       ;D/A 转换
    INC AL                          ;转换值加 1
    CMP AL,0FFH                     ;判断是否转换达到最大值 255
    JE OUTDOWN                      ;达到则跳转到 OUTDOWN,转换三角波下降波形
    JMP OUTUP                       ;未达到则跳转到 OUTUP,继续转换三角波上升波形
OUTDOWN:                            ;三角波下降波形程序
    OUT DX,AL                       ;D/A 转换
    DEC AL                          ;转换值减 1
    CMP AL,00H                      ;判断是否转换达到最小值 0
    JE OUTUP                        ;达到则跳转到 OUTUP,转换三角波上升波形
    JMP OUTDOWN                     ;未达到则跳转到 OUTDOWN,继续转换三角波下降波形
CODE    ENDS
        END START
```

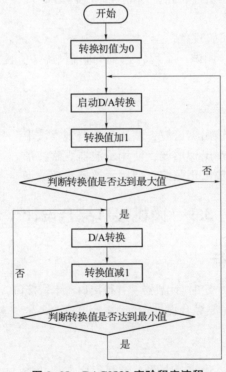

图 3-28 DAC0832 实验程序流程

3.8.4 实验步骤

1) 根据实验内容要求, 在 Proteus 中设计电路原理图。

2) 编写程序, 编译并调试。

3) 进行仿真实验。用 Proteus 软件进行仿真实验时, 电路原理图中硬件仿真实验电路模块 PSIM8086 须勾选"不进行仿真"复选框。

4) 通过 USB 线, 将 PC 与微机原理实验系统相连, 并连上电源线。

5) 在断电的情况下，进行微机原理实验系统硬件连线。DAC0832 实验硬件连线如表 3-6 所示。

表 3-6　DAC0832 实验硬件连线

接线孔 1	接线孔 2
0832CS（DAC0832D/A 转换模块）	B000H~BFFFH（I/O 功能片选区）
0~3.3（DAC0832D/A 转换模块）	示波器

6) 进行硬件实验。硬件实验时，电路原理图中硬件仿真实验电路模块 PSIM8086 需取消勾选"不进行仿真"复选框，即允许进行仿真实验。
7) 观察实验现象，验证实验结果。

3.8.5　实验报告

1) 实验名称、实验教学目标、实验内容。
2) 实验方法：说明具体设计思路，绘制程序流程图。
3) 实验结果。
4) 完成思考题，记录实验现象。
5) 实验中（包括设计、调试、编程）遇到的问题与解决问题的方法。
6) 实验总结与体会。

3.8.6　思考题

1) 编程实现 DAC0832 输出锯齿波，使用示波器观察波形。
2) 编程实现 DAC0832 输出梯形波，使用示波器观察波形。
3) 编程实现 DAC0832 输出正弦波，使用示波器观察波形。

3.9　微机接口综合设计

3.9.1　实验教学目标

1) 能够掌握中断控制器、定时/计数器、并行接口、串行接口、A/D 转换器等的工作原理。
2) 能够利用以上接口完成综合设计。

3.9.2　实验内容

设计一个数字电压表，搭建实验电路，编写程序实现功能。

要求：利用 ADC0809 采集电位器的电压值，通过 8255 输出至七段数码管显示，数据显示格式为×.××，利用 8253 定时数据更新，每隔 1 s 数据更新一次；具有报警功能，当超过 4 V 时，LED 灯发光报警。

3.9.3　实验方法

1) 设计思路。

数字电压表主要由 8086 CPU、定时/计数器、中断控制器、A/D 转换器、七段数码管组成，如图 3-29 所示。

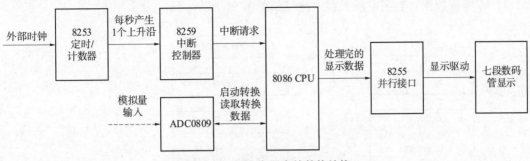

图 3-29　数字电压表的整体结构

设计思路分析如下。

① 1 s 周期的数据更新。使用 8253 定时/计数器，外接 1 MHz 时钟，计数器 0 和计数器 1 级联，计数器 0 的计数初值设为二进制 0C350H，计数器 1 的计数初值设为 20，工作在方式 3（方波方式），将输出信号 OUT1 连接到 8259 中断控制器的中断请求 IR0，采用上升沿触发。

② 启动 A/D 转换读取转换值。在 8086 接收到中断请求信号后，进入中断服务程序，启动 ADC0809 转换，调用延迟函数等待转换完成，读取转换值。

③ 数据转换处理。读取的模拟量转换值范围为 00H～0FFH，需要转换为符合要求的×.××格式。电压峰值为 5 V，将模拟量转换值放大 100 倍后，除以 51（即乘 5 除以 255），得到符合逻辑的电压值，再采用循环除以 10 取余数转化为十进制，通过查表得到显示段码并存储于相应数据显示缓冲区。同时将转换数据与 4 V 对应的转换值相比较，如果大于该值则点亮 LED 灯报警，如果小于该值则熄灭 LED 灯。

④ 数据显示。使用 8255 驱动七段数码管，采用动态扫描法，将数据显示缓冲区的内容显示到七段数码管上。

2）设计电路原理图：数字电压表电路原理如图 3-30 所示。

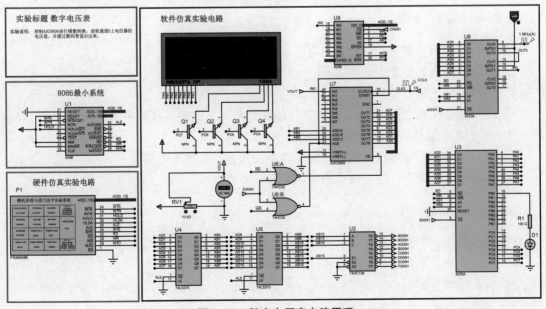

图 3-30　数字电压表电路原理

3) 程序流程图：数字电压表程序流程如图 3-31 所示。

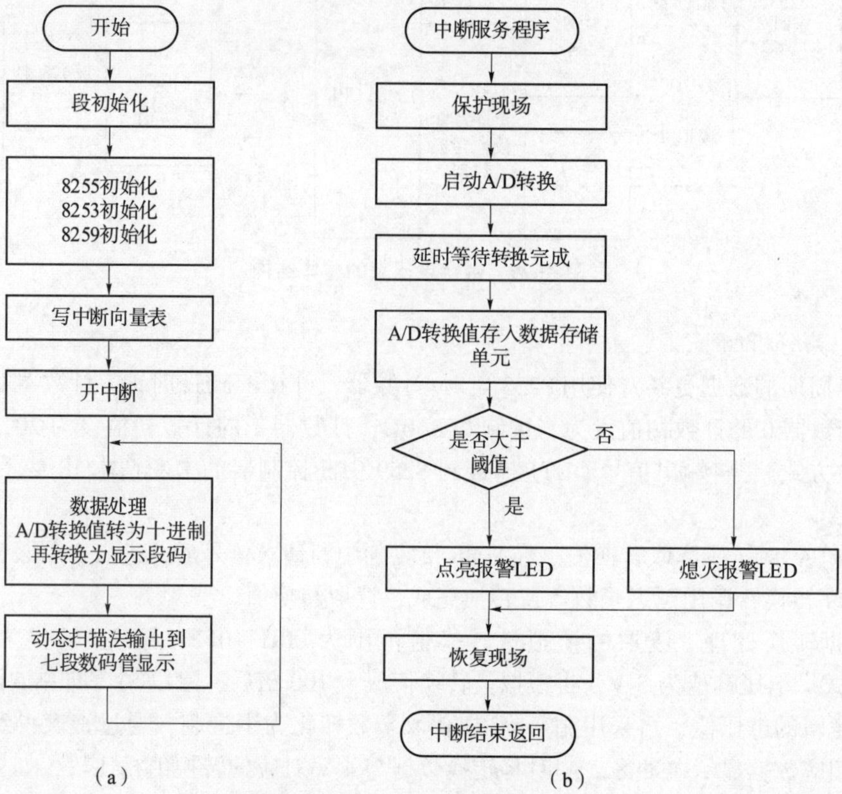

图 3-31　数字电压表程序流程
（a）主程序；（b）中断服务程序（每秒响应一次）

4) 依据程序流程图编写程序。

3.9.4　实验步骤

1) 分析实验内容要求，设计数字电压表的整体结构。
2) 根据实验内容要求，在 Proteus 中设计电路原理图。
3) 编写程序，编译并调试。
4) 进行仿真实验。用 Proteus 软件进行仿真实验时，电路原理图中硬件仿真实验电路模块 PSIM8086 需勾选"不进行仿真"复选框。
5) 通过 USB 线，将 PC 与微机原理实验系统相连，并连上电源线。
6) 在断电的情况下，进行微机原理实验系统硬件连线。

3.9.5　实验报告

1) 实验名称、实验教学目标、实验内容。
2) 实验方法：说明具体设计思路，绘制程序流程图。
3) 实验结果。
4) 完成思考题，记录实验现象。

5) 实验中(包括设计、调试、编程)遇到的问题与解决问题的方法。
6) 实验总结与体会。

3.9.6 思考题

1) 设计电子钟,搭建实验电路,编写程序实现功能。

要求:利用 8253 和 8259 芯片实现实时电子时钟的功能,利用 8255 控制七段数码管完成定时扫描显示;显示格式为××时××分××秒,每隔 1 s,时间值刷新一次;开关 1 可选择时、分、秒,开关 2 可对所选的时、分、秒加 1,小时加至 23 后清零,分、秒加至 59 后清零,开关 3 可对所选的时、分、秒减 1;能够使电子钟定时闹钟,如在 06:30:00,点亮 LED 灯进行闹钟报警。

2) 设计电子琴,搭建实验电路,编写程序实现功能。

要求:利用 8253 控制蜂鸣器发声,能够发出不同音阶,至少有 14 个音阶;利用 8250 实现串口通信,可发送音符,也可接收命令发声或播放已编好的乐曲。

3) 设计计算器,搭建实验电路,编写程序实现功能。

要求:利用 8255 控制 4×4 矩阵键盘,实现两位十进制数以内的加减乘除运算,将运算结果通过七段数码管显示;键盘为 10 个数字键 0~9,6 个功能键包括+、-、×、÷、=、复位。

第 4 章 单片机课程设计

4.1 8051 单片机 C 语言编程概述

4.1.1 单片机概述

单片机（single chip microcomputer，又称微控制器 MCU）是在一块硅片上集成了各种部件的微型计算机，这些部件包括 CPU、数据存储器（random access memory，RAM）、程序存储器（read-only memory，ROM）、定时/计数器和多种 I/O 接口电路。8051 单片机的基本结构如图 4-1 所示。

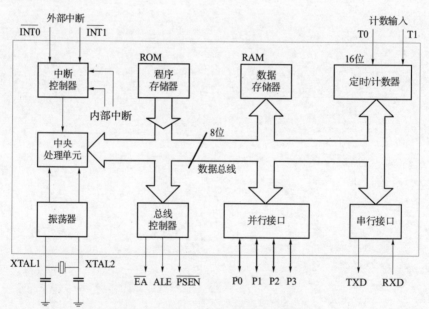

图 4-1 8051 单片机的基本结构

8051 单片机为 8 位微控制器，它有以下主要特点。
1）程序存储器：内部 4 KB、外部最多可扩展至 64 KB。
2）数据存储器：内部 128 B、外部最多可扩展至 64 KB。
3）4 组可位寻址的 8 位输入/输出端口，即 P0 口、P1 口、P2 口及 P3 口。
4）两个 16 位定时/计数器。
5）一个全双工串行口，即通用异步收发器（universal asynchronous receiver/transmitter，UART）。

6) 5个中断源,即 INT0、INT1、T0、T1、RXD 或 TXD。

7) 111 条指令。

在实验中常用的 51 单片机有 Atmel 公司的 AT89C52、STC 公司的 STC89C52RC 等,它们都是以 51 内核扩展出的单片机。

常见的单片机封装有塑料双列直插式封装(plastic dual in-line package,PDIP)、带引线的塑料芯片封装(plastic leaded chip carrier,PLCC)、塑料方型扁平式封装(plastic quad flat package,PQFP)等,如图 4-2 所示。绝大多数中小规模集成电路采用 PDIP 封装形式,其引脚数一般不超过 100 个,采用 PDIP 封装的 CPU 芯片有两排引脚,需要插入到具有 PDIP 结构的芯片插座上,也可以直接插在有相同焊孔数和几何排列的电路板上进行焊接。PLCC 是表面贴型封装之一,外形呈长方形,引脚从封装的 4 个侧面引出,呈丁字形,外形尺寸比 PDIP 封装小很多,适用表面安装技术(surface mount technology,SMT)在 PCB 上安装布线。PQFP 封装的芯片引脚之间距离很小,引脚很细,一般大规模或超大规模集成电路都采用这种封装形式,其引脚数一般在 100 个以上,必须采用表面安装设备(surface mount device,SMD)将芯片与主板焊接起来。

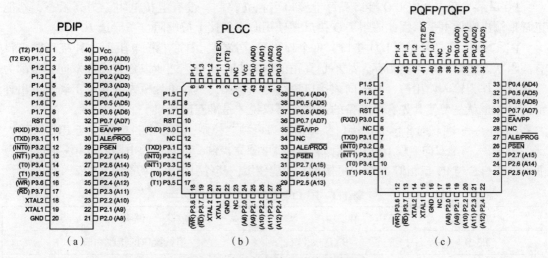

图 4-2 常见的单片机芯片封装形式

(a) PDIP 封装;(b) PLCC 封装;(c) PQFP 封装

4.1.2 单片机引脚

以图 4-2(a)中的 PDIP 封装引脚图为例介绍单片机各个引脚的功能。8051 的 40 个引脚按功能可分成 3 类。

1)电源及时钟引脚:V_{CC}(40 号引脚)、GND(20 号引脚)、XTAL1(19 号引脚)、XTAL2(18 号引脚)。

V_{CC}、GND——单片机电源引脚,不同型号的单片机接入对应电压电源。

XTAL1、XTAL2——外接时钟引脚:XTAL1 为片内振荡电路的输入端,XTAL2 为片内振荡电路的输出端。8051 的时钟有两种方式,一种是片内时钟振荡方式,需要在这两个引脚外接石英晶体和振荡电容,振荡电容的值一般取 10~30 pF;另一种是外部时钟方式,将

XTAL1 接地，外部时钟信号从 XTAL2 引脚输入。

2) 编程控制引脚：如 RST（9 号引脚）、$\overline{PSEN}$（29 号引脚）、ALE/$\overline{PROG}$（30 号引脚）、$\overline{EA}$/VPP（31 号引脚）。

RST——单片机复位引脚，当输入连续两个机器周期以上高电平时有效，用来完成单片机的复位初始化操作，复位后程序计数器 PC = 0000H，单片机从程序存储器的 0000H 单元读取第一条指令码，即单片机从头开始执行程序。

$\overline{PSEN}$——程序存储器允许输出控制端。读取外部程序存储器时 $\overline{PSEN}$ 低电平有效，以实现外部程序存储器单元的读操作。

ALE/$\overline{PROG}$——在单片机扩展外部 RAM 时，ALE 用于控制把 P0 口的输出低 8 位地址送锁存器来，以实现低位地址和数据的隔离。

$\overline{EA}$/VPP——$\overline{EA}$ 接高电平时，单片机读取内部程序存储器，当扩展有外部 ROM 时，读取完内部 ROM 后自动读取外部 ROM；$\overline{EA}$ 接低电平时，单片机直接读取外部 ROM。

3) I/O 接口引脚——P0 口（32~39 号引脚）、P1 口（1~8 号引脚）、P2 口（21~28 号引脚）、P3 口（10~17 号引脚）。

P0 口——双向 8 位 I/O 接口，每个接口可独立控制，没有上拉电阻，为高阻态，不能正常地输出高低电平，因此该组 I/O 接口在使用时必须接上拉电阻，一般选 10 kΩ。

P1 口——准双向 8 位 I/O 接口，每个口可独立控制，内带上拉电阻，这种接口输出没有高阻状态，输入也不能锁存，故不是真正的双向 I/O 接口。之所以称它为准双向，是因为该接口在作为输入使用前，要先向该接口进行写 1 操作，然后单片机内部才可正确地读出外部信号，也就是要使其先有个准备的过程，所以说才是准双向接口。

P2 口——准双向 8 位 I/O 接口，每个接口可独立控制，内带上拉电阻，与 P1 口相似。

P3 口——准双向 8 位 I/O 接口，每个接口可独立控制，内带上拉电阻。其第一功能是普通 I/O 接口，与 P1 口相似。P3 口可做第二功能使用，其各引脚第二功能定义如表 4-1 所示。

表 4-1　P3 口各引脚第二功能定义

PORT 3	第二功能	说明
P3.0	RXD	串行接口的接收引脚
P3.1	TXD	串行接口的传送引脚
P3.2	$\overline{INT0}$	INT0 中断输入
P3.3	$\overline{INT1}$	INT1 中断输入
P3.4	T0	定时/计数器 0 外部输入
P3.5	T1	定时/计数器 1 外部输入
P3.6	$\overline{WR}$	写入外部存储器控制引脚
P3.7	$\overline{RD}$	读取外部存储器控制引脚

4.1.3　单片机 C51 基础知识概述

很多硬件开发都使用 C 语言编程，C 语言程序本身不依赖于机器硬件系统，基本上不做修改或仅做简单修改就可以将程序从不同的系统移植过来直接使用。C语言提供了很多数学函数并支持浮点运算，开发效率高，可极大地缩短开发时间，增加程序可读性和可维护性。

单片机 C51 编程的优点在于，寄存器分配，不同存储器的寻址及数据类型等细节完全由编译器自动管理；程序有规范的结构，可分成不同函数，使程序结构化；库中包含许多标准子程序，具有较强的数据处理能力，使用方便；具有方便的模块化编程技术，使已编好的程序移植容易。

C51 语言常用的头文件通常有 reg51.h、reg52.h、math.h、ctype.h、stdio.h、stdlib.h、absacc.h、intrins.h 等，reg51.h 和 reg51.h 是定义 51 单片机或 52 单片机特殊功能寄存器和位寄存器的，这两个头文件中大部分内容是一样的，52 单片机比 51 单片机多了一个定时器 T2，因此，reg52.h 也比 reg51.h 多了几行定义 T2 寄存器的内容。

C51 语言的基本数据类型如表 4-2 所示。

表 4-2　C51 语言的基本数据类型

数据类型	关键字	长度（位）	取值范围
有符号字符型	char	8	$-128 \sim 127$
无符号字符型	unsigned char	8	$0 \sim 255$
有符号整型	int	16	$-32\,768 \sim 32\,767$
无符号整型	unsigned int	16	$0 \sim 65\,535$
有符号长整型	long	32	$-21\,474\,883\,648 \sim 21\,474\,883\,647$
无符号长整型	unsigned long	32	$0 \sim 4\,294\,967\,295$
单精度实型	float	32	$\pm 1.754\,94E{-}38 \sim \pm 3.402\,823E{+}38$
双精度实型	double	64	$1.7E{-}308 \sim 1.7E308$
位	bit	1	0，1
特殊功能位	sbit	1	0，1
8 位特殊功能寄存器	sfr	8	$0 \sim 255$
16 位特殊功能寄存器	sfr16	16	$0 \sim 65\,535$

C51 语言的运算符如下。

1）算术运算符：

+ 　加法运算符；

− 　减法（取负）运算符；

* 　乘法运算符；

/ 　除法运算符；

% 　取余数运算符；

++ 　自增运算符；

-- 　自减运算符。

2）关系运算符：

< 　小于；

<= 小于或等于；
> 大于；
>= 大于或等于；
== 等于；
!= 不等于。

3）逻辑运算符：
&& 逻辑与；
‖ 逻辑或；
! 逻辑非。

4）位运算符：
& 按位与；
| 按位或；
^ 按位异或；
~ 按位取反；
<< 左移；
>> 右移。

C51 语言的基础语句如下。
1）if 选择语句。
2）while 循环语句。
3）for 循环语句。
4）switch-case 多分支选择语句。
5）do-while 循环语句。

4.2　单片机 I/O 接口实验——流水灯

4.2.1　实验教学目标

1）了解 I/O 接口的电气特性和驱动能力。
2）了解 LED 电路中加入限流电阻的原因。
3）掌握程序编写的方法。
4）熟悉 Proteus 仿真软件的使用。
5）熟悉单片机学习板的实验操作。

4.2.2　实验内容

利用单片机及 8 个发光二极管等器件，构成一个单片机控制的流水灯系统。

4.2.3　实验方法

1）实验电路：流水灯实验电路原理如图 4-3 所示。
2）实验原理。

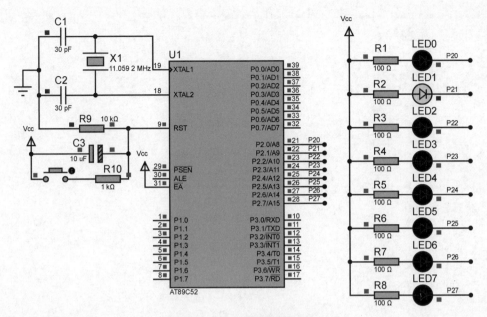

图 4-3 流水灯实验电路原理

本实验使用了单片机 AT89C52，该单片机有 4 组 I/O 接口，分别为 P0 口、P1 口、P2 口、P3 口。本实验就是用 P2 口来输出高低电平从而控制 LED 灯的亮或灭。

3）程序流程图：流水灯实验程序流程如图 4-4 所示。

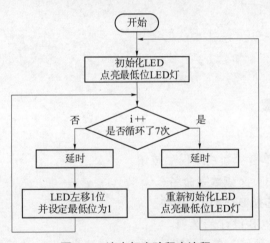

图 4-4 流水灯实验程序流程

4）源程序代码如下。

```
#include <reg52.h>
#include <intrins.h>
#define uchar unsigned char              //数据类型宏定义
#define uint unsigned int
/******************** 引脚定义 ********************/
#define LED    P2
```

```c
/****************** 延时函数 ******************/
void delayms(uchar ms)                    //延时子程序
{
    unsigned char i;
    while(ms- - )
    {
        for(i = 0; i < 120; i++);
    }
}
/****************** 主函数 ******************/
void main(void)
{
    uchar i;
    LED = 0xfe;                           //初始化 P1 口
    while(1)
    {
        for(i=0;i<7;i++)                  //循环移位 7 次
        {
            delayms(200);                 //延时
            LED=(LED<<1)|0x01;            //左移 1 位,并设定最低位为 1
        }
        delayms(200);
        LED=0xfe;                         //重新初始化 P1 口
    }
}
```

4.2.4 实验步骤

1. 新建原理图

1）打开 Proteus，单击"新建工程"按钮。

2）命名工程，使用英文或数字命名。

3）创建原理图，选择 DEFAULT 选项。

4）选择"不创建 PCB 设计"选项。

5）选中"创建固件项目"单选按钮，"系列"设置为 8051，"控制器"设置为 AT89C52，"编译器"设置为 Keil for 8051，如图 4-5 所示。

6）单击蓝色的 P 图标（见图 4-6）进入元件选取界面。

7）在左上角输入所需元件关键字，并在右侧列表双击选取所需元件，单击"确定"按钮。

8）选取后，左侧的元件栏窗口会有相应元件列表，如图 4-7 所示。

9）在 Proteus 中绘制单片机最小系统，包括主控芯片、晶振电路和复位电路等，如图 4-8 所示。

10）添加 8 个 LED 灯，由标号连接到 P2 口。LED 电路如图 4-9 所示。

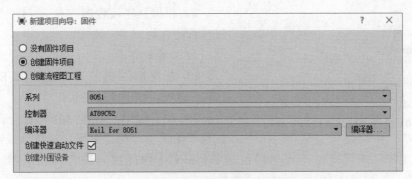

图 4-5　创建固件项目

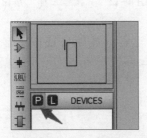

图 4-6　P 图标

图 4-7　元器件列表

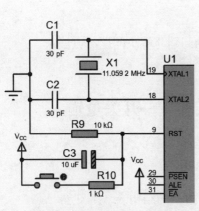

图 4-8　单片机最小系统

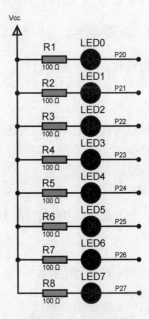

图 4-9　LED 电路

2. 新建程序

1）在 52 芯片处右击，在弹出的快捷菜单中选择"编辑源代码"选项，如图 4-10 所示。

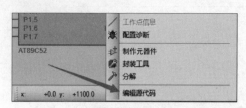

图 4-10 选择"编辑源代码"选项

2）根据程序流程图，在 main.c 文件中输入完整程序代码。

3. 编译和仿真

1）在快捷工具栏的下拉列表框中，选择 Debug 选项，如图 4-11 所示。

2）在工程中，右击 AT89C52，在弹出的快捷菜单中选择"构建工程"选项，或单击工具栏中的"构建工程"按钮（见图 4-12）（或按 Ctrl+F7 快捷键）进行构建工程，等待编译完成。

图 4-11 选择 Debug 选项

图 4-12 "构建工程"按钮

3）编译成功后，切换到原理图状态下单击"运行"按钮（或按 F12 键），可通过人机接口观察程序的仿真结果。程序下载并运行后，第一个 LED 灯点亮，然后下一个 LED 灯点亮，循环往复，构成一个流水灯。

4.2.5 思考题

1）要改变 LED 灯的亮度，应如何编写程序？
2）要改变 LED 流水灯的方向和速度，应如何编写程序？

4.2.6 实验报告

1）实验名称、实验教学目标、实验内容。
2）实验方法：说明具体设计思路，绘制程序流程图。
3）实验结果。
4）完成思考题，记录实验现象。
5）实验中（包括设计、调试、编程）遇到的问题与解决问题的方法。
6）实验总结与体会。

4.3 单片机 I/O 接口实验——开关量输入

4.3.1 实验教学目标

1）熟悉单片机的最小系统，了解单片机 I/O 接口的结构。
2）掌握按键键值的读入和处理。
3）学习简单的单片机程序编写。
4）熟悉 Proteus 仿真软件的使用。
5）熟悉单片机学习板的实验操作。

4.3.2 实验内容

利用单片机、按键和发光二极管，构成一个 LED 灯控制电路；点亮 LED 灯，按下 K1 键时，LED 灯由高向低移一位，按下 K2 键时，LED 灯由低向高移一位。

4.3.3 实验方法

1) 实验电路：开关量输入实验电路原理如图 4-13 所示。

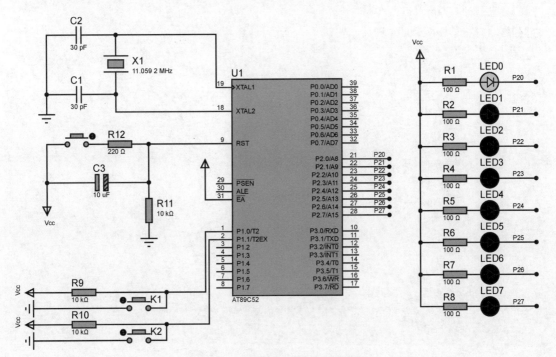

图 4-13 开关量输入实验电路原理

2) 实验原理：本实验使用单片机 AT89C52，读取其 P1 口的电平从而读取按键输入的值，使用 P2 口输出高低电平来控制 LED 灯的亮或灭。

3) 程序流程图：开关量输入实验程序流程如图 4-14 所示。

4) 源程序代码如下。

```
#include <reg52.h>
#include <intrins.h>
#define uchar unsigned char            //数据类型宏定义
#define uint unsigned int

/********** 单片机 I/O 接口引脚定义 *********************************/
#define LED     P2
sbit    K1 = P1^0;
sbit    K2 = P1^1;
```

```c
/*********** 函数定义 *******************************************************/
void delayms(uchar ms);
void left(uchar x);
void right(uchar x);
/*********** 主函数 *********************************************************/
void main(void)
{
    LED=0xfe;                           //初始化 I/O 接口
    while(1)
    {   if(K1==0)
        {   delayms(10);                //延时消抖
            if(K1==0)
            {   while(K1==1);           //按键松开才开始左移循环
                left(3);                //左移循环 3 圈
            }
        }
        if(K2==0)
        {   delayms(10);                //延时消抖
            if(K2==0)
            {   while(K2==1);           //按键松开才开始右移循环
                right(3);               //右移循环 3 圈
            }
        }
    }
}
/*********** 延时函数 *******************************************************/
void delayms(uchar ms)
// 延时子程序
{
    uchar i;
    while(ms--)
    {
        for(i = 0; i < 120; i++);
    }
}
/*********** 单灯左移 x 圈函数 **********************************************/
void left(uchar x)
{   uchar i, j;
    for(i=0;i<x;i++)                    //i 循环,执行 x 圈
    {   LED=0xfe;                       //初始状态=1111 1110
        for(j=0;j<7;j++)                //j 循环,左移 7 次
        {   delayms(200);               //延时
            LED=(LED<<1)|0x01;          //左移 1 位后,LSB 设为 1
        }                               //j 循环结束
```

```
        delaymas(200);                    //延时
    }                                     //i 循环结束
}
/********** 单灯右移 x 圈函数 *****************************************/
void right(uchar x)
{   uchar i, j;
    for(i=0;i<x;i++)                      //i 循环,执行 x 圈
    {   LED=0x7f;                         //初始状态=0111 1111
        for(j=0;j<7;j++)                  //j 循环,右移 7 次
        {   delayms(200);                 //延时
            LED=(LED>>1)|0x80;            //右移 1 位后,MSB 设为 1
        }                                 //j 循环结束
        delayms(200);                     //延时
    }                                     //i 循环结束
}
```

4.3.4 实验步骤

1) 在 Proteus 中绘制单片机最小系统,包括主控芯片、晶振电路和复位电路。

2) 添加按键,分别连接到 P1.0 口和 P1.1 口,输入端接地,连接 I/O 接口添加上拉电阻。

3) 添加 8 个 LED 灯,并添加限流排阻,共阳连接,利用标号连接到 P2 口。

4) 烧录程序并运行后,第一个 LED 灯点亮,按下 K1 键时,LED 灯由高向低移一位,按下 K2 键时,LED 灯由低向高移一位。

4.3.5 思考题

1) 增加 LED 灯的不同显示花样,丰富实验的效果。
2) 要实现按键控制 LED 流水灯,应如何修改?

4.3.6 实验报告

1) 实验名称、实验教学目标、实验内容。
2) 实验方法:说明具体设计思路,绘制程序流程图。
3) 实验结果。
4) 完成思考题,记录实验现象。
5) 实验中(包括设计、调试、编程)遇到的问题与解决问题的方法。
6) 实验总结与体会。

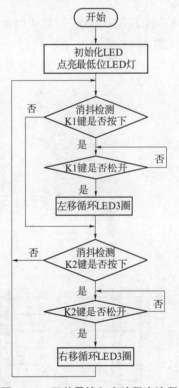

图 4-14 开关量输入实验程序流程

4.4 外部中断实验

4.4.1 实验教学目标

1）掌握单片机外部中断的设置。
2）掌握中断函数处理程序的编写方法。
3）了解数码管显示原理。
4）熟悉 Proteus 仿真软件的使用。
5）熟悉单片机学习板的实验操作。

4.4.2 实验内容

在单片机接一个按键作为外部的中断输入信号，通过数码管显示中断次数。

4.4.3 七段 LED 数码管

七段 LED 数码管是利用 8 个 LED 组合而成的显示装置，可以显示 0~9 这 10 个数字，如图 4-15 所示。由图 4-15 可见数码管共有 A、B、C、D、E、F、G、DP（decimal point，小数点）这 8 个段，每一个段都是一个 LED。

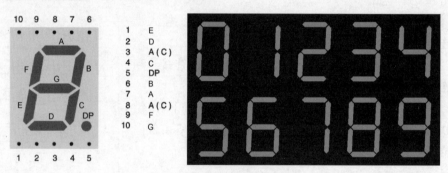

图 4-15 七段 LED 数码管

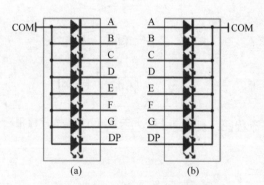

图 4-16 七段 LED 数码管内部结构
(a) 共阳数码管；(b) 共阴数码管

一般，七段 LED 数码管可分为共阳极和共阴极两种。共阳极就是把所有 LED 的阳极连接到公共端 COM，而每个 LED 的阴极分别为 A、B、C、D、E、F、G、DP；同样，共阴极就是把所有 LED 的阴极连接到公共端 COM，而每个 LED 的阳极分别为 A、B、C、D、E、F、G、DP，其内部结构如图 4-16 所示。本实验使用的是 4 位共阳数码管。

数码管有两种显示方式：静态和动态。当多位数码管显示数字时，它们的"位选"是可以独立控制的，而"段选"是连接在一起的，用户可以通过控制位选信号控制相应数码管亮，而在同一时刻，送入所有数码管的段选信号都是相同的,所以位选选通的所有数码管上显示的数字也相同,这就是数码管的静态显示。

本实验使用动态显示的方法。当多位数码管显示不同数字时,实际上是轮流点亮了数码管,即一个时刻内只有一个数码管是亮的,利用人眼的视觉暂留现象(余辉效应),就可以做到看起来是所有数码管都同时亮了,这就是动态显示,也称动态扫描。当刷新时间小于 10 ms 时,可以做到无闪烁。

4.4.4 实验方法

1)实验电路:外部中断实验电路原理如图 4-17 所示。

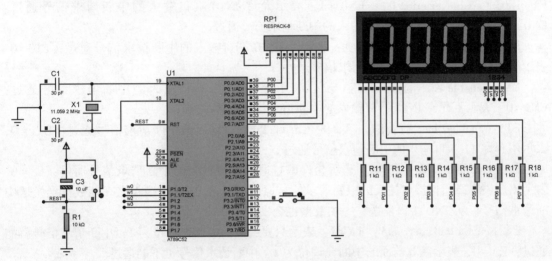

图 4-17 外部中断实验电路原理

2)实验原理。

本实验使用单片机 AT89C52,其有两个外部中断源 $\overline{INT0}$(P3.2)和 $\overline{INT1}$(P3.3),本实验用的是 $\overline{INT0}$。要实现外部中断 0,就必须配置两个寄存器 IP、IE。当使用默认优先级时,可不必配置中断优先级寄存器 IP。中断允许寄存器 IE 可以位寻址,也可以单独对 D0~D7 每一位进行操作。单片机的中断系统如图 4-18 所示。

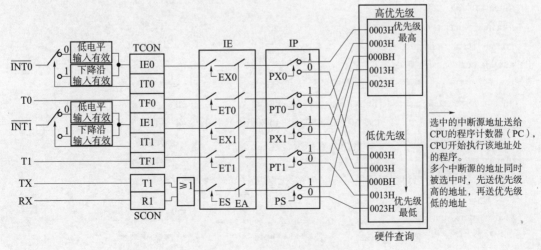

图 4-18 单片机的中断系统

中断允许寄存器 IE 如图 4-19 所示。

位序号	D7	D6	D5	D4	D3	D2	D1	D0
位符号	EA	—	ET2	ES	ET1	EX1	ET0	EX0
位地址	AFH	—	ADH	ACH	ABH	AAH	A9H	A8H
	总中断允许位		T2中断允许位	串行通信中断允许位	T1中断允许位	外部中断1允许位	T0中断允许位	外部中断0允许位

图 4-19 中断允许寄存器 IE

EX0（enable exterior 0）：EX0=1，表示允许 INT0 端口输入的中断请求信号通过；EX0=0，表示不允许 INT0 端口输入的中断请求信号通过。

ET0（enable timer 0）：ET0=1，表示允许 T0 端口输入的中断请求信号通过；ET0=0，表示不允许 T0 端口输入的中断请求信号通过。

EX1（enable exterior 1）：EX1=1，表示允许 INT1 端口输入的中断请求信号通过；EX1=0，表示不允许 INT1 端口输入的中断请求信号通过。

ET1（enable timer 1）：ET1=1，表示允许 T1 端口输入的中断请求信号通过；ET1=0，表示不允许 T1 端口输入的中断请求信号通过。

ES（enable serial）：ES=1，表示允许串行通信接口输入的中断请求信号通过；ES=0，表示不允许串行通信接口输入的中断请求信号通过（从 RXD 接口接收完一帧数据会发送中断请求信号，从 TXD 接口发送完一帧数据也会发送中断请求信号）。

EA（enable all interrupt）：EA=1，表示只要前面的中断允许位为 1，中断请求信号就能通过；EA=0，表示就算前面的中断允许位为 1，中断请求信号也不能通过。

与外部中断有关的还有 IE0、IE1、IT0、IT1。

IT0、IT1：触发方式控制位。当为 0 时，电平触发方式；当为 1 时，脉冲触发方式。

IE0、IE1：外部中断请求标识位。当采样到外部中断时，IE0、IE1 置 1，进入中断服务。如果是电平触发方式，需外部中断源撤销有效电平才会清零；如果是脉冲触发方式，则由硬件自动清零。

3）程序流程图：外部中断实验程序流程如图 4-20 所示。
4）源程序代码如下。

```
#include <reg52.h>
#include <intrins.h>
#define uchar    unsigned char
#define uint     unsigned int
/*********************** 共阳数码管编码表 ***************************/
unsigned char code dis_code[11]={0xc0,0xf9,0xa4,0xb0,           //0、1、2、3
                    0x99,0x92,0x82,0xf8,0x80,0x90, 0xff};       //4、5、6、7、8、9、无显示
unsigned char dis_buf[4];                                       //显示缓冲区
uint int0_cnt=0;                                                //计数初始化
/*********************** 函数定义 ******************************/
void update_disbuf();
void delayms(uint j);
/*********************** 主函数 ********************************/
```

```c
void main(void)
{
    IE=0x81;                        //开总中断和外中断0
    IT0=1;                          //下降沿触发
    P0=0xff;                        //初始化I/O接口
    P1=0;
    dis_buf[0]=dis_code[0];         //缓冲器初始化
    dis_buf[1]=dis_code[0];
    dis_buf[2]=dis_code[0];
    dis_buf[3]=dis_code[0];
    while(1)
    {
        P0=dis_buf[3];
        P1=0x01;                    //显示千位
        delayms(10);
        P0=0xff;
        P0=dis_buf[2];
        P1=0x02;                    //显示百位
        delayms(10);
        P0=0xff;
        P0=dis_buf[1];
        P1=0x04;                    //显示十位
        delayms(10);
        P0=0xff;
        P0=dis_buf[0];
        P1=0x08;                    //显示个位
        delayms(10);
        P0=0xff;
    }
}
/******************* INT0中断处理函数 *****************************/
void ex_int0()interrupt 0
{
    EX0=0;                          //关闭中断
    int0_cnt++;                     //计数器加1
    if(int0_cnt>9999)               //判断
    int0_cnt=0;
    dis_buf[3]=dis_code[int0_cnt/1000];      //分离出千位数
    dis_buf[2]=dis_code[int0_cnt%1000/100];  //分离出百位数
    dis_buf[1]=dis_code[int0_cnt%100/10];    //分离出十位数
    dis_buf[0]=dis_code[int0_cnt%10];        //分离出个位数
    EX0=1;                          //开中断
}
```

```
/******************** 延时函数 ********************/
void delayms(uint j)
{
    uchar i;
    for(;j>0;j--)
    {
        i=250;
        while(--i);
        i=249;
        while(--i);
    }
}
```

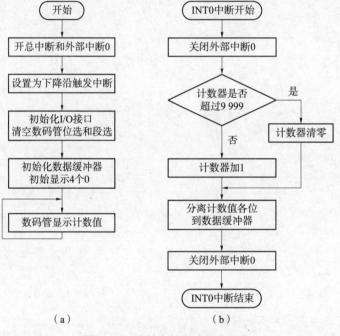

图4-20 外部中断实验程序流程

(a) 主程序流程；(b) 中断程序流程

4.4.5 实验步骤

1) 在Proteus中绘制单片机最小系统，包括主控芯片、晶振电路和复位电路。

2) 添加4位共阳数码管，段选A～G、DP连接P0口，P0口需要用排阻上拉，位选w0～w3利用标号连接到P1.0～P1.3口。

3) 添加一个按键接地。

4) 程序下载运行后，数码管显示0000，每按K1键一次，数码管显示数据加1。

4.4.6 思考题

1）按键触发时可能导致多次中断发生，如何避免这种情况？
2）使用单片机的其他中断实现此实验。

4.4.7 实验报告

1）实验名称、实验教学目标、实验内容。
2）实验方法：说明具体设计思路，绘制程序流程图。
3）实验结果。
4）完成思考题，记录实验现象。
5）实验中（包括设计、调试、编程）遇到的问题与解决问题的方法。
6）实验总结与体会。

4.5 定时器实验

4.5.1 实验教学目标

1）掌握定时/计数器的寄存器设置，学会定时器中断函数的处理。
2）了解数码管显示原理。
3）掌握读表程序的编写。
4）熟悉 Proteus 仿真软件的使用。
5）熟悉单片机实验箱的实验操作。

4.5.2 实验内容

利用 I/O 接口和定时器实现动态扫描数码管，数码管显示 12345678。

4.5.3 实验方法

1）实验电路：定时器实验电路原理如图 4-21 所示。
2）实验原理。

本实验使用单片机 AT89C52 的定时/计数器 0，每定时 1 ms 进入中断程序，选通一位数码管显示一个数字，不断移位显示不同位数码管和数字，达到数码管动态显示的效果。

AT89C52 共有 3 个 16 位的定时/计数器，分别是定时/计数器 0、1、2。定时/计数器是一种计数器件，若计数内部的时钟脉冲，可视为定时器；若计数外部的脉冲，可视为计数器。在使用定时/计数器时，通常需要设置定时/计数器工作方式寄存器 TMOD 与定时/计数器控制寄存器 TCON。定时/计数器工作方式寄存器 TMOD 在特殊功能寄存器中，不能位寻址，TMOD 用来确定定时器的工作方式及功能选择，单片机复位时 TMOD 全部被清零，其各位定义如图 4-22 所示。

GATE：门控位。当 GATE=0 时，定时/计数器启动与停止由 TCON 寄存器中 TR0、TR1 来控制；当 GATA=1 时，定时/计数器启动与停止由 TCON 寄存器中 TR0、TR1 和外部中断引脚上的电平状态来共同控制。

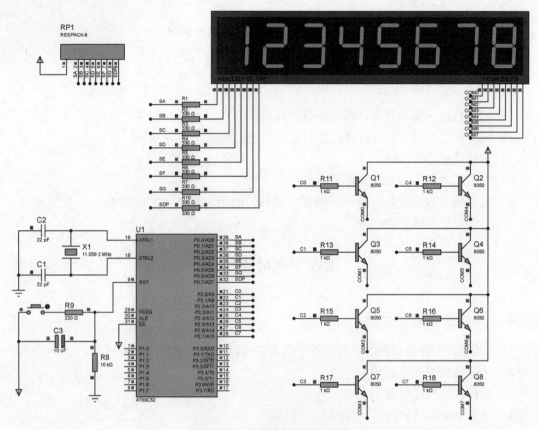

图 4-21 定时器实验电路原理

位序号	D7	D6	D5	D4	D3	D2	D1	D0
位符号	GATE	C/$\overline{\text{T}}$	M1	M0	GATE	C/$\overline{\text{T}}$	M1	M0
	定时器1				定时器0			

图 4-22 TMOD 各位定义

C/$\overline{\text{T}}$：定时/计数模式选择位。C/$\overline{\text{T}}$=0 为定时器模式；C/$\overline{\text{T}}$=1 为计数器模式。

M1、M0：工作方式选择位。每个定时/计数器有 4 种工作方式，由 M1、M0 进行设置，其对应关系如表 4-3 所示。

表 4-3 定时/计数器的 4 种工作方式

M1	M0	工作方式
0	0	方式 0：13 位定时/计数器
0	1	方式 1：16 位定时/计数器
1	0	方式 2：初值自动重新装入的 8 位定时/计数器
1	1	方式 3：仅适用于 T0，将其分为两个 8 位计数器，对 T1 停止计数

定时/计数器控制寄存器 TCON 在特殊功能寄存器中，字节地址为 88H，可以进行位寻址，TCON 寄存器用来控制定时器的启动和停止，标志定时器溢出和中断情况，单片机复位时 TCON 全部被清零，其各位定义如图 4-23 所示。其中，TF1、TR1、TF0 和 TR0 用于定时/计数器，IE1、IT1、IE0 和 IT0 用于外部中断。

位序号	D7	D6	D5	D4	D3	D2	D1	D0
位符号	TF1	TR1	TF0	TR0	IE1	IT1	IE0	IT0
位地址	8FH	8EH	8DH	8CH	8BH	8AH	89H	88H

图 4-23 TCON 各位定义

TF0、TF1：定时器溢出标志位。当定时器 0 或定时器 1 计数溢出时，硬件置 1，并申请中断。进入中断服务程序后，由硬件自动清零。但是如果使用软件查询方式，当查询到该位等于 1 后，需要用软件清零。

TR0、TR1：定时器运行控制位。由软件置 1 或清零来进行启动或停止定时器。

IE0、IE1：外部中断请求标志位。当采样到外部中断时，IE0、IE1 置 1，进入中断服务。如果是电平触发方式，需外部中断源撤销有效电平才会清零；如果是跳变沿触发方式，由硬件自动清零。

IT0、IT1：触发方式控制位。当为 0 时，电平触发方式；当为 1 时，跳变沿触发方式。

3）程序流程图：定时器实验程序流程如图 4-24 所示。

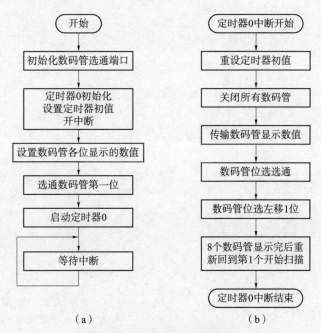

图 4-24 定时器实验程序流程
（a）主程序流程；（b）中断程序流程

4）源程序代码如下。

```
#include <reg52.h>
#include <intrins.h>
```

```c
unsigned char data dis_digit;
unsigned char code dis_code[11]={0xc0,0xf9,0xa4,0xb0,         //0、1、2、3
                0x99,0x92,0x82,0xf8,0x80,0x90, 0xff};   //4、5、6、7、8、9、无显示
unsigned char data dis_buf[8];
unsigned char data dis_index;

void main()
{
    P0=0xff;                                    //端口初始化
    P2=0x00;
    TMOD=0x01;                                  //定时器0初始化
    TH0=0xFC;                                   //11.059 2 MHz 晶振,定时 1 ms
    TL0=0x66;
    IE=0x82;                                    //开中断
    dis_buf[0]=dis_code[0x1];
    dis_buf[1]=dis_code[0x2];
    dis_buf[2]=dis_code[0x3];
    dis_buf[3]=dis_code[0x4];
    dis_buf[4]=dis_code[0x5];
    dis_buf[5]=dis_code[0x6];
    dis_buf[6]=dis_code[0x7];
    dis_buf[7]=dis_code[0x8];
    dis_digit=0x01;
    dis_index=0;
    TR0=1;
    while(1);
}

void timer0()interrupt 1
// 定时器0中断服务程序,用于数码管的动态扫描
// dis_index——显示索引,用于标识当前显示的数码管和缓冲区的偏移量
// dis_digit——位选通值,传送到 P2 口用于选通当前数码管的数值,如等于 0x01 时,
//            选通 P2.0 口数码管
// dis_buf——显于缓冲区基地址
{
    TH0=0xFC;
    TL0=0x66;
    P2=0x00;                                    //先关闭所有数码管
    P0=dis_buf[dis_index];                      //显示代码传送到 P0 口
    P2=dis_digit;
    dis_digit=_crol_(dis_digit,1);              //位选通值左移,下次中断时选通下一位数码管
    dis_index++;
    dis_index &=0x07;                           //8个数码管全部扫描完一遍之后,再回到第一个开始下一次扫描
}
```

4.5.4 实验步骤

1）在 Proteus 中绘制单片机最小系统，包括主控芯片、晶振电路和复位电路。
2）添加 8 个 NPN 三极管，分别构成 8 个三极管开关选择电路，各基极连接一个 1 kΩ 电阻，通过标号分别连接到 P2 口，集电极共同连接高电平。
3）添加 8 位共阳数码管，段选增加电阻后连接到 P0 口，位选分别连接到三极管开关电路的发射极。其中的三极管起到了一个开关的作用。当基极是高电平时，集电极和发射极导通，8 位共阳数码管相应的位输入高电平。
4）程序下载运行后，数码管显示 12345678。

4.5.5 思考题

使用定时/计数器设计一个简易秒表。

4.5.6 实验报告

1）实验名称、实验教学目标、实验内容。
2）实验方法：说明具体设计思路，绘制程序流程图。
3）实验结果。
4）完成思考题，记录实验现象。
5）实验中（包括设计、调试、编程）遇到的问题与解决问题的方法。
6）实验总结与体会。

4.6 串口通信实验

4.6.1 实验教学目标

1）理解用异步串行通信进行 RS232 通信原理，掌握其方法与编程。
2）掌握计算波特率的计数方法。
3）熟悉 Proteus 仿真软件的使用。
4）熟悉单片机学习板的实验操作。

4.6.2 实验内容

实现单片机的串口同 PC 串口通信，并能传输相应的字符串。

4.6.3 MAX232 芯片

单片机与计算机之间进行通信，需要进行电平转换。单片机使用的是 TTL 电平，而计算机串口使用的是 RS232 电平，因此可使用 MAX232 芯片，把 TTL 电平从 0 V 和 5 V 转换到 3~15 V 或-15~-3 V 之间。

MAX232 芯片是 MAXIM 公司专为 RS232 标准串口设计的单电源电平转换芯片，使用+5 V 单电源供电。它包含两路接收器和驱动器，内部有一个电源电压变换器，可以把输入的+5 V 电源电压变换成 RS232 输出电平所需的+10 V 电压。其引脚结构和外围电路连接分别如图 4-25 和图 4-26 所示。

图 4-26 上半部分电容 C1、C2、C3、C4 及 V+、V-是电源变换电路部分。在实际应用时，器件对电源噪声很敏感，因此 V_{CC} 必须要对地加去耦电容 C5，其值为 0.1 μF。电容 C1、C2、C3、C4 应取 1.0 μF/16 V 的电解电容，经大量实验及实际应用，可选用 0.1 μF 的非极性瓷片电容代替。图 4-26 下半部分为发送和接收部分。在实际应用时，$T1_{IN}$、$T2_{IN}$ 可直接连接 TTL/CMOS 电平的 51 单片机串行发送端 TXD，$R1_{OUT}$、$R2_{OUT}$ 可直接连接 TTL/CMOS 电平的 51 单片机串行接收端 RXD，$T1_{OUT}$、$T2_{OUT}$ 可直接连接 PC 的 RS232 串口的接收端 RXD，$R1_{IN}$、$R2_{IN}$ 可直接连接 PC 的 RS232 串口的发送端 TXD。

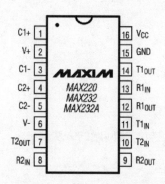

图 4-25 MAX232 芯片引脚结构

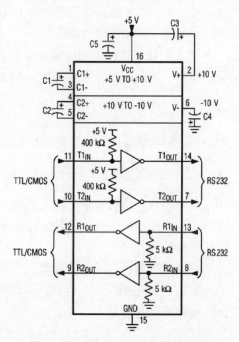

图 4-26 MAX232 芯片外围电路连接

4.6.4 实验方法

1) 实验电路：串口通信实验电路原理如图 4-27 所示。
2) 实验原理。

本实验使用 AT89C52 单片机，它的 P3.0 和 P3.1 引脚，分别是 RXD 和 TXD，TXD 是串行发送引脚，RXD 是串行接收引脚，由它们组成的通信接口就叫做串行接口，具有 UART 的全部功能，能同时进行数据的发送和接收。本实验通过串口与 PC 通信。

通信按照基本类型可以分为并行通信和串行通信。并行通信时数据的各个位同时传送，可以实现以字节为单位的通信，但是通信线多、占用资源多、成本高。而串行通信，是一位一位地发送出去的，要发送 8 次才能发送完一个字节。

单片机与计算机在串口通信时的速率叫波特率，它定义为每秒传输二进制数的位数，1 baud=1 b/s。在串口通信之前，收发双方都要明确地约定好双方之间的通信波特率，必须保持一致，收发双方才能正常实现通信。

在 UART 通信的时候，一个字节是 8 位，规定当没有通信信号发生时，通信线路保持高电平；发送数据之前，先发 1 位 0 表示起始位，然后发送 8 位数据位，数据位按照先低后高的顺序传输，数据位发完后再发 1 位 1 表示停止位，如图 4-28 所示。

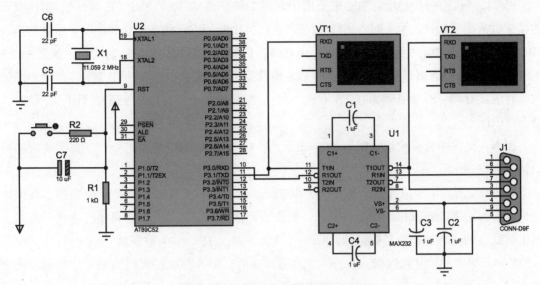

图 4-27 串口通信实验电路原理图

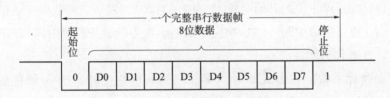

图 4-28 串口数据发送示意

串口控制寄存器 SCON 在特殊功能寄存器中,字节地址为 98H,可以位寻址,用来设置串口的工作方式、接收/发送控制以及设置状态标志等。单片机复位时 SCON 全部被清零。其各位的定义如图 4-29 所示。

位序号	D7	D6	D5	D4	D3	D2	D1	D0
位符号	SM0	SM1	SM2	REN	TB8	RB8	TI	RI

图 4-29 串口控制寄存器 SCON 各位定义

SM0、SM1:工作方式选择位,可选择 4 种工作方式,如表 4-4 所示。

表 4-4 串口的 4 种工作方式

SM0	SM1	方式	功能说明
0	0	0	同步移位寄存器方式,波特率 $f_{osc}/12$
0	1	1	10 位异步收发(8 位数据),波特率可变
1	0	2	11 位异步收发(9 位数据),波特率 $f_{osc}/32$ 或 $f_{osc}/64$
1	1	3	11 位异步收发(9 位数据),波特率可变

SM2：多机通信控制位。SM2 主要用于方式 2 和方式 3。如果 SM2＝1，则只有当接收到的第 9 位数据（RB8）为 1 时，才使 RI 置 1，产生中断请求，并将接收到的前 8 位数据送入 SBUF；当接收到的第 9 位数据（RB8）为 0 时，则将接收到的前 8 位数据丢弃。如果 SM2＝0，则不论第 9 位数据是 1 还是 0，都将前 8 位数据送入 SBUF 中，并使 RI 置 1，产生中断请求。在方式 0 时，SM2 必须为 0。在方式 1 时，如果 SM2＝1，则只有收到有效的停止位时才会激活 RI。

REN：允许串行接收位。REN＝1，表示允许串行口接收数据。REN＝0，表示禁止串行口接收数据。

TB8：发送的第 9 位数据。在方式 2 和方式 3 时，TB8 要发送的是第 9 位数据，其值由软件置 1 或清零。在双机串行通信时，一般作为奇偶校验位使用；在多机串行通信中用来表示主机发送的是地址帧还是数据帧，TB8＝1 为地址帧，TB8＝0 为数据帧。

RB8：接收的第 9 位数据。在方式 2 和方式 3 时，RB8 存放接收到的第 9 位数据。在方式 1 时，如果 SM2＝0，则 RB8 接收到的是停止位。在方式 0 时，不使用 RB8。

TI：发送中断标志位。在方式 0 时，串行发送的第 8 位数据结束时 TI 由硬件置 1，在其他方式中，串行口发送停止位的开始时置 TI 为 1。TI＝1，表示一帧数据发送结束。TI 的状态可供软件查询，也可申请中断。CPU 响应中断后，在中断服务程序中向 SBUF 写入要发送的下一帧数据。TI 必须由软件清零。

RI：接收中断标志位。在方式 0 时，接收完第 8 位数据时，RI 由硬件置 1。在其他工作方式中，串行接收到停止位时，该位置 1。RI＝1，表示一帧数据接收完毕，并申请中断，要求 CPU 从接收 SBUF 取走数据。该位的状态也可供软件查询。RI 必须由软件清零。

3）程序流程图：串口通信实验程序流程如图 4-30 所示。

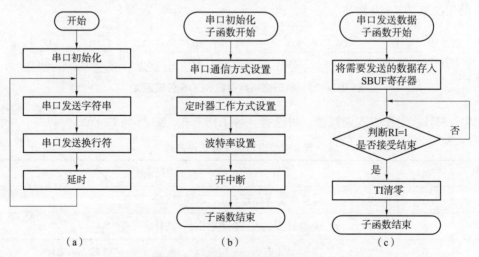

图 4-30 串口通信实验程序流程
(a) 主程序流程；(b) 串口初始化子函数流程；(c) 串口发送数据子函数流程

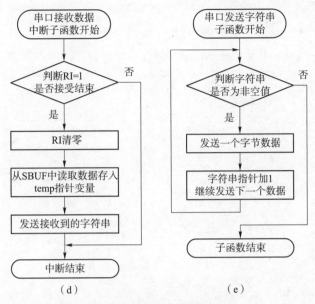

图 4-30 串口通信实验程序流程图（续）
（d）串口接收数据中断子函数流程；（e）串口发送字符串子函数流程

4）源程序代码如下。

```c
#include <reg52.h>
#define uchar unsigned char
#define uint unsigned int
uchar a[]="hello";
uchar b[]="Welcome to you!";

void UART_Init(void);
void UART_SendData(uchar dat);
void UART_SendString(uchar * p);
void Delayms(uint j);
/***************************************************
** 函数名称：main()
** 函数功能：主函数
***************************************************/
void main(void)
{
    UART_Init();
    while(1)
    {
        UART_SendString(a);           //发送字符串
        UART_SendData(0x0d);          //换行
        Delayms(100);                 //延时
    }
```

}
/**
** 函数名称:UART_Init()
** 函数功能:串口初始化
***/
void UART_Init(void)
{
  SCON=0x50;
  TMOD=0x20;
  PCON=0x00;
  TH1=0xfd;
  TL1=0xfd;   //预置初值,设波特率为9 600
  TR1=1;
  ES=1;
  EA=1;   //开中断
}
/**
** 函数名称:UART_SendData()
** 函数功能:串口发送一个字节的数据
***/
void UART_SendData(uchar dat)
{
  SBUF=dat;   //发送数据
  while(TI==0); //判断是否发送完
  TI=1;
}
/**
** 函数名称:UART_SendString()
** 函数功能:串口发送一个字符串
***/
void UART_SendString(uchar * p)
{
  while(* p)
  {
    UART_SendData(* p++);
    Delayms(3);
  }
}
/**
** 函数名称:Delay()
** 函数功能:延时函数
***/
void Delayms(uint j)

```
    {
        uchar i;
        for(;j>0;j- - )
        {    i=250;
            while(- - i);
            i=249;
            while(- - i);
        }
    }
/********************************************************
** 函数名称:INT_UART_Rev()
** 函数功能:串口接收中断函数
********************************************************/
void INT_UART_Rev( )interrupt 4
{
    uchar *  temp;
    if(RI)
    {
        RI=0;
        * temp++=SBUF;
        UART_SendString(temp);
    }
}
```

4.6.5 实验步骤

1）在 Proteus 中绘制单片机最小系统，包括主控芯片、晶振电路和复位电路。

2）添加 MAX232 通信芯片，$T1_{IN}$ 端口连接单片机 TXD 端口，$R1_{OUT}$ 端口连接单片机 RXD 端口，C1+和 C1-、C2+和 C2-都连接一个 1 μF 电容，添加 CONN-D9F 端子，2 号引脚与 MAX232 芯片 $R1_{IN}$ 连接，3 号引脚与 $T1_{OUT}$ 连接，4 号引脚与 VS+连接，5 号引脚分别连接一个 1 μF 电容后和 VS+、VS-连接，三者交点同时接地。

3）添加两个虚拟终端，第一个 RXD 连接单片机 TXD 端口，第二个 RXD 连接 MAX232 芯片的 $T1_{OUT}$ 端口。

4）程序下载运行后，在发送虚拟终端发送字符串，接收虚拟终端可接收相同的字符串。

4.6.6 思考题

如何实现两台单片机互相发送和接收信息。

4.6.7 实验报告

1）实验名称、实验教学目标、实验内容。

2）实验方法：说明具体设计思路，绘制程序流程图。

3）实验结果。
4）完成思考题，记录实验现象。
5）实验中（包括设计、调试、编程）遇到的问题与解决问题的方法。
6）实验总结与体会。

4.7 电子钟设计

4.7.1 实验教学目标

1）了解字符型液晶显示器的控制原理和方法。
2）能够综合应用单片机完成电子钟的设计。
3）能够编写单片机控制程序，完成软硬件调试。

4.7.2 实验内容

设计一个电子钟，能对时、分、秒进行计时并显示，能够调整时间。

4.7.3 LCD1602 液晶显示器

字符型液晶显示模块是一种专门用于显示字母、数字、符号等的点阵式液晶显示器（liquid crystal display，LCD），它由若干个 5×7 或者 5×11 等点阵字符位组成，每个点阵字符位都可以显示一个字符，每位之间有一个点距的间隔，每行之间也有间隔，起到了字符间距和行间距的作用。各种型号的液晶显示器通常是按照显示字符的行数或液晶点阵的行、列数来命名的。例如，1602 的意思是每行显示 16 个字符，一共可以显示两行。市场上使用的 LCD1602 液晶显示器（简称 LCD1602）以并行操作方式居多，其实物如图 4-31 所示。LCD1602 可分为带背光和不带背光两种，其控制器大部分为 HD44780，模块最佳工作电压为 5 V。

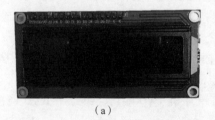
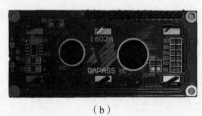

（a） （b）

图 4-31 LCD1602 实物
(a) 正面；(b) 反面

LCD1602 的引脚说明如表 4-5 所示。

表 4-5 LCD1602 的引脚说明

引脚号	符号	引脚说明
1	VSS	电源地
2	VDD	电源正极，接 5 V
3	VO	偏压信号，液晶显示器对比度调整端

续表

引脚号	符号	引脚说明
4	RS	命令/数据，高电平时选择数据寄存器、低电平时选择指令寄存器
5	RW	读/写，高电平时进行读操作，低电平时进行写操作
6	E	使能，当E端由高电平跳变为低电平时，液晶模块执行命令
7	D0	数据端口，8位双向数据线D0位
8	D1	数据端口，8位双向数据线D1位
9	D2	数据端口，8位双向数据线D2位
10	D3	数据端口，8位双向数据线D3位
11	D4	数据端口，8位双向数据线D4位
12	D5	数据端口，8位双向数据线D5位
13	D6	数据端口，8位双向数据线D6位
14	D7	数据端口，8位双向数据线D7位
15	A	背光正极
16	K	背光负极

LCD1602 内部带了 80 个字节的显示 RAM，用来存储发送的数据，它的结构如图 4-32 所示。

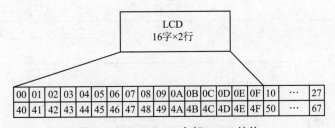

图 4-32 LCD1602 内部 RAM 结构

第一行的地址是 0x00~0x27，第二行的地址是 0x40~0x67，其中第一行 0x00~0x0F 是与液晶上第一行 16 个字符显示位置相对应的，第二行 0x40~0x4F 是与第二行 16 个字符显示位置相对应的。而每行都多出来的一部分，是为了显示移动字幕而设置的。LCD1602 是可以显示字符的，因此它与 ASCII 字符表是对应的。例如，给 0x00 这个地址写一个 a，也就是十进制的 97，液晶的最左上方的那个小块就会显示一个字母 a。

单片机是通过硬件接口向 LCD 发送各种指令来控制显示的。LCD1602 的控制指令共有 11 条，指令的格式和功能可以查阅 HD44780 的数据手册。LCD1602 的读和写操作时序分别如图 4-33、图 4-34 所示。

4.7.4 实验方法

1）设计思路

本实验电子钟的核心器件可采用 AT89C52 单片机，与晶振电路、复位电路和电源电路组成单片机最小系统。单片机最小系统与液晶显示电路、按键接口电路构成电子钟系统。电子钟不仅可以对小时、分钟、秒进行计时并将其显示，而且还可以进行相应的设置和调整操作。电子钟的系统结构框图如图 4-35 所示。液晶显示模块使用 LCD1602。按键接口电路按 K1 键调整小时，按 K2 键调整分钟，按 K3 键调整秒。

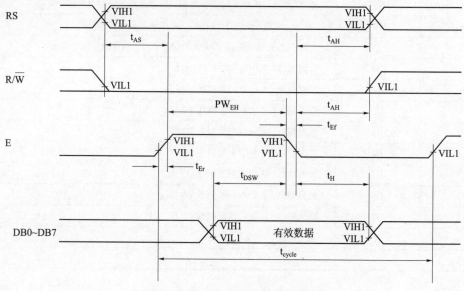

图 4-33　LCD1602 的写操作时序

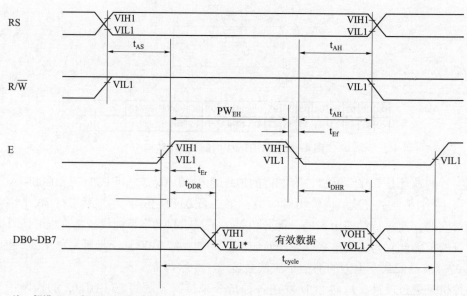

注：假设VOL1在2 MHz运行时为0.8 V。

图 4-34　LCD1602 的读操作时序

利用单片机的定时/计数器进行定时，采用中断方式计时 50 ms，当计数 count 记到 20 次为 1 s，计数次数清零；当 second 记到 60 为 1 min，minute 加 1，second 清零；当 minute 记到 60 为 1 h，hour 加 1，minute 清零；当 hour 记到 24 清零。

2）设计电路原理图：电子钟电路原理如图 4-36 所示。

LCD1602 的端口 V_{EE} 连接可调电位器，RS、RW、E 端口用标号分别连接 P1.0、P1.1、P1.2 口，D0~D7 连接 P0 口，P0 口连接排阻。按键 K1、K2、K3 分别连接到 P3.2、P3.3、P3.4 口。

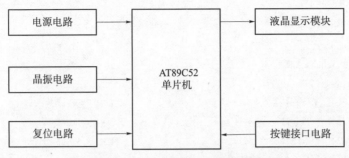

图 4-35 电子钟的系统结构框图

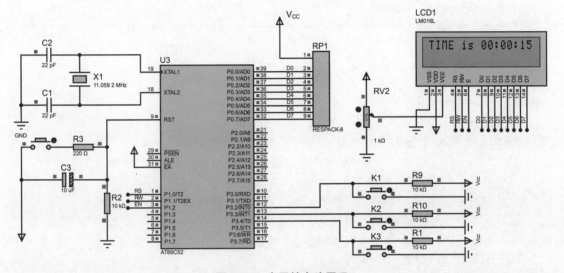

图 4-36 电子钟电路原理

3）程序流程图：电子钟主程序流程如图 4-37 所示，其子函数流程图留给读者分析并绘制。

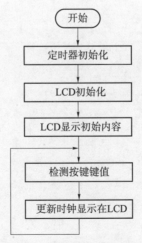

图 4-37 电子钟主程序流程

4) 源程序代码如下。

```c
#include <reg52.h>
#include <intrins.h>
#define uchar unsigned char
#define uint unsigned int
/********** 声明T0计时相关声明************/        //THx TLx 计算参考
#define   count_M1    50000                      //T0(MODE 1)的计量值,0.05 s
#define   TH_M1   (65636-count_M1)/256           //T0(MODE 1)计量高8位元
#define   TL_M1   (65636-count_M1)%256           //T0(MODE 1)计量低8位元
uint count_T0=0;                                 //计算T0中断次数
uchar second=0,minute=0,hour=0;
/********** 端口定义*****************************************************/
sbit rs=P1^0;                                    //定义引脚
sbit rw=P1^1;
sbit e=P1^2;
sbit K1=P3^2;                                    //时
sbit K2=P3^3;                                    //分
sbit K3=P3^4;                                    //秒
/******** 数据定义*******************************************************/
unsigned char   string1[] = {"TIME is "};
unsigned char   disp[8]={'0','0',':','0','0',':','0','0'};
/******** 函数声明*******************************************************/
void check_busy(void);
void write_com(uchar com);                       //写命令
void write_data(uchar dat);                      //写数据
void init_LCD(void);                             //初始化
void onechar(uchar X, uchar Y, uchar ddata);     //相应坐标显示字节内容
void string(uchar X, uchar Y,uchar * s);         //相应坐标开始显示一串
void delayms(uint);                              //延时
void Keycheck(void);
/*********** 主函数开始**************************************************/
void main(void)
{
    TMOD=0x21;                                   //0010 0001,T0 采用工作方式1
    TH0=TH_M1; TL0=TL_M1;                        //设置T0计数值高8位、低8位
    TR0=1;                                       //启动T0
    ET0=1;
    EA=1;
    delayms(500);                                //启动等待,等LCD进入工作状态
    init_LCD();                                  //初始化
    delayms(5);                                  //延时
    string(0, 0, string1);
    while(1)
```

```c
    {   Keycheck();
        string(8, 0, disp);
    }
}
//********** T0 中断子程序:计算并显示秒数 **************************/
void T0_1s(void)interrupt 1              //T0 中断子程序开始
{   TH0=TH_M1; TL0=TL_M1;                //设置 T0 计数量高 8 位元、低 8 位元
    if (++count_T0==20)                   //若中断 20 次,即 0.05×20=1(s)
    {   count_T0=0;                       //重新计次
        second++;                         //秒数加 1
        if (second==60)                   //若超过 60 s
        {   second=0;                     //秒数归 0,重新开始
            minute++;                     //分钟加 1
        }
        if (minute==60)                   //若超过 60 min
        {   minute=0;                     //分钟归 0,重新开始
            hour++;                       //小时加 1
        }
        if (hour==24)                     //若超过 24 h
        {   hour=0;                       //小时归 0,重新开始
        }
    }
    disp[0]=hour/10+0x30;                 //小时十位数
    disp[1]=hour%10+0x30;                 //小时个位数
    disp[3]=minute/10+0x30;
    disp[4]=minute%10+0x30;
    disp[6]=second/10+0x30;
    disp[7]=second%10+0x30;
}
/********** 按键检测 ***********************************************/
void Keycheck(void)
{   if(K1 == 0)
    {   delayms(10);                      //防抖动
        if(K1 == 0)
        {   hour++;
            if(hour == 24){hour = 0;}
        }
        while(K1 == 0)                    //检测按键是否松开
        {   if(K1 != 0)
            {   delayms(10);              //防抖动
                if( K1 !=0)break;
            }
        }
    }
```

```
            }
        if(K2==0)
         {   delayms(10);
              if(K2 == 0)
             {   minute++;
                   if(minute== 60){minute = 0;}
             }
              while(K2 == 0)                    //检测按键是否松开
             {   if(K2 != 0)
                 {   delayms(10);               //防抖动
                      if( K2 !=0)break;
                 }
             }
         }
        if(K3==0)
         {   delayms(10);
              if(K3 == 0)
             {   second++;
                   if(second== 60){second= 0;}
             }
              while(K3 == 0)                    //检测按键是否松开
             {   if(K3 != 0)
                 {   delayms(10);               //防抖动
                      if( K3 !=0)break;
                 }
             }
         }
}
/********* 查忙程序****************************/
void check_busy(void)
{
     uchar dt;
      do
     {    dt=0xff;
           e=0;
           rs=0;
           rw=1;
           e=1;
           dt=P0;
     }while(dt&0x80);
      e=0;
}
/********** 写入指令到LCD*************** 根据指令集*/
```

```c
void write_com(unsigned char com)
{
    check_busy();
    rs=0 ;                        //RS=L,RW=L,E为下降沿脉冲,DB0~DB7为指令码
    rw=0 ;
    e=0 ;
    P0=com ;
    delayms(1);
    e=1 ;
    delayms(1);                   //稍作延时,不然忙碌
    e=0 ;
}
/********** 写入数据到LCD************** 根据指令集*/
void write_data(unsigned char dat)
{
    check_busy();
    rs=1 ;                        //RS=H,RW=L,E为下降沿脉冲,DB0~DB7为数据
    rw=0 ;
    e=0 ;
    P0=dat ;
    delayms(1);                   //稍作延时,不然忙碌
    e=1 ;
    delayms(1);
    e=0 ;
}
/********** 字符在LCD显示************************/
void onechar(uchar X, uchar Y, uchar ddata)
{   Y &=0x1;
    X &=0xF;                      //限制X不能大于15,Y不能大于1
    if (Y)X |=0x40;               //当要显示第二行时地址码+0x40
    X |=0x80;                     //算出指令码
    write_com(X);                 //写指令函数写入地址
    write_data(ddata);            //写内容函数写入数据
}
/******* 字符串在LCD显示************************/
void string(uchar X, uchar Y,uchar * s)
{
    uchar ListLength;
    ListLength=0;
    Y &=0x1;
    X &=0xF;                      //限制X不能大于15,Y不能大于1
    while (s[ListLength]>=0x20)   //若到达字符串尾则退出
    {   if (X <=0xF)              //X坐标应小于0xF
```

```c
        { onechar(X, Y, s[ListLength]);           //显示单个字符
            ListLength++;
            X++;
        }
    }
}
/********** LCD 初始化函数**************************/
void init_LCD()
{
    write_com(0x01);                    //指令1,清屏
    write_com(0x38);                    //指令6,显示模式设置
    write_com(0x0c);                    //指令4,开启显示,无光标和闪烁
    write_com(0x06);                    //指令3,光标自动右移,文字不移动
    delayms(1);
}
/********** 延时 *******************************************/
void delayms(uint j)
{
    uchar i;
    for(;j>0;j--)
    {
        i=250;
        while(--i);
        i=249;
        while(--i);
    }
}
```

4.7.5 实验步骤

1）在 Proteus 中绘制电子钟电路原理图。
2）使用 Keil C51 软件根据流程图编写程序，并生成 .hex 文件。
3）将 .hex 文件下载到 Proteus 工程中仿真调试。
4）将调试后的 .hex 文件下载到硬件实验板验证实验结果。

4.7.6 思考题

1）增加闹钟功能，应如何设计电子钟。
2）在电子钟的基础上设计万年历。

4.7.7 实验报告

1）实验名称、实验教学目标、实验内容。
2）实验方法：说明具体设计思路，绘制程序流程图，包括主程序和子程序流程图。

3) 实验结果。
4) 完成思考题，记录实验现象。
5) 实验中（包括设计、调试、编程）遇到的问题与解决问题的方法。
6) 实验总结与体会。

4.8 简易电子琴设计

4.8.1 实验教学目标

1) 了解发声原理。
2) 能够综合应用单片机完成简易电子琴的设计。
3) 能够编写单片机控制程序，完成软硬件调试。

4.8.2 实验内容

设计一个简易电子琴，能发出不同声音，并将音阶显示在七段数码管上。

4.8.3 发声电路

声音的产生是一种音频振动的效果，振动频率高，则为高音；振动频率低，则为低音。音频的范围为 20 Hz~200 kHz，人类耳朵比较容易辨认的声音大概是 0~20 kHz。一般音响电路是以正弦波信号驱动喇叭，可以产生悦耳的音乐；在数字电路里，则是以脉冲信号驱动蜂鸣器，以产生声音。同样的频率，以脉冲信号或以正弦信号所产生的音效，人类的耳朵很难区分出来。常用的 C 调音阶—频率对照表如表 4-6 所示。

表 4-6 常用的 C 调音阶—频率对照表

音阶	n	1	2	3	4	5	6	7	8	9	10	11	12
		Do	Do#	Re	Re#	Mi	Fa	Fa#	So	So#	La	La#	Si
低音	频率	262	277	294	311	330	349	370	392	415	440	464	494
中音	频率	523	554	587	622	659	698	740	784	831	880	932	988
高音	频率	1 046	1 109	1 175	1 245	1 318	1 397	1 480	1 568	1 661	1 760	1 865	1 976

如果利用单片机产生声音，可编写程序产生频率，送到 I/O 接口，再从该点连接到蜂鸣器的驱动电路，即可驱动蜂鸣器，而蜂鸣器的驱动电路以 PNP 晶体管放大电路最适合，如图 4-38 所示。当单片机的 I/O 接口输出 1 时，内部的 MOSFET 不导通，晶体管的 BE 之间不会有输入电流，晶体管也不会有输出电流到蜂鸣器，所以蜂鸣器就不会通电。当

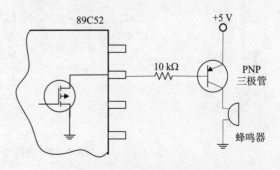

图 4-38 蜂鸣器的驱动电路

单片机的 I/O 接口输出 0 时，内部的 MOSFET 导通，晶体管的 BE 之间呈现顺向偏压，而产生输入电流，晶体管将输入电流放大，输出电流到蜂鸣器，所以蜂鸣器就会通电。

4.8.4 实验方法

1) 设计思路。

分析设计内容要求，电子琴的核心器件可采用 AT89C52 单片机，与晶振电路、复位电路和电源电路组成单片机最小系统。单片机最小系统与蜂鸣器发声电路、七段数码管显示电路构成电子钟系统。简易电子琴不仅可以发声，还可以将音阶显示在七段数码管上。简易电子琴的系统结构框图如图 4-39 所示。按键接口电路的按键 K0~K5 按下后发出中音 Do、Re、Mi、Fa、So、La。

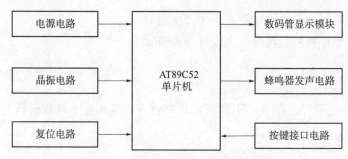

图 4-39 简易电子琴的系统结构框图

2) 设计电路原理图：简易电子琴电路原理如图 4-40 所示。

图 4-40 中 4 位共阳数码管，段选 A~DP 连接到 P0 口，P0 口需要用排阻上拉，位选 w0~w3 利用标号连接到 P1.0~P1.3 口。蜂鸣器驱动电路连接到单片机的 P1.5 引脚。按键 K0~K5 连接到 P3.3~P3.7 引脚。

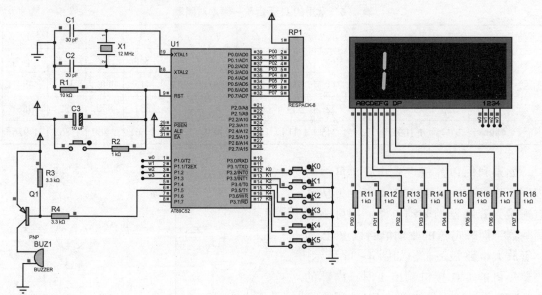

图 4-40 简易电子琴电路原理

3）程序流程图：简易电子琴主程序流程如图4-41所示，其子函数流程图留给读者分析并绘制。

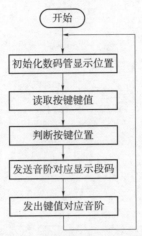

图4-41 简易电子琴主程序流程

4）源程序代码如下。

```
#include <reg52.h>
#define SW_Port    P3                                    //定义按键位置
sbit   buzzer=P1^5;                                      //声明蜂鸣器位置
sbit   W0=P1^0;                                          //声明七段数码管显示位置
sbit   W1=P1^1;                                          //声明七段数码管显示位置
sbit   W2=P1^2;                                          //声明七段数码管显示位置
sbit   W3=P1^3;                                          //声明七段数码管显示位置
unsigned char   keys;                                    //声明变量
/******************* 共阳数码管编码表************************/
unsigned char code dis_code[11]={0xc0,0xf9,0xa4,0xb0,0x99,    //0、1、2、3、4
                   0x92,0x82,0xf8,0x80,0x90,0xff};            //5、6、7、8、9、无显示
unsigned char dis_buf[4];                                //显示缓冲区
/***** 声明音阶阵列 ********** DoReMiFaSoLaSiDo_H*****/
unsigned char code tone[]= {115,102,91,86,77,68,61,57 };
void sound(unsigned char);                               //声明发声函数
void delay8us(unsigned char);                            //声明延迟函数
/****************** 主程序*******************************/
main()                                                   //主程序开始
{
    while (1)
    {   W1=W2=W3=0;
        W0=1;
        SW_Port=0xff;
        keys=~SW_Port;                                   //读取按键
        switch (keys)                                    //判断按键
        {   case 0x04:sound(0);break;                    //按下K0键,发Do音
            case 0x08:sound(1);break;                    //按下K1键,发Re音
```

```
                case 0x10:sound(2);break;              //按下 K2 键,发 Mi 音
                case 0x20:sound(3);break;              //按下 K3 键,发 Fa 音
                case 0x40:sound(4);break;              //按下 K4 键,发 So 音
                case 0x80:sound(5);break;              //按下 K5 键,发 La 音
            }
        }
}                                                      //主程序结束
/***************** 发声函数 *****************************/
void sound(unsigned char x)
{   unsigned char i;
    P0=dis_code[x+1];
    for (i=0;i<60;i++)                                //执行 60 次
    { buzzer=0; delay8us(tone[x]);                    //蜂鸣器动作
      buzzer=1; delay8us(tone[x]);}                   //蜂鸣器不动作
}
/***************** 延时函数 *****************************/
void delay8us(unsigned char x)
{   unsigned char i,j;
    for (i=0;i<x;i++)
        for (j=0;j<1;j++);
}
```

4.8.5 实验步骤

1)在 Proteus 中绘制简易电子琴电路原理图,搭建仿真电路。
2)使用 Keil C51 软件根据流程图编写程序,并生成.hex 文件。
3)将.hex 文件下载到 Proteus 工程中仿真调试。
4)将调试后的.hex 文件下载到硬件实验板验证实验结果。

4.8.6 思考题

1)使用定时器实现电子琴演奏。
2)增加 4×4 矩阵键盘演奏更多音阶,可按键播放不同音乐乐曲。
3)给电子琴增加声音的节拍,应如何设计。

4.8.7 实验报告

1)实验名称、实验教学目标、实验内容。
2)实验方法:说明具体设计思路,绘制程序流程图,包括主程序和子程序流程图。
3)实验结果。
4)完成思考题,记录实验现象。
5)实验中(包括设计、调试、编程)遇到的问题与解决问题的方法。
6)实验总结与体会。

4.9 数字电压表设计

4.9.1 实验教学目标

1）了解 A/D 转换与单片机的接口；了解 ADC0809 转换性能及编程方法。
2）能够综合应用单片机完成数字电压表的设计。
3）能够编写单片机控制程序，完成软硬件调试。

4.9.2 实验内容

设计一个数字电压表，采用 1 路模拟量输入，能够测量 0~5 V 间的直流电压值，电压显示可采用 4 位 LED 数码管显示，且至少能够显示 2 位小数。

4.9.3 A/D 转换器

A/D 转换是模拟量到数字量的转换，依靠的是模数转换器（analog to digital converter, ADC）。A/D 转换器大致有三类：一是双积分 A/D 转换器，精度高，抗干扰性好，价格便宜，但速度慢；二是逐次逼近 A/D 转换器，精度、速度、价格适中；三是并行 A/D 转换器，速度快，价格也昂贵。

ADC0808 与 ADC0809 基本类似。图 4-42 为 ADC0808 的芯片引脚图。

本实验使用的 ADC0808 属第二类，是含 8 位 A/D 转换器、8 路多路开关，以及与微型计算机兼容的控制逻辑的 CMOS 组件，其转换方法为逐次逼近型。ADC0808 的精度为 1/2 LSB。在 A/D 转换器内部有一个高阻抗斩波稳定比较器，一个带模拟开关树组的 256 电阻分压器，以及一个逐次逼近型寄存器。8 路的模拟开关的通断由地址锁存器和译码器控制，可以在 8 个通道中任意访问一个单边的模拟信号。具体的引脚功能如下。

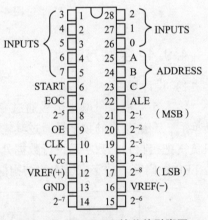

图 4-42 ADC0808 的芯片引脚图

1~5 和 26~28（IN0~IN7）：8 路模拟量输入端。

8、14、15 和 17~21：8 位数字量输出端。

22（ALE）：地址锁存允许信号，输入，高电平有效。

6（START）：A/D 转换启动脉冲输入端，输入一个正脉冲（至少 100 ns 宽）使其启动（脉冲上升沿使 ADC0808 复位，下降沿启动 A/D 转换）。

7（EOC）：A/D 转换结束信号，输出，当 A/D 转换结束时，此端输出一个高电平（转换期间一直为低电平）。

9（OE）：数据输出允许信号，输入，高电平有效。当 A/D 转换结束时，此端输入一个高电平，才能打开输出三态门，输出数字量。

10（CLK）：时钟脉冲输入端，要求时钟频率不高于 640 kHz。

12（VREF（+））和 16（VREF（-））：参考电压输入端。

11（V_{CC}）：主电源输入端。

13（GND）：地。

23~25（ADD A、ADD B、ADD C）：3 位地址输入线，用于选通 8 路模拟输入中的一路。查询 ADC0808 的数据手册，其工作时序图如图 4-43 所示。可根据时序图编写程序。

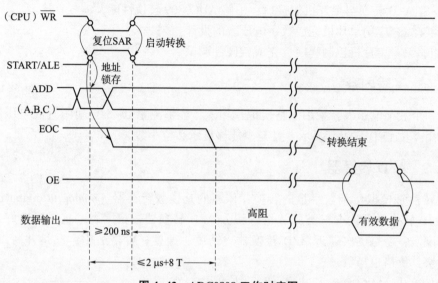

图 4-43　ADC0808 工作时序图

4.9.4　实验方法

1）设计思路。

输入 5 V 模拟量电压信号通过变阻器分压后，由 ADC0808 的 IN0 通道进入，经过 A/D 转换后，产生相应的数字量通过其输出通道 D0~D7 传送至 AT89C52 单片机的 P0 口，单片机负责把接收到的数字量进行数据处理，从而产生对应的七段数码管显示段码，再传送给 4 位 LED 数码管。数字电压表的结构框图如图 4-44 所示。

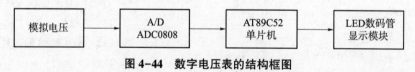

图 4-44　数字电压表的结构框图

AT89C52 单片机是 8 位处理器，当输入电压信号为 5 V 时，ADC0808 输出的数据的值为 255，即 0xff，因此数值分辨率为 5 V/255≈0.019 6 V，这就决定了电压表的最高数值分辨率为 0.019 6 V。

2）设计电路原理图：数字电压表电路原理如图 4-45 所示。

在图 4-45 中，ADC0808 芯片的 IN0 端口连接可调电位器，ADD A、B、C 3 个端口接地，VREF（+）接电源，VREF（-）接地，EOC、CLOCK 通过标号分别连接到单片机的 P3.0 和 P3.1 口，8 个输出口通过标号连接到单片机的 P0 口，P0 口添加上拉排阻。4 位共阳数码管，A~DP 通过标号连接到 P1 口，1~4 位选通过标号分别连接到 P2.0~P2.3。

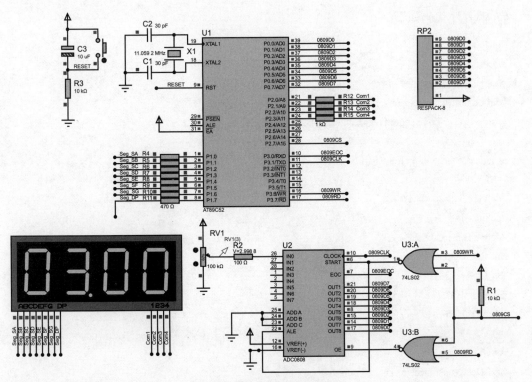

图 4-45 数字电压表电路原理

3) 程序流程图：数字电压表主程序流程如图 4-46 所示。

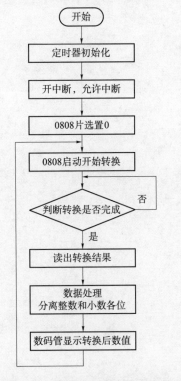

图 4-46 数字电压表主程序流程

4) 源程序代码如下。

```c
#include<reg52.h>
#include<absacc.h>
#define uchar unsigned char
#define uint unsigned int
unsigned char code segbit[]={0xc0,0xf9,0xa4,0xb0,0x99,      //0、1、2、3、4
                             0x92,0x82,0xf8,0x80,0x90,0xff};//5、6、7、8、9、无显示
unsigned char code combit[]={0x71,0x72,0x74,0x78};

#define   ADC0808 P0
#define Smg_Seg P1
#define Smg_Com P2
sbit EOC=P3^0;
sbit CLK=P3^1;
sbit OE=P3^7;
sbit ST=P3^6;
sbit CS=P2^7;
void TimeInitial();
void Delay(unsigned int i);

void main()
{
    uchar   temp,loopdat1;
    uint    voldata;
    uchar dispbuf[4];
    TMOD=0x02;                          //设置定时器0工作方式
    TL0=-250;                           //设置定时器初值
    TH0=-250;
    IE=0x82;                            //开中断
    TR0=1;                              //允许中断
    CS=0;                               //片选置零
    while(1)
    {
       ST=1;                            //0808启动信号
       ST=0;
       ST=1;
       do
       {;}
       while(EOC==0);                   //转换是否完成
       OE=0;
       temp=ADC0808;                    //读出转换结果
       OE=1;                            //输出允许
```

```c
            voldata = temp* 1.0/255* 500;          //转换公式,0808读取的数字量为0~255,
                                                   //最高5 V,后加00精确到小数点后2位
                                                   //分离小数点后2位、个位、十位
            dispbuf[3] = voldata%10;
            dispbuf[2] = voldata/10%10;
            dispbuf[1] = voldata/100%10;
            dispbuf[0] = voldata/1000;

            for(loopdat1=0;loopdat1<4;loopdat1++)
            {
                Smg_Seg=segbit[dispbuf[loopdat1]];  //数码管显示数值
                if( loopdat1==1 )
                {
                    Smg_Seg &=0x7f;
                }
                Smg_Com=combit[loopdat1]&0x7F;      //数码管位选
                Delay(1);
                Smg_Com=0x70;
            }
        }
}

void Timer0_INT()    interrupt 1
{
    CLK=! CLK;
}

void Delay(unsigned int i)
{
    unsigned int j;
    for(;i>0;i--)
    {
        for(j=0;j<125;j++)
            {;}
    }
}
```

4.9.5 实验步骤

1) 在Proteus中绘制数字电压表电路原理图,搭建仿真电路。
2) 使用Keil C51软件根据流程图编写程序,并生成.hex文件。
3) 将.hex文件下载到Proteus工程中仿真调试。

4）将调试后的.hex文件下载到硬件实验板验证实验结果。

4.9.6 思考题

1）如果要采集多处的电压，应如何设计。
2）设置阈值电压报警，应如何设计。

4.9.7 实验报告

1）实验名称、实验教学目标、实验内容。
2）实验方法：说明具体设计思路，绘制程序流程图，包括主程序和子程序流程图。
3）实验结果。
4）完成思考题，记录实验现象。
5）实验中（包括设计、调试、编程）遇到的问题与解决问题的方法。
6）实验总结与体会。

4.10 简易信号发生器设计

4.10.1 实验教学目标

1）了解 D/A 转换的基本原理及 DAC0832 的性能和编程方法。
2）能够综合应用单片机完成简易信号发生器的设计。
3）能够编写单片机控制程序，完成软硬件调试。

4.10.2 实验内容

设计一个简易的函数信号发生器，它能生产多种周期性波形信号，如正弦波、方波、三角波、锯齿波等常用的波形。能够根据需要对波形进行选择。

4.10.3 D/A 转换器

D/A 转换是将数字量转换为模拟量。DAC0832 是常见的 D/A 转换器，其引脚图如图 4-47 所示。

DAC0832 是采用先进的 CMOS 工艺制成的单片电流输出型 8 位 D/A 转换器。它采用的是 R~2R 电阻梯级网络进行 D/A 转换，电平接口与 TTL 兼容，具有两级缓存。具体的引脚功能如下。

DI0~DI7：8 位数据输入线，TTL 电平，有效时间应大于 90 ns（否则锁存器的数据会出错）。

ILE：数据锁存允许控制信号输入线，高电平有效。

$\overline{CS}$：片选信号输入线（选通数据锁存器），低电平有效。

$\overline{WR1}$：数据锁存器写选通输入线，负脉冲（脉宽应大于 500 ns）有效。由 ILE、$\overline{CS}$、$\overline{WR1}$ 的逻辑组合产生 LE1，当 LE1 为高电平时，数据锁存器状态随输入数据线变换，LE1 的负跳变时将输入数据锁存。

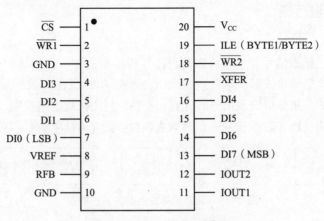

图 4-47 DAC0832 引脚图

$\overline{\text{XFER}}$：数据传输控制信号输入线，低电平有效，负脉冲（脉宽应大于 500 ns）有效。

$\overline{\text{WR2}}$：DAC 寄存器选通输入线，负脉冲（脉宽应大于 500 ns）有效。由 $\overline{\text{WR2}}$、$\overline{\text{XFER}}$ 的逻辑组合产生 LE2，当 LE2 为高电平时，DAC 寄存器的输出随寄存器的输入而变化，LE2 的负跳变时将数据锁存器的内容打入 DAC 寄存器并开始 D/A 转换。

IOUT1：电流输出端 1，其值随 DAC 寄存器的内容线性变化。

IOUT2：电流输出端 2，其值与 IOUT1 值之和为一常数。

RFB：反馈信号输入线，改变 RFB 端外接电阻值可调整转换满量程精度。

V_{CC}：电源输入端，V_{CC} 的范围为 +5~+15 V。

VREF：基准电压输入线，VREF 的范围为 -10~+10 V。

GND：接地端。

DAC0832 从输出极性来分，有单极性输出和双极性输出两种方式。本实验采用的是单极性输出方式。DAC0832 的 IOUT1 连接运算放大器的 LM358N 的方向输入端，所以转换结果为负值。输出的电压表达式：VOUT = -VREF · D/256，其中 D（0~255）是输入数字量的十进制。

DAC0832 工作时序图如图 4-48 所示。

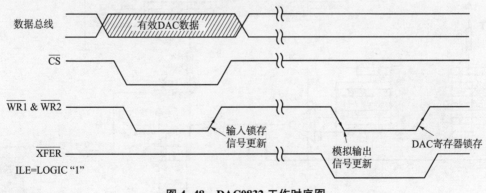

图 4-48 DAC0832 工作时序图

4.10.4 实验方法

1) 设计思路。

分析设计要求,函数信号发生器可以通过单片机编程的方法产生波形,通过 D/A 转换芯片进行滤波放大,然后输出波形。本系统采用 AT89C52 单片机作为数据处理及控制核心,完成系统控制、信号的采集分析以及信号的处理和变换,利用按键电路控制、选择波形,可将系统分为波形选择模块、D/A 转换模块及信号放大模块。图 4-49 为简易信号发生器的系统框图。

图 4-49 简易信号发生器的系统框图

2) 设计电路原理图:简易信号发生器的电路原理如图 4-50 所示。

在图 4-50 中,DAC0832 的片选$\overline{CS}$端口接电阻上拉,用标号连接到单片机 P1.6 口,$\overline{WR1}$ 端口标号连接到 P1.7 口,两个 GND 接地,VREF 接 2.5 V 高电平,V_{CC} 和 ILE 接高电平,$\overline{WR2}$ 和$\overline{XFER}$、IOUT2 同时接地,输入端 DI0~DI7 连接到 P0 口,P0 口要接上拉排阻。LM358 芯片的-端口连接到 0832 的 IOUT1 端,+端口接地,1 号引脚作为反馈信号接回 DAC0832N 的 RFB 端,8、4 号引脚分别接+12 V 和-12 V 电源。按键 K0~K3 分别接到 P3.4~P3.7,设置不同波

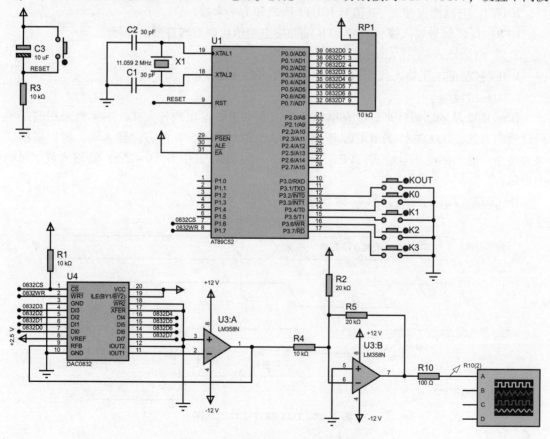

图 4-50 简易信号发生器的电路原理

形。按键 KOUT 接到外部中断 0 的 P3.2 引脚,用于设置循环波形输出标志位 F_OUT,F_OUT 为 1 时继续循环,F_OUT 为 0 时结束循环。仿真实验中使用示波器观察波形。

3)程序流程图:简易信号发生器的主程序流程如图 4-51 所示。

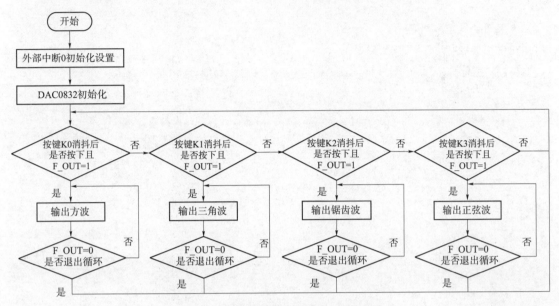

图 4-51 简易信号发生器的主程序流程

4)源程序代码如下。

```c
#include<reg52.h>
#include<absacc.h>

#define DAC0832 P0                /* 定义 DAC0832 端口*/
#define uchar unsigned char
#define uint unsigned int
sbit    CS=P1^6;
sbit    RW=P1^7;
sbit    KOUT=P3^2;
sbit    K0=P3^4;
sbit    K1=P3^5;
sbit    K2=P3^6;
sbit    K3=P3^7;

uchar code sine_table[]={0x80,0x8C,0x98,0xA5,0xB0,0xBC,0xC7,0xD1,    //正弦数据表
                0xDA,0xE2,0xEA,0xF0,0xF6,0xFA,0xFD,0xFF,
                0xFF,0xFF,0xFD,0xFA,0xF6,0xF0,0xEA,0xE3,
                0xDA,0xD1,0xC7,0xBC,0xB0,0xA5,0x99,0x8C,
                0x80,0x73,0x67,0x5B,0x4F,0x43,0x39,0x2E,
                0x25,0x1D,0x15,0x0F,0x09,0x05,0x02,0x00,
                0x00,0x00,0x02,0x05,0x09,0x0E,0x15,0x1C,
```

0x25,0x2E,0x38,0x43,0x4E,0x5A,0x66,0x73};
//从256个数据里选取了64个

uchar F_OUT=1;

/* 延时函数 */
void delay(uint t)
{
    while(t- -);
}
/***************** ms 延时函数 *******************************/
void delayms(uint j)
{
    uchar i;
    for(;j>0;j- -)
    {
        i=250;
        while(- - i);
        i=249;
        while(- - i);
    }
}

/************* 方波发生函数 ******************************/
void square(void)
{   while(F_OUT)
    {
        DAC0832=0x00;   //输出低电平
        delay(0x50);
        DAC0832=0x3f;   //输出高电平
        delay(0x50);
    }
    return;
}
/************* 三角波发生函数 ******************************/
void tran(void)
{
    uchar i;
    while(F_OUT)
    {
        for (i=0;i<0xff;i++)
        {   DAC0832=i;
            delay(10);}
        for (i=0xff;i>0;i- -)

```c
        {   DAC0832=i;
            delay(10);}
    }
    return;
}
/************* 锯齿波发生函数 *******************************/
void jvchi(void)
{
    uchar i;
    while(F_OUT)
    {
        for (i=0;i<0xff;i++)
        {   DAC0832=i;
            delay(20);}
    }
    return;
}
/************* 正弦波发生函数 *******************************/
void sin(void)
{
    uint i;
    while(F_OUT)
    {
      for (i=0;i<64;i++)
        {   DAC0832=sine_table[i];
            delay(10);}
    }
    return;
}
/************* 主函数 **************************************/
void main(void)
{
    IE=0x81;                                //开总中断和外中断 0
    IT0=1;                                  //下降沿触发
    CS=0;
    RW=0;
    while(1)
    {    F_OUT =1;                          //波形循环标志位置 1
        if(K0==0&& F_OUT ==1)
        {   delayms(10);                    //延时消抖
            if(K0==0&& F_OUT ==1){ square(); }   //输出方波
        }
        if(K1==0&& F_OUT ==1)
```

```
            {   delayms(10);                              //延时消抖
                if(K1==0&& F_OUT ==1){ tran(); }          //输出三角波
            }
            if(K2==0&& F_OUT ==1)
            {   delayms(10);                              //延时消抖
                if(K2==0&& F_OUT ==1){ jvchi(); }         //输出锯齿波
            }
            if(K3==0&& F_OUT ==1)
            {   delayms(10);                              //延时消抖
                if(K3==0&& F_OUT ==1){ sin(); }           //输出正弦波
            }
        }
    }
}
/******************** INT0 中断处理函数 *****************************/
void ex_int0()interrupt 0
{
    EX0=0;                                                //关闭中断
    F_OUT =0;                                             //波形循环标志位清零
    EX0=1;                                                //开中断
}
```

4.10.5 实验步骤

1) 在 Proteus 中绘制简易信号发生器原理图，搭建仿真电路。
2) 使用 Keil C51 软件根据流程图编写程序，并生成 .hex 文件。
3) 将 .hex 文件下载到 Proteus 工程中仿真调试。
4) 将调试后的 .hex 文件下载到硬件实验板验证实验结果。

4.10.6 思考题

1) 简易信号发生器增加按键切换波形的幅值、频率，应如何设计。
2) 简易信号发生器增加显示模块，显示波形相关信息，应如何设计。

4.10.7 实验报告

1) 实验名称、实验教学目标、实验内容。
2) 实验方法：说明具体设计思路，绘制程序流程图，包括主程序和子程序流程图。
3) 实验结果。
4) 完成思考题，记录实验现象。
5) 实验中（包括设计、调试、编程）遇到的问题与解决问题的方法。
6) 实验总结与体会。

4.11 步进电机控制系统设计

4.11.1 实验教学目标

1）了解步进电机控制的基本原理，掌握控制步进电机转动的编程方法。
2）能够综合应用单片机完成步进电机控制系统的设计。
3）能够编写单片机控制程序，完成软硬件调试。

4.11.2 实验内容

设计一个步进电机控制系统，能够控制步进电机的启动和停止、转动方向。显示模块同步显示步进电机转动的状态。

4.11.3 驱动步进电机

步进电机是一种以脉冲控制的电机，由于是脉冲驱动，因此很适合用数字或单片机来控制。对其发出一个脉冲信号，电机就转动一个角度，可以通过控制脉冲个数来控制角位移量，控制脉冲信号的频率就可以控制电机转动的速度，改变各相脉冲的先后顺序就可以改变电机的转向。

步进电机的动作是靠内部定子线圈通电后，将邻近转子上相异的磁极吸引过来。因此，线圈排列的顺序和激励信号的顺序非常重要。以四相步进电机为例，其激励信号方式有3种，如表4-7所示。

表4-7 四相步进电机激励信号方式

驱动模式	通电线圈	二进制数 DCBA	驱动数据 D0~D7	驱动模式	通电线圈	二进制数 DCBA	驱动数据 D0~D7
单4拍	A	0001	0x01	8拍	A	0001	0x01
	B	0010	0x02		AB	0011	0x03
	C	0100	0x04		B	0010	0x02
	D	1000	0x08		BC	0110	0x06
双4拍	AB	0011	0x03		C	0100	0x04
	BC	0110	0x06		CD	1100	0x0c
	CD	1100	0x0c		D	1000	0x08
	DA	1001	0x09		DA	1001	0x09

驱动步进电机转动需要较大的电流，但单片机的负载能力有限，而且电流脉冲边沿需要一定要求，因此，一般需使用功率集成电路作为单片机驱动接口，常用的有ULN2003A等。

ULN2003A是高压大电流达林顿晶体管阵列系列产品，具有电流增益高、工作电压高、温度范围宽、带负载能力强等特点，适应于各类要求高速大功率驱动的系统。ULN2003A是一个7路反向器电路，即当输入端为高电平时ULN2003A输出端为低电平，当输入端为低电平时ULN2003A输出端为高电平，其也可以作为步进电机的驱动电路。ULN2003A内部结构如图 4-52 所示。

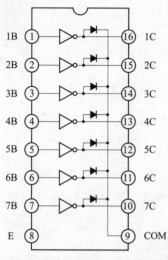

图 4-52 ULN2003A 内部结构

4.11.4 实验方法

1）设计思路。

分析设计要求，步进电机控制系统采用 AT89C52 单片机作为控制器，控制步进电机脉冲信号，利用按键电路更改步进电机的状态，可将系统分为单片机最小系统、按键接口模块、液晶显示模块、步进电机驱动模块和步进电机。图 4-53 为步进电机控制系统的总体框图。

步进电机选用四相步进电机，采用 ULN2003A 作为驱动模块。选用 8 拍驱动模式驱动步进电机，当正转时单片机应发出驱动信号 1001→1000→1100→0100→0110→0010→0011→0001，当反转时单片机应发出驱动信号 0001→0011→0010→0110→0100→1100→1000→1001，将正转和反转信号放入数组，再依次读出、输出，两个信号之间还需时间延迟。

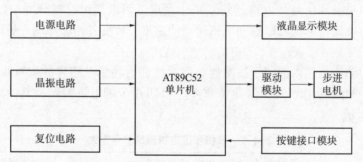

图 4-53 步进电机控制系统的总体框图

2）设计电路原理图：步进电机控制系统电路原理如图 4-54 所示。

在图 4-54 中，步进电机的 ULN2003A 驱动芯片输入端 A、B、C、D 连接单片机的 P2.0~P2.3 口，端口 COM 连接到电机的脉冲输入端并同时接高电平，芯片输出端 1C、2C

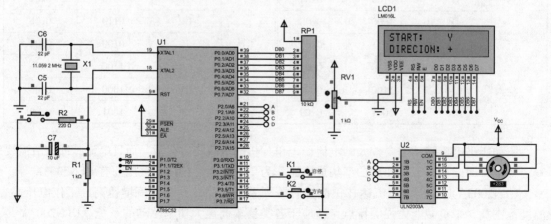

图 4-54 步进电机控制系统电路原理

分别接到电机的正向控制端口,芯片输出端 3C、4C 分别接到电机的反向控制端口。LCD1602 的 VEE 连接可调电位器,RS、RW、E 端口分别连接 P1.0、P1.1、P1.2 口,D0~D7 连接 P0 口,同时 P0 口接上拉排阻。按键 K1、K2 分别连接到 P3.5、P3.6 口。

3) 程序流程图:步进电机控制系统主程序流程如图 4-55 所示。

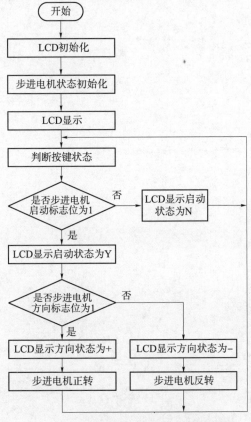

图 4-55　步进电机控制系统主程序流程

4) 源程序代码如下。

```
#include <reg52.h>
#define uchar unsigned char
#define uint unsigned int
#define out   P2
/*********** 端口定义 *****************************/
sbit rs=P1^0;
sbit rw=P1^1;
sbit e=P1^2;
sbit start=P3^5;
sbit direc=P3^6;
uchar code turn[]={0x01,0x03,0x02,0x06,0x04,0x0c,0x08,0x09,};     //ULN2003 端口输入
                  //0001 0011 0010  0110  0100  1100 1000  1001
                  //A    AB   B     BC    C     CD   D     DA
```

```c
uchar string1[10]={"START:"};
uchar string2[10]={"DIRECION:"};
bit s_flag,d_flag;

void check_busy(void);
void write_com(uchar com);
void write_data(uchar dat);
void onechar(uchar ad, uchar ddata);
void string(uchar ad,uchar * s);
void init_LCD(void);
void Keycheck(void);
void delayms(uint);
/*********** 主函数 *****************************/
void main(void)
{
    uchar i;
    init_LCD();
    s_flag=d_flag=0;
    out=0x01;
    string(0x80,string1);
    string(0x80+0x40,string2);
    while(1)
    {   Keycheck();                          //检查按键
        if(s_flag==1)                        //启动
        { onechar(0x80+0x0a,' Y' );
            if(d_flag==1)                    //正转
            {onechar(0x80+0x40+0x0a,' +' );
              i = i < 7 ? i+1 : 0;
              out=turn[i];
              delayms(50);
            }
            if(d_flag==0)                    //反转
            { onechar(0x80+0x40+0x0a,' - ' );
              i = i > 0 ? i-1 : 7;
              out=turn[i];
              delayms(50);
            }
        }
        if(s_flag==0)                        //停止
        {  onechar(0x80+0x0a,' N' );
            out=0xff;
        }
    }
```

```c
}
/*********** 延时函数*****************************/
void delayms(uint j)
{
    uchar i;
    for(;j>0;j--)
    {
        i=250;
        while(--i);
        i=249;
        while(--i);
    }
}
/********** 按键检查子函数***************************/
void Keycheck(void)
{
    if(start==0)                        //按键1控制启停,此处为启动
    {
        delayms(5);                     //防抖动
        if(start==0)s_flag=~s_flag;
        while(start==0)                 //检测按键是否松开
        {   if(start!=0)
            {   delayms(5);             //防抖动
                if(start!=0)break;
            }
        }
    }
    if(direc==0)                        //按键2控制反转
    {
        delayms(5);                     //防抖动
        if(direc==0)d_flag=~d_flag;
        while(direc==0)                 //检测按键是否松开
        {   if(direc!=0)
            {   delayms(5);             //防抖动
                if(direc!=0)break;
            }
        }
    }
}
/********* 查忙程序**************************/
void check_busy(void)
{
    uchar dt;
```

```c
        do
        {
            dt=0xff;
            e=0;
            rs=0;
            rw=1;
            e=1;
            dt=P0;
        }while(dt&0x80);
        e=0;
}
/********** 写入指令到 LCD************** 根据指令集*/
void write_com(unsigned char com)
{
    check_busy();
    rs=0 ;              //RS=L,RW=L,E 为下降沿脉冲,DB0~DB7 为指令码
    rw=0 ;
    e=0 ;
    P0=com ;
    delayms(1);
    e=1 ;
    delayms(1);         //稍作延时,不然忙碌
    e=0 ;
}
/********** 写入数据到 LCD************** 根据指令集*/
void write_data(unsigned char dat)
{
    check_busy();
    rs=1 ;              //RS=H,RW=L,E 为下降沿脉冲, DB0~DB7 为数据
    rw=0 ;
    e=0 ;
    P0=dat ;
    delayms(1);         //稍作延时,不然忙碌
    e=1 ;
    delayms(1);
    e=0 ;
}
/********** 字符在 LCD 显示************************/
void onechar(uchar ad, uchar ddata)
{
    write_com(ad);          //写指令函数写入地址
    write_data(ddata);      //写内容函数写入数据
}
```

```
/******* 字符串在 LCD 显示************************/
void string(uchar ad,uchar * s)
{
    write_com(ad);
    while(* s>0)
    {
        write_data(* s++);
        //delayms(10);
    }
}
/********** LCD 初始化函数*********************/
void init_LCD()
{
    write_com(0x01);          //指令1,清屏
    write_com(0x38);          //指令6,显示模式设置
    write_com(0x0c);          //指令4,开启显示,无光标和闪烁
    write_com(0x06);          //指令3,光标自动右移,文字不移动
    delayms(1);
}
```

4.11.5 实验步骤

1) 在 Proteus 中绘制步进电机控制系统电路原理图，搭建仿真电路。
2) 使用 Keil C51 软件根据流程图编写程序，并生成.hex 文件。
3) 将.hex 文件下载到 Proteus 工程中仿真调试。
4) 将调试后的.hex 文件下载到硬件实验板验证实验结果。

4.11.6 思考题

1) 设计控制步进电机的转动角度和转动圈数。
2) 设计控制步进电机转动速度的快慢。

4.11.7 实验报告

1) 实验名称、实验教学目标、实验内容。
2) 实验方法：说明具体设计思路，绘制程序流程图，包括主程序和子程序流程图。
3) 实验结果。
4) 完成思考题，记录实验现象。
5) 实验中（包括设计、调试、编程）遇到的问题与解决问题的方法。
6) 实验总结与体会。

4.12 温度检测系统设计

4.12.1 实验教学目标

1) 了解数字温度传感器 DS18B20 的工作原理,掌握单片机实现单总线协议的编程方法。
2) 能够综合应用单片机完成温度检测系统的设计。
3) 能够编写单片机控制程序,完成软硬件调试。

4.12.2 实验内容

设计一个温度检测系统,利用温度传感器来采集环境温度数据,并将所采集的数据传送到单片机中进行处理,实现对温度的测量和显示。当温度超过预设的温度值时,能够报警提示。

4.12.3 数字温度传感器

DS18B20 是常用的数字温度传感器,具有微型化、低功耗、高性能、强抗干扰能力、易配微处理器等优点,可直接将温度转化成数字信号供单片机处理。DS18B20 采用单总线专用技术,其测温范围为-55~+125℃,测量分辨率当 9 位精度时为 0.5℃,当 10 位精度时为 0.25℃,当 11 位精度时为 0.125℃,当 12 位精度时为 0.0625℃。转换精度为 9~12 位二进制数(包括 1 位符号位),可编程确定转换精度的位数,通电复位时默认 12 位分辨率。内含 64 位经过激光修正的只读存储器 ROM,存有器件自身序列号。DS18B20 封装图如图 4-56 所示,可采用 To-92 封装,外形如一只三极管,也可采用 8 引脚 SOIC 封装。

DS18B20 内部的温度值寄存器由两个字节组成,用补码形式表示,格式如表 4-8 所示。其中 S 代表符号位,S=1,表示温度为负值;S=0,表示温度为正值。DS18B20 输出的数值除 16 为实际温度值,负数是补码形式给出。

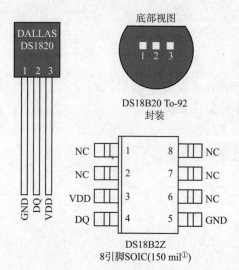

图 4-56 DS18B20 封装图

表 4-8 DS18B20 的温度值寄存器格式

位	bit7	bit6	bit5	bit4	bit3	bit2	bit1	bit0
高 8 位字节	S	S	S	S	S	2^6	2^5	2^4
低 8 位字节	2^3	2^2	2^1	2^0	2^{-1}	2^{-2}	2^{-3}	2^{-4}

---

① 1 mil = 25.4 μm。

DS18B20 工作过程中必须严格按照单总线协议：第一步，初始化；第二步，ROM 命令；第三步，存储器命令；第四步，处理数据。

4.12.4 实验方法

1) 设计思路。

分析设计要求，温度检测系统选用 AT89C52 单片机作为系统的控制单元，温度测量选用数字温度传感器 DS18B20 进行测量，将采集到的数据传送给单片机进行处理，并与设定的温度值比较，当超过设定值时向用户进行报警提示。显示模块将当前环境下测量到的数据显示。温度检测系统的结构框图如图 4-57 所示。

图 4-57　温度检测系统的结构框图

2) 设计电路原理图：温度检测系统的电路原理如图 4-58 所示。

在图 4-58 中，DS18B20 温度传感器的 V_{CC} 连接一个高电平，同时 DQ 连接一个 4.7 kΩ 电阻后接到高电平，通过标号与单片机 P3.7 口连接，GDN 端口接地。4 位共阳数码管，A-DP 通过标号连接到 P0 口，1~4 位选通过标号连接到 P1.0~P1.3 口。蜂鸣器发声电路连接到 P1.5 口。

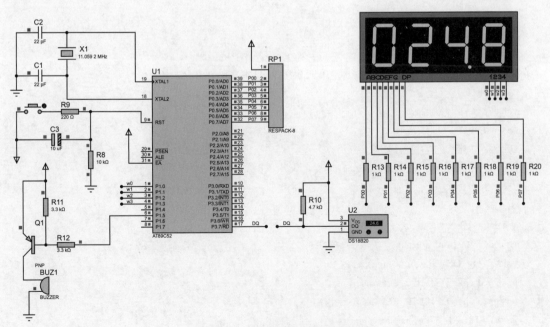

图 4-58　温度检测系统的电路原理

3)程序流程图:温度检测系统的主程序流程如图4-59所示。

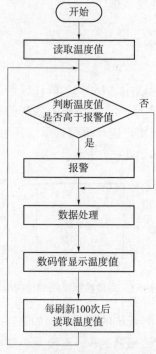

图4-59 温度检测系统的主程序流程

4)源程序代码如下。

```
#include <reg52.h>
#include <intrins.h>
#define uchar unsigned char
#define uint unsigned int
uchar code seg[]={0xc0,0xf9,0xa4,0xb0,0x99,0x92,0x82,0xf8,0x80,0x90,0x01};
uchar dis[4];                    //定义显示缓冲区
uchar wei=0;
sbit w0=P1^0;                    //定义各端口
sbit w1=P1^1;
sbit w2=P1^2;
sbit w3=P1^3;
sbit BP=P1^5;
sbit DQ=P3^7;
void delayms(uint timer);
void Delay_DS18B20(uint num);
unsigned char DS18B20_Init(void);
unsigned char DS18B20_ReadChar(void);
void DS18B20_WriteChar(uchar dat);
int DS18B20_ReadTem(void);
void Temp_Display(int temp);
```

```c
void display();
/********* 主函数 *****************************************/
void main(void)
{
    uchar i;
    int temp,tem,tem_line=253;
    temp=DS18B20_ReadTem();           //读取温度值
    delayms(100);
    while(1)
    {   if(temp>=tem_line)             //判断是否高于报警值,高于则蜂鸣器发声报警
        {   BP=0;
            delayms(100);
            BP=1;
        }
        if(temp<0){                    //判断第一位显示整数还是负号
            dis[0]=0xbf;
            temp=0- temp;
        }
        else dis[0]=temp/1000;         //显示百位值
        temp=temp%1000;
        dis[1]=temp/100;               //显示温度十位值
        temp=temp%100;
        dis[2]=temp/10;                //显示温度个位值
        dis[3]=temp%10;                //显示小数点后一位
        for(i=0;i<100;i++)
        {
            display();
            if(i==0)                   //扫描100次,采样一次
            temp=DS18B20_ReadTem();
        }
    }
}
/********** 显示函数 *****************************/
void display()
{
    P0=0xff;                           //输出 0xff,消除残影
    switch(wei){
    case 0:                            //选择 w0 数码管,关闭其他位
        P0=seg[dis[0]];                //输出显示内容
        w0=1;
        w1=0;
        w2=0;
        w3=0;
```

```
            delayms(5);
            break;
        case 1:                          //选择 w1 数码管,关闭其他位
            P0=seg[dis[1]];
            w0=0;
            w1=1;
            w2=0;
            w3=0;
            delayms(5);
            break;
        case 2:                          //选择 w2 数码管,关闭其他位
            P0=seg[dis[2]]&0x7f;
            w0=0;
            w1=0;
            w2=1;
            w3=0;
            delayms(5);
            break;
        case 3:                          //选择 w3 数码管,关闭其他位
            P0=seg[dis[3]];
            w0=0;
            w1=0;
            w2=0;
            w3=1;
            delayms(5);
            break;
    }
    wei++;                               //每调用一次将轮流显示一位
    if(wei>3)wei=0;
}
/*********** 延时函数*****************************/
void delayms(uint j)
{
    uchar i;
    for(;j>0;j--)
    {
        i=250;
        while(--i);
        i=249;
        while(--i);
    }
}
/*********** DS18B20 延时函数********************/
```

```c
void Delay_DS18B20(uint num)
{
    while (num--);
}
//********* DS18B20 初始化**********************/
unsigned char DS18B20_Init(void)
{
    unsigned char x = 0;
    DQ = 1;
    Delay_DS18B20(8);
    DQ = 0;
    Delay_DS18B20(80);
    DQ = 1;
    Delay_DS18B20(14);
    x = DQ;
    Delay_DS18B20(20);
    return x;
}
//********* DS18B20 读出数据**********************/
unsigned char DS18B20_ReadChar(void)
{
    unsigned char i = 0;
    unsigned char dat = 0;
    for (i = 8; i > 0; i--)
    {
        DQ = 0;
        dat >>= 1;
        DQ = 1;
        if (DQ)
        dat |= 0x80;
        Delay_DS18B20(5);
    }
    return dat;
}
//********* DS18B20 写命令**********************/
void DS18B20_WriteChar(unsigned char dat)
{
    unsigned char i = 0;
    for (i = 8; i > 0; i--)
    {
        DQ = 0;
        DQ = dat & 0x01;
        Delay_DS18B20(5);
        DQ = 1;
        dat >>= 1;
```

```c
        }
}
//********* DS18B20 温度转换*******************/
int DS18B20_ReadTem(void)
{
    unsigned char a=0;
    unsigned char b=0;
    int t=0;
    float tt=0;
    DS18B20_Init();
    DS18B20_WriteChar(0xCC);           //跳过读序号列号的操作
    DS18B20_WriteChar(0x44);           //启动温度转换
    DS18B20_Init();
    DS18B20_WriteChar(0xCC);           //跳过读序号列号的操作
    DS18B20_WriteChar(0xBE);           //读取温度寄存器
    a=DS18B20_ReadChar();              //读低位
    b=DS18B20_ReadChar();              //读高位
    t=b;
    t<<=8;
    t=t | a;
    tt=t * 0.0625;                     //转换为摄氏温度值
    t=tt * 10 ;                        //温度值十进制数精度0.1,放大10倍
    return (t);
}
```

4.12.5 实验步骤

1) 在 Proteus 中绘制温度检测系统原理图,搭建仿真电路。
2) 使用 Keil C51 软件根据流程图编写程序,并生成.hex 文件。
3) 将.hex 文件下载到 Proteus 工程中仿真调试。
4) 将调试后的.hex 文件下载到硬件实验板验证实验。

4.12.6 思考题

1) 设计通过按键设置温度报警的上限和下限。
2) 设计通过串口向计算器定时发送检测的温度值。

4.12.7 实验报告

1) 实验名称、实验教学目标、实验内容。
2) 实验方法:说明具体设计思路,绘制程序流程图,包括主程序和子程序流程图。
3) 实验结果。
4) 完成思考题,记录实验现象。
5) 实验中(包括设计、调试、编程)遇到的问题与解决问题的方法。
6) 实验总结与体会。

第5章　FPGA数字系统设计实验

5.1　FPGA数字系统设计概述

数字系统是指由若干数字电路和逻辑器件构成的能够处理或传送数字信息的系统。在现代数字系统设计中，EDA技术已经成为一种普遍的工具。对设计者而言，熟练掌握EDA技术，可以极大地提高工作效率，起到事半功倍的效果。传统的数字系统采用搭积木式的方式进行设计，即由一些固定功能的器件（如中小规模集成电路芯片、专用集成电路芯片等）加上一定的外围电路构成模块，由这些模块进一步形成各种功能电路，进而构成系统。构成系统的各种芯片的功能是固定的，用户只能根据需要从这些标准器件中选择，并按照推荐的电路搭建系统，灵活性差且可靠性不高。

随着可编程逻辑器件（如CPLD、FPGA）和EDA技术的出现，设计人员可以将原来由电路板设计完成的大部分搭积木工作采用编程的方式在一个芯片上实现。这不仅大幅提高了设计的灵活性，缩短了设计周期，而且大幅减少了所需芯片的种类和数量，缩小了体积，降低了功耗，提高了系统的可靠性。本章所讲解的FPGA数字系统设计就是使用硬件描述语言（如Verilog）编程描述系统要实现的功能，使用FPGA执行所编写的代码从而实现复杂的数字系统设计。

FPGA是一种高密度的可编程数字逻辑器件，具有功能强大、灵活性高、可靠性高和设计周期短等特点，是目前应用最广泛的可编程逻辑器件之一。本书采用的Xilinx Artix-7 FPGA如图5-1（a）所示，它采用逻辑单元阵列结构，其可编程资源由可配置逻辑块（configurable logic block，CLB）、可编程互联资源（interconnect resource，IR）以及可编程输入/输出块（input/output block，IOB）构成，如图5-1（b）所示。其中，CLB是整个芯片体系结构的核心。FPGA包含多个CLB，每个CLB包含多个slice，每个slice包含多个查找表（look-up table，LUT）、进位链和寄存器。

Xilinx Artix-7 FPGA为静态随机存储器（static random access memory，SRAM）查找表结构的FPGA。它的基本逻辑单元是slice，2个slice构成一个CLB。每个slice包含4个6输入查找表，每个查找表都对应配置2个D触发器，所有D触发器都在统一的时钟CLK作用下工作。其利用小型查找表来实现组合逻辑，每个查找表连接到D触发器的输入端，D触发器再来驱动其他逻辑电路或驱动I/O，由此构成了既可实现组合逻辑功能又可实现时序逻辑功能的基本逻辑单元模块，这些模块间利用金属连线互相连接或这些模块利用金属连线连接到I/O模块。

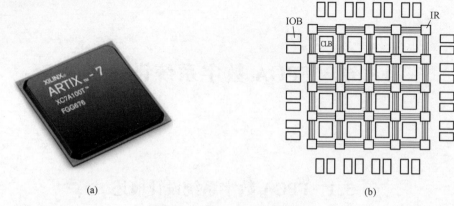

图 5-1　Xilinx Artix-7 FPGA

(a) 外形图；(b) 内部可编程资源示意图

基于 FPGA 和硬件描述语言的数字系统设计通常采用自顶向下的设计方法。这种方法首先从整个系统的设计入手，对系统进行功能划分和结构设计，其次采用硬件描述语言按照自顶向下的顺序，对整个系统及划分的各功能模块进行设计，然后用综合实现将设计转化为具体门电路网表，最后对 FPGA 进行编程，从而完成设计在 FPGA 上的实现。基于 FPGA 的数字系统设计流程如图 5-2 所示，图中部分的主要工作如下。

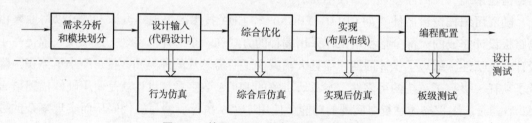

图 5-2　基于 FPGA 的数字系统设计流程

1) 需求分析和模块划分。

首先根据用户需求，确定系统应实现的功能，然后根据所需硬件资源、接口标准和系统功耗等完成硬件选型；根据功能要求进行代码模块划分，完成系统结构方案设计。

2) 设计输入。

设计输入是将设计的电路以代码（如 Verilog HDL、VHDL）或原理图等方式输入到开发软件（如 Vivado）中。其中原理图方式局限于小规模设计或用于顶层设计，代码设计是目前主流的设计方法。

3) 综合优化。

综合是指将较高层次的电路描述转化为较低层次的电路描述。综合包含以下几种形式：

① 将算法表示、行为描述转成寄存器传输级（register transfer level，RTL）描述，即由行为描述到结构描述；

② 将 RTL 描述转换为逻辑门级（含触发器）描述，称为逻辑综合；

③ 将逻辑门级描述转成 FPGA 的配置网表表示。

通常在开发过程中使用综合工具将设计代码转换为与门、非门、RAM、触发器等基本逻辑单元相连的网表。

4) 实现。

实现是指将综合生成的电路网表映射到具体的 FPGA 中，生成最终可下载到 FPGA 中的文件的过程。其中，布局是将综合后网表文件描述的整个设计划分为多个逻辑块布置到器件内部逻辑资源的具体位置。布线是指利用器件的布线资源完成各逻辑块之间以及与 I/O 接口之间的连接。

5) 编程配置。

根据实现中生成的最终网表生成配置文件，将该文件下载到 FPGA 中以配置芯片中的可编程单元和开关，使设计最终能够在 FPGA 上运行。

6) 仿真和测试。

通过给设计注入激励并观察输出结果，可以验证设计的功能和时序是否满足要求。仿真的顺序一般为行为仿真、综合后仿真、实现后仿真。行为仿真是指仅对逻辑功能进行模拟和测试，用来检查代码语法和验证代码功能。该仿真过程没有加入时序信息，不涉及具体器件的硬件特性。综合后仿真是指把综合生成的标准延时文件标注到综合仿真模型中，可估计门延迟对电路带来的影响。实现后仿真是已经完成布局布线后进行的功能仿真和时序仿真，此仿真与 FPGA 上的工作情况最为接近，可以较准确地反映设计是否满足功能和时序要求。

最后的板级测试是指用布局布线后的电路网表对 FPGA 进行配置，使其运行在实际的硬件电路上，通过使用示波器、逻辑分析仪等测试工具/仪器来进行功能和时序验证。

5.1.1　Verilog 硬件描述语言

Verilog 硬件描述语言以文本形式描述数字系统硬件的结构和行为，它可以表示逻辑电路图、逻辑表达式、数字系统所完成的逻辑功能。使用 Verilog 语言描述硬件的基本设计单元是模块。每个模块可以由若干个子模块构成，模块并行运行。通过模块的相互连接调用可以构建出复杂的数字系统。在使用多个模块完成设计任务时，通常采用层次结构化的设计方法，如图 5-3 所示。图 5-3（a）为模块的层级调用结构。图 5-3（b）为顶层模块，用于描述整个系统的组成，可以对实例化的子模块进行调用。

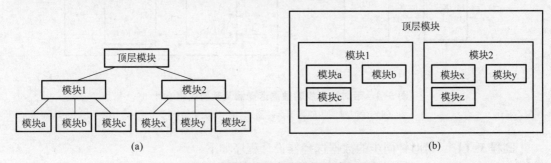

图 5-3　模块的层次结构化设计和调用

（a）层级调用结构；（b）顶层模块

模块的几种描述方式（或者叫建模方式）包括行为级建模（RTL 建模也属于行为级建模）、结构级建模（包括门级建模和开关级建模）以及行为级和结构级的混合建模。当模块内部只包括过程块和连续赋值语句，而不包含模块实例（模块调用）语句和基本元件实例语句时，就称该模块采用的是行为建模；当模块内部只包含模块实例和基本元件实例语句，而不包含过程块语句和连续赋值语句时，就称该模块采用的是结构级建模；当然在模块内部也可以采用这两种建模方式的结合，即混合建模方式。

每个模块包括端口定义、数据类型说明和逻辑功能定义如下。

```
module 模块名称 (端口列表);
  //1. 端口定义
  input 输入端口;
  output 输出端口;
  inout 输入/输出端口;
  //2. 数据类型说明
  wire 数据名称;
  reg 数据名称;
  //3. 逻辑功能定义
  模块实例化(实例化的要使用的模块)
  结构化建模(门级建模 and,or;电路级建模 mos)
  数据流建模(assign)
  行为建模(initial, always)
endmodule
```

其中，模块名是模块的唯一标识符；端口列表及端口定义描述了与其他模块的通信接口；数据类型说明部分指定模块内部用到的数据对象的类型，包括连线型或寄存器型等；逻辑功能定义部分使用逻辑功能描述语句实现具体的逻辑功能。

例如，设计一个如图 5-4（a）所示的由二选一多路选择器和 D 触发器组成的一个带时钟同步的数据选择器。可以采用自顶向下的设计方法，首先设计顶层模块，然后分别设计多路选择器和 D 触发器，如图 5-4（b）所示。相应的设计程序如【例程 5-1】所示。

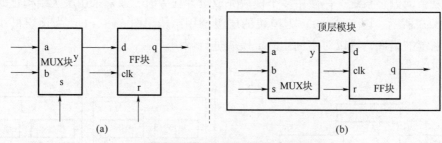

图 5-4　带时钟同步的数据选择器及其模块化设计
（a）带时钟同步的数据选择器；（b）模块化结构

【例程 5-1】　带时钟同步的数据选择器设计程序如下。

```
module ex1_design(
  input wire in0,                    //数据输入 1
  input wire in1,                    //数据输入 2
```

```verilog
        input wire in2,                              //MUX 选择端
        input wire in3,                              //时钟
        input wire in4,                              //复位端
        output wire out0                             //数据输出端
    );
        wire y1;                                     //内部数据对象定义
        D_FF dff_ex(. d(y1),. clk(in3),. clr(in4),. q(out0));   //实例化 D_FF,dff_ex 为实例名称
        mux21 mux_ex(. a(in0),. b(in1),. s(in2),. y(y1));  //. a(in0)表示 mux21 的 a 口接 in0
    endmodule

    module mux21(
        input wire a,
        input wire b,
        input wire s,
        output wire y
    );

        assign y= ~s & a | s & b;
    endmodule
    module D_FF(                                     //D 触发器模块 D_FF
        input wire d,                                //wire:连线型,相当于物理连线
        input clk,                                   //缺省自动识别为 wire 型
        input wire clr,
        output reg q                                 //reg:寄存器型,有存储功能,相当于存储单元
    );
        always @(posedge clk or posedge clr)         //事件 clk 上升沿或 clr 上升沿触发执行
            if(clr==1)
                q<=0;                                //<=:非阻塞赋值
            else
                q<=d;
    endmodule
```

完成上述电路的结构化建模后,可以通过逻辑仿真进行验证。此时,需要对设计模块施加激励。激励也采用模块化表示。对【例程 5-1】表示的设计施加激励的示例程序如【例程 5-2】所示。注意,在仿真模块中使用了 initial 语句,该语句只能用于仿真,不能进行综合,也就是不能在设计代码中使用。代码中所有的 initial 语句和 always 语句都是从 0 时刻开始执行,通过延时(如#5)控制各输入引脚的预定输入变化。根据随时间变化的各输入激励设计模块的逻辑运算和输出。运行此仿真程序得到的输入/输出波形如图 5-5 所示。

【例程 5-2】　仿真激励模块设计程序如下。

```verilog
//示例程序:仿真激励模块
module ex1_stimulus;
    reg clk;                                         //时钟信号
    reg rst;                                         //复位信号
```

```verilog
    reg d0;                                    //数据 1
    reg d1;                                    //数据 2
    reg sel;                                   //数据选择

    ex1_design ex1_instance(. in0(d0),
        . in1(d1),. in2(sel),. in3(clk),. in4(rst));

    initial                                    //从 0 时刻开始执行
      clk = 1'b0;                              //把 clk 初始化为 0

    always                                     //从 0 时刻开始执行
      #5 clk = ~clk;                           //周期为 10 个时间单位的时钟脉冲

    initial begin                              //从 0 时刻开始顺序执行
      d0 = 1'b0;
      d1 = 1'b1;
      sel = 1'b0;
      #10 sel = 1'b1;
      #10 d0 = 1'b1;
      #10 sel = 1'b0;
      #10 d1 = 1'b0;
      #10 d0 = 1'b0;
    end

    initial begin                              //从 0 时刻开始顺序执行
      rst = 1'b0;
      #15 rst = 1'b1;
      #25 rst = 1'b0;
    end
endmodule
```

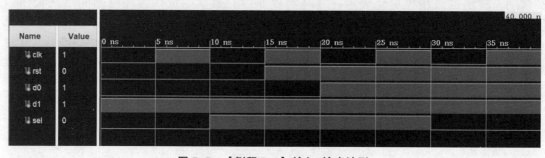

图 5-5 【例程 5-2】输入/输出波形

在通过仿真测试后，需要基于设计代码对 FPGA 进行配置，使 FPGA 能够按设计进行工作。因此，需要先将顶层模块的输入和输出与 FPGA 的硬件引脚对应起来，并设置相应硬件引脚的电平等参数。在 Vivado 开发环境中，设计程序的 I/O 接口与 FPGA 引脚的对应是由约束文件来描述的。

本实验板出厂使用的约束文件代码如【例程 5-3】所示。基本 I/O 接口原理示意如图 5-6 所示，FPGA 有 16 个引脚（J15、L16…）分别对应引脚名 SW0、…、SW15，有 16 个引脚（H17、K15…）分别对应引脚名 LD0、…、LD15，这和 FPGA 外围硬件电路实际连接了 16 个滑动开关和 16 个 LED 指示灯相对应。因此，如果要把【例程 5-1】中的 5 个输入对应到 5 个滑动开关，将 1 个输出对应到 1 个 LED 灯，这里可以采用两种方法：一种是在【例程 5-1】的模块 ex1_design 外再封装一个顶层接口模块，使 ex1_design 模块的各引脚和 FPGA 的物理引脚对应，如【例程 5-4】所示；另一种方法是修改约束文件中引脚的定义，使其与 ex1_design 模块的引脚对应，如【例程 5-5】所示。

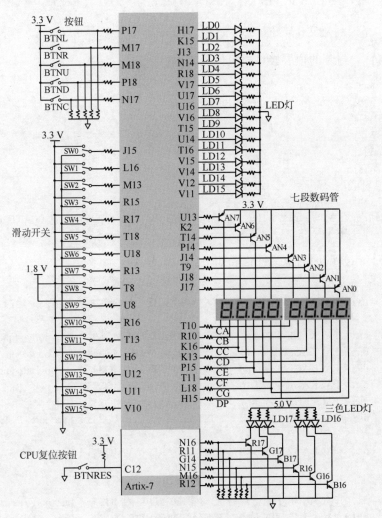

图 5-6　基本 I/O 接口原理示意

【例程 5-3】 实验板出厂约束文件代码如下。

```
# Clock signal
set_property - dict { PACKAGE_PIN E3    IOSTANDARD LVCMOS33 } [get_ports { CLK100MHz }];
#Switches
set_property - dict { PACKAGE_PIN J15   IOSTANDARD LVCMOS33 } [get_ports { SW[0] }];
set_property - dict { PACKAGE_PIN L16   IOSTANDARD LVCMOS33 } [get_ports { SW[1] }];
set_property - dict { PACKAGE_PIN M13   IOSTANDARD LVCMOS33 } [get_ports { SW[2] }];
set_property - dict { PACKAGE_PIN R15   IOSTANDARD LVCMOS33 } [get_ports { SW[3] }];
set_property - dict { PACKAGE_PIN R17   IOSTANDARD LVCMOS33 } [get_ports { SW[4] }];
set_property - dict { PACKAGE_PIN T18   IOSTANDARD LVCMOS33 } [get_ports { SW[5] }];
…
set_property - dict { PACKAGE_PIN V10   IOSTANDARD LVCMOS33 } [get_ports { SW[15] }];

# LEDs
set_property - dict { PACKAGE_PIN H17   IOSTANDARD LVCMOS33 } [get_ports { LED[0] }];
set_property - dict { PACKAGE_PIN K15   IOSTANDARD LVCMOS33 } [get_ports { LED[1] }];
…
set_property - dict { PACKAGE_PIN V11   IOSTANDARD LVCMOS33 } [get_ports { LED[15] }];
```

【例程 5-4】 封装的顶层接口模块代码如下。

```
module ex1_top(
input wire SW[0],            //FPGA 引脚 J15
input wire SW[1],
input wire SW[2],
input wire SW[3],
input wire SW[4],
output wire LED[0]           //FPGA 引脚 H17
);
ex1_example (. in0(SW[0]),. in1(SW[1]),. in2(SW[2]),. in3(SW[3]),. in4(SW[4]),. out0(LED[0]));
endmodule
```

【例程 5-5】 修改原约束文件代码如下。

```
# Clock signal
set_property - dict { PACKAGE_PIN E3    IOSTANDARD LVCMOS33 } [get_ports { CLK100MHz }];
#Switches
set_property - dict { PACKAGE_PIN J15   IOSTANDARD LVCMOS33 } [get_ports { in0 }];
set_property - dict { PACKAGE_PIN L16   IOSTANDARD LVCMOS33 } [get_ports { in1 }];
set_property - dict { PACKAGE_PIN M13   IOSTANDARD LVCMOS33 } [get_ports { in2 }];
set_property - dict { PACKAGE_PIN R15   IOSTANDARD LVCMOS33 } [get_ports { in3 }];
set_property - dict { PACKAGE_PIN R17   IOSTANDARD LVCMOS33 } [get_ports { in4 }];
set_property - dict { PACKAGE_PIN T18   IOSTANDARD LVCMOS33 } [get_ports { SW[5] }];
…
set_property - dict { PACKAGE_PIN V10   IOSTANDARD LVCMOS33 } [get_ports { SW[15] }];

# LEDs
set_property - dict { PACKAGE_PIN H17   IOSTANDARD LVCMOS33 } [get_ports { out0}];
set_property - dict { PACKAGE_PIN K15   IOSTANDARD LVCMOS33 } [get_ports { LED[1] }];
…
set_property - dict { PACKAGE_PIN V11   IOSTANDARD LVCMOS33 } [get_ports { LED[15] }];
```

至此，一个基于 Verilog 语言设计的数字系统已完成了描述。接下来通过综合、实现和生成配置文件即可在 FPGA 上运行。

Verilog 语言常用运算操作符如表 5-1 所示。常用规则和语句语法说明如表 5-2 所示。

表 5-1 Verilog 语言常用运算操作符

分类	运算操作符	说明及示例
按位操作符	&、|、~、^、^~、~^	按位进行逻辑运算，依次为与、或、非、异或、异或非（同或）
算术操作符	+、-、*、/、%	数的算数运算，依次为加、减、乘、除、取模
移位操作符	<<、>>	移位运算，依次为左移、右移。当结果超出位宽时，把高位截去
关系操作符	>、<、>=、<=	关系运算，依次为大于、小于、大于或等于、小于或等于。当满足运算关系时结果为 1，否则为 0
相等操作符	==、!=、===、!==	将操作符两边的两个操作数逐位比较的相等判断运算，依次为逻辑相等、逻辑不等、逻辑全等、逻辑不全等。 逻辑相等和逻辑全等（逻辑不等和逻辑不全等）的区别是：逻辑相等（逻辑不等）在将两个操作数逐位比较时，若某位为不定态 x 或高阻态 z，则结果为不定态 x；逻辑全等（逻辑不全等）在将两个操作数逐位比较时，包括不定态和高阻态也要完全一致。 例如，2'b01 != 2'b1x 结果为 1；2'b11 == 2'b1x 结果为 x；2'b1z == 2'b1z 结果为 x；4'b10xz === 4'b10xz 结果为 1
逻辑操作符	&&、||、!	操作符两侧的操作数的逻辑运算，依次为与、或、非。 例：若 rega=4'b0011；regb=4'b0z0x，则 ans = rega || 0 结果为 1，ans = regb || 0 结果为 x

条件操作符	?：	根据条件是否满足选择赋值项。
		例：out = (en == 1) ? in: 'bz; //若 en 为 1，则 out=in；否则 out 值为高阻态
		例：out = (sel == 0) ? a : b; //若 sel 为 0，则 out=a；否则 out=b

拼接操作符	{,}、{,{}}	按位拼接操作。
		例：y = {c[4:3], d[7:5], b[2], a[1:0]}; // y 由高到低 8 位顺序为 c[4], c[3], d[7], d[6], d[5], b[2], a[1], a[0]
		例：rega = 4'b1001; bus <= {{4{rega[1]}}, rega}; //bus=00001001

表 5-2　Verilog 常用规则和语句语法说明

类别	规则/语法	示例及说明
标识符	以字母或下划线开头，可包含字母、数字和下划线；区分大小写	
逻辑值	0：逻辑 0；1：逻辑 1；z 或 Z：高阻态；x 或 X：不定状态	
数制	d：十进制；b：二进制；h：十六进制；o：八进制	8' ha2　　　//8 位十六进制数,值为 0xa2 4' b1x1z　//4 位二进制数,最低位为高阻态,次高位为不定状态
参数		
线网和变量类型	wire：标准连线，默认为该类型 reg：寄存器变量，在 always 块中由过程语句赋值 integer：整型，常用于 for 循环语句	wire [3:0] d; wire led; reg [7:0] q; integer k;

模块	module <模块名>
	［#（参数）］
	(<端口及类型表>);
	［变量类型声明］
	［assign 赋值语句］
	［always 块］
	endmodule
		module register
		#(parameter N=8)
		(input wire clk,
		input wire clr,
		input wire [N-1,0] d,
		output reg [N-1:0]q
		);
		always @(posedge clk or posedge clr)
		　if(clr==1)q<=0;
		　else q<=d;
		endmodule

赋值语句	=：阻塞赋值，顺序执行；
	<=：非阻塞赋值，并行执行；
	assign：持续赋值语句，主要用于对 wire 型变量赋值，相当于用一条连线将表达式右边的电路直接连线到左边，左边必须是 wire 型。assign 独立于过程块，须放在 initial 或 always 块外
		always @(posedge clk)
		begin
		　b<=a;
		　c<=b;
		end
		always @(posedge clk)
		begin
		　b=a;
		　c=b;
		end

续表

类别	规则/语法	示例及说明

always 过程块	always@（敏感事件1 or 敏感事件2）	always @(posedge clk or negedge clr)
		begin
		  if(clr==0) //优先处理 negedge clr 事件
		    out=0; //过程块中被赋值变量须为 reg 型，此处 out 为 reg 型
		  else //处理事件 posedge clk
		    out=in;
		end
		或：
		always @(*) //过程块内的任一信号状态发生变化

initial 过程块	initial
	  begin
	    语句1；
	    …
	  end
		1）主要用于仿真，不具有可综合性；
		2）从0时刻开始执行，只执行一次；
		3）同一模块内的多个 initial 过程块，从0时刻开始并行执行；
		4）不可嵌套使用

条件语句	if(条件表达式)
	  begin
	    语句块1
	  end
	else if(条件表达式)
	  begin
	    语句块2
	  end
	else
	  begin
	    语句块3
	  end
		if(clr==0)
		  … //超过1条语句，需要用 begin 和 end
		else if(sel==1)
		  … //超过1条语句，需要用 begin 和 end
		else
		  … //超过1条语句，需要用 begin 和 end

多路选择语句	case(<条件表达式>)
	  <分支1>:<语句块1>
	  <分支2>:<语句块2>
	  …
	  default:<语句块 n>
	endcase
		例如：
		case(s)
		  3'b001,3'b010,3'b100: y=a;
		  3'b011,3'b101,3'b110: y=b;
		  3'b111: y=c;
		  default: y=d;
		endcase

续表

类别	规则/语法	示例及说明
无条件循环语句	forever 　begin 　… 　end	多用于 initial 块，产生周期波形，如下代码同 always #10 clk=~clk。 forever 　begin 　　#10 clk = 1; 　　#10 clk = 0; 　end
模块实例化	模块名 实例名(　.1号引脚(连接信号名), 　.2号引脚(连接信号名),…)	例如，MUX21 mux21_a(. pin_a(d0), . pin_b(d1), . pin_sel (d2), . pin_out(y))
编译预处理	' define <宏定义名> <字符串> ' include <内嵌文件名> ' timescale 仿真时间单位/时间精度	例如，' define wordsize 8。 例如，' include "mux21.v"：编译时将本行用 mux21.v 中代码替换。 例如，' timescale 1 ns/1 ps：仿真时间单位为 1 ns，精度为 1 ps。在此定义之后，当使用#10 延时时，10 的单位为 ns，延时为 ps

5.1.2 硬件实验平台

硬件实验平台采用 Digilent 公司的 Nexys A7（即 Nexys 4DDR）实验板。该实验板采用 Xilinx Artix-7 系列的 FPGA，型号为 XC7A100T-1CSG324C。实验板的主要部件和外围接口如下。

1) 16 个拨动开关、5 个按钮、16 个 LED 灯、2 个 3 色 LED 灯、8 个 7 段数码管；

2) 1 个板载 100 MHz 时钟源；

3) 1 个 I2C 接口温度传感器、1 个 I2C 接口 3 轴加速度计；

4) 1 个 USB HID 接口、1 个 VGA 显示接口；

5) 1 个 USB-JTAG/USB-UART 接口、1 个 10/100M 以太网接口；

6) 1 个脉冲宽度调制（PWM）音频输出接口、1 个脉冲密度调制（PDM）麦克风接口；

7) 4 个 PMOD 数字接口、1 个 PMOD 模拟量输入接口；

8) 1 个 128MB DDR2 存储器、1 个 16MB 串行 Flash 存储器和 1 个 TF 卡座。

实验板外观及各部件说明如图 5-7 和表 5-3 所示。

第 5 章 FPGA 数字系统设计实验

图 5-7 Nexys A7 实验板硬件布置图

表 5-3 实验板各部件说明

编号	部件编码	部件名称及说明
1	JP3	电源选择跳线。短接左跳线和中跳线为采用 USB 接口供电；短接右跳线和中跳线为采用 DC5.5 接口供电
2	J6	USB 供电和编程接口。可用 USB 线给实验板供电并对 FPGA 编程配置。本实验采用该接口供电和编程配置
3	JP2	FPGA 编程配置选择跳线。短接跳线 SD 为使用 SD 卡进行编程配置；短接跳线 USB 为使用 USB 进行编程配置。本实验采用 USB 接口编程，需使用短接跳线 USB
4	JD	PMOD 数字接口。实验板共有 4 个 PMOD 数字接口：JA、JB、JC 和 JD
5	MIC	麦克风输入。采用 ADMP421 芯片的全向 MEMS 麦克风，ADMP421 引脚 CLK、DATA 和 L/R SEL 分别对应 FPGA 的 J5、H5 和 F5 引脚
6	J11、J14、J15	电源测试孔。可以测试 3.3 V、1.0 V 和 1.8 V 电源电压
7	LD（15..0）	LED 指示灯。共 16 个，每个 LED 灯旁标注对应的 FPGA 引脚，如 V11、V12 等
8	SW（15..0）	拨动开关。共 16 个，每个开关旁标注对应的 FPGA 引脚，如 J15、L16 等
9	DISP1、DISP2	数码显示管。共 8 个，每个包括七段 LED 灯及小数点 LED 灯，分别接 FPGA 的 T10、R10 等 8 个引脚，同时 8 个数码管可以通过 FPGA 的 U13、K2 等 8 个引脚控制轮流点亮

续表

编号	部件编码	部件名称及说明
10	J10	外部 JTAG 编程接口。实验板预留的外部 JTAG 编程器接口
11	BTNU、BTND、BTNL、BTNR、BTNC	按钮。共 5 个，上、下、左、右、中分别接 FPGA 的 M18、P18、P17、M17 和 N17 引脚
12	IC14	温度传感器。采用 ADT7420 芯片的 I2C 接口 16 位输出温度传感器。引脚 SCL、SDA、TMP_INT 和 TMP_CT 分别接 FPGA 引脚 C14、C15、D13 和 B14
13	PROG	FPGA 编程复位按钮。按下该按钮可以清空 FPGA 编程配置
14	RESET	CPU 复位按钮。按下该按钮，FPGA 软核重启
15	JXADC	PMOD 模拟信号输入接口。模拟量-数字量转换接口，分别对应 FPGA 的 A13、A15 等 8 个引脚
16	JP1	编程模式选择跳线。本实验采用 USB 接口编程，需使用短接跳线 USB/SD
17	J8	音频输出接口。对应的 FPGA 引脚为 A11
18	J2	VGA 显示器接口。实验板上采用 FPGA 的 14 个引脚产生 VGA 的 RGB 模拟量信号和同步信号。如果外部显示器是 HDMI 接口，需要使用 HDMI 转 VGA 转接线
19	LD21	FPGA 编程配置结束指示灯。当实验板 FPGA 的编程配置结束时，该绿色指示灯点亮
20	J4	10/100M 以太网接口。通过以太网物理层芯片 LAN8720A 连接至 FPGA 的 A9、A10 等引脚
21	J5	USB 外围设备接口。当接 USB 键盘时，USB 的 DATA 和 CLK 信号经板载芯片转换为 PS2 键盘的 DATA 和 CLK 信号接至 FPGA 的 B2 和 F4 引脚
23	SW16	电源开关。开关拨到 ON 为实验板供电，OFF 为断电。注意：在给实验板连线前应先将此开关拨到 OFF，等接线完毕并检查无误后再将开关拨到 ON
24	J13	供电接口。接口型号为 DC5.5×2.1，内引脚为+5 V，外引脚为 GND

注：详细信息参见实验板自带说明"Nexys4 DDR FPGA Board Reference Manual"。

1. 基本 I/O 接口

Nexys A7 实验板的基础数字 I/O 接口如图 5-6 所示。其中，按钮为 5 个微触开关，按下时 FPGA 相应引脚输入为高电平；16 个滑动开关，滑动到上侧时 FPGA 相应引脚输入为高电平；LED 灯为 16 个绿色发光二极管，FPGA 输出高电平时点亮；8 个七段数码管，CA~CG 控制每个七段数码管的各段的状态，DP 控制小数点的状态，当 FPGA 相应引脚输出高电平且该数码管的 AN 有效时点亮，AN0~AN7 控制每个七段数码管是否工作，FPGA 相应引脚输出低电平时有效；三色 LED 灯为 2 个三色发光二极管，每个二极管由 3 个 FPGA 输出引脚的状态来确定发光的颜色，引脚输出高电平时点亮。

2. VGA 显示接口

VGA 显示接口电路原理如图 5-8 所示，其中左侧的 RED0 至 VSYNC 分别接至 FPGA 的各引脚。图 5-8 右侧 VGA 接口信号由模拟量色基信号 RED、GRN、BLU、行同步信号 HS 和场同步信号 VS 等 5 个信号组成。其中，3 个模拟量色基信号各由 4 位数字量信号叠加产生。例如，RED 信号由 RED0、RED1、RED2 和 RED3 组成的电路产生，其信号电压可如下计算。

$$V_{\text{RED}} = \frac{8}{15} V_{\text{RED0}} + \frac{4}{15} V_{\text{RED1}} + \frac{2}{15} V_{\text{RED2}} + \frac{1}{15} V_{\text{RED3}}$$

式中，$V_{\text{RED0}} \sim V_{\text{RED3}}$ 由 FPGA 输出的逻辑 0 或 1 决定其电压为 0 V 或 3.3 V。因此，V_{RED} 在 0~3.3 V 之间有 16 种电压输出。V_{RED}、V_{GRN} 和 V_{BLU} 组合在一起共有 4 096 种不同的电压组合，对应 4 096 种不同的颜色。

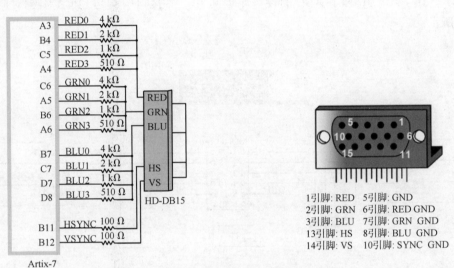

图 5-8　VGA 显示接口电路原理

3. 键盘/鼠标接口

Nexys A7 实验板可以通过 USB 接口接入键盘/鼠标。键盘/鼠标接口电路原理如图 5-9 所示。其中，J5 为板载 USB TypeA 接口，可以外接 USB 键盘/鼠标。键盘/鼠标信号经芯片 PIC24FJ128 转换为标准的 PS/2 数据和时钟信号连接到 FPGA 的 B2 和 F4 引脚。在使用 USB 键盘/鼠标时，需要将跳线 JP2 跳至 USB 侧。另外，USB 键盘/鼠标需要直接插到实验板的 USB 接口，中间不能经过 USB 级联设备（如 USB HUB）。

4. 板载测温芯片

Nexys A7 实验板板载一个 I2C 接口的测温芯片 ADT7420，该芯片与 FPGA 的连接示意如图 5-10 所示。测温芯片 ADT7420 的测温范围为 -20~105 ℃，测温精度为 0.25 ℃。芯片的 I2C 总线时钟引脚 SCL 和数据引脚 SDA 分别接 FPGA 的引脚 C14 和 C15；引脚 TMP_INT 和 TMP_CT 为超温指示输出，分别接 FPGA 的引脚 D13 和 B14；芯片的两个地址引脚接高电平使得该芯片的地址为 1001011。FPGA 可通过编程读写 I2C 总线获取芯片监测的温度。

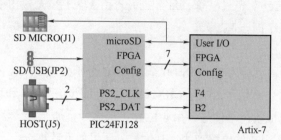

图 5-9 键盘/鼠标接口电路原理

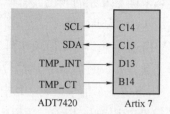

图 5-10 测温芯片 ADT7420 与 FPGA 的连接示意

5. PMOD 接口

Nexys A7 实验板提供了 5 个 PMOD 接口，其中 JA、JB、JC 和 JD 为数字接口，JXADC 为模拟量输入接口。PMOD 接口外形及引脚示意如图 5-11（a）所示，JA 接口原理如图 5-11（b）所示。JB、JC、JD 和 JXADC 的接口原理同 JA，各接口引脚与 FPGA 引脚对应关系如表 5-4 所示。

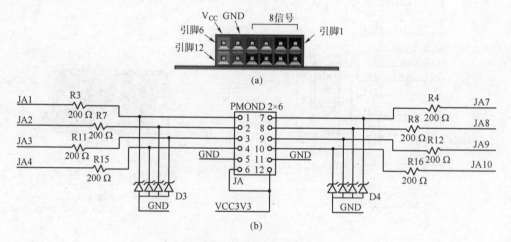

图 5-11 PMOD 接口

（a）PMOD 接口外形及引脚示意；（b）JA 接口原理

表 5-4 PMOD 接口引脚与 FPGA 引脚对应关系

编号	JA	JB	JC	JD	JXADC
1	C17	D14	K1	H4	A13（AD3P）
2	D18	F16	F6	H1	A15（AD10P）
3	E18	G16	J2	G1	B16（AD2P）
4	G17	H14	G6	G3	B18（AD11P）
7	D17	E16	E7	H2	A14（AD3N）
8	E17	F13	J3	G4	A16（AD10N）

续表

编号	JA	JB	JC	JD	JXADC
9	F18	G13	J4	G2	B17（AD2N）
10	G18	H16	E6	F3	A18（AD11N）
5, 11	GND	GND	GND	GND	GND
6, 12	VCC3V3	VCC3V3	VCC3V3	VCC3V3	VCC3V3

5.1.3 设计实验注意事项

在使用 Nexys A7 实验板进行实验前应预习并设计好硬件连接方案，同时，在实验中应注意以下几点。

1）实验板通电前应先确认电源开关处于 OFF 状态，然后再连接 micro-USB 线。
2）实验板的硬件接线完成并确认接线无误后再接通电源。
3）通过 PMOD 接口连接外部电路板时，要确认信号电平是否一致，不能将 3.3 V 以上电平设备接至本实验板。
4）实验板上的跳线应按照使用要求做配置。
5）实验板应稳定安全放置，避免磕碰、短路。

实验报告要求包括以下几部分内容。

1）设计名称。
2）设计和实验任务要求。
3）设计思路和设计框图。
4）源程序或电路图。
5）仿真波形图。
6）实验结果及分析。
7）问题分析及解决方法。
8）设计总结。

5.2 设计实验示例

5.2.1 【示例1】基于 Verilog 语言的设计实例

1. 实验教学目标

1）熟悉 Nexys A7 实验板和 Vivado 开发环境。
2）掌握使用 Verilog 语言进行开发的基本过程。

2. 实验内容

1）基于 Vivado 2018.3 开发环境，采用 Verilog 语言编程实现一个特性表如图 5-12（a）所示带异步复位功能的 JK 触发器，并在 Vivado 环境下进行 RTL 仿真测试。
2）完成基于 FPGA 及外围硬件电路的 JK 触发器功能测试，实验板硬件连接如图 5-12（b）

所示，实验中 JK 触发器 CP 端脉冲频率为 10 Hz，需对外部 100 MHz 时钟源进行分频处理。

输入				输出	
CLR	CLK	J	K	Q	Q̄
L	X	X	X	L	H
H	↓	L	L	Q_0	$\bar{Q}_0$
H	↓	L	H	L	H
H	↓	H	L	H	L
H	↓	H	H	翻转	
H	H	X	X	Q_0	$\bar{Q}_0$

(a)

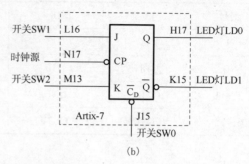

(b)

图 5-12　JK 触发器及测试连接图

(a) JK 触发器特性表；(b) 实验板硬件连接

3. 实验步骤

（1）创建新工程

打开软件 Vivado 2018.3，选择 Create Project 选项，在弹出的 New Project 对话框中单击 Next 按钮，在 Project Name 界面中填写工程名并选择工程所在路径（注意工程名和路径不要有中文），如图 5-13 所示。单击 Next 按钮，在 Project Type 界面中选中 RTL Project 单选按钮，并勾选 Do not specify sources at this time 复选框后单击 3 次 Next 按钮进入 Default Part 界面，按图 5-14 所示指定芯片，使其与 Nexys A7 实验板上的 FPGA 型号一致。单击 Next 按钮进入 New Project Summary 界面，确认工程参数无误后单击 Finish 按钮完成工程创建。

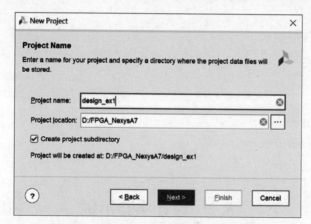

图 5-13　填写工程名并选择工程所在路径

（2）输入设计代码

创建工程后在主窗体左侧的开发流程导航栏 Flow Navigator 中从上到下依次有 PROJECT MANAGER（工程管理）、IP INTEGRATOR（IP 集成器）、SIMULATION（仿真）、RTL ANALYSIS（RTL 分析）、SYNTHSIS（综合）、IMPLEMENTATION（实现）和 PROGRAM AND DEBUG（编程调试）几个步骤项，分别对应了整个开发过程中的各个步骤。

选择 PROJECT MANAGER→Add Source 选项，在弹出的对话框中选中 Add or create design source 单选按钮，单击 Next 按钮，在 Add or Create Design Sources 对话框中单击 Ceate File 按钮，在弹出的 Create Source File 对话框中设置 File type（选择文件类型）为 Verilog，

并填写文件名，如图 5-15 所示创建设计源文件。

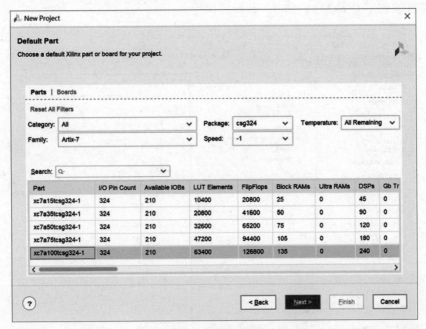

图 5-14　指定芯片

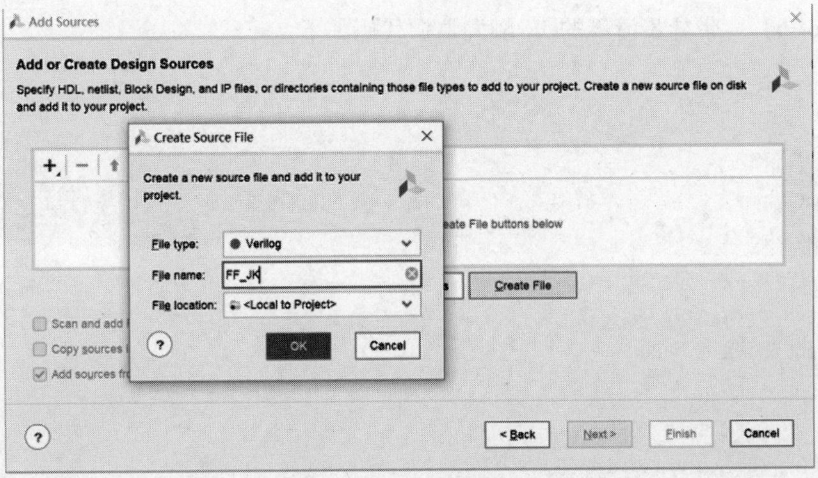

图 5-15　创建设计源文件

单击 OK 按钮，可看到在对话框的表格中多了文件 FF_JK.v。单击 Finish 按钮，在弹出的 Define Module 对话框中选择写有 input 的行，并单击"-"按钮删除该行，然后单击 OK 按钮。此时，在主窗体 PROJECT MANAGER-design_ex1 下的 Sources 窗口的 Design Sources（设计源文件）选项中可以看到文件 FF_JK。双击该文件，将出现该文件的编辑页面，如图 5-16 所示。在编辑页面中添加 Verilog 代码，如【例程 5-6】所示。

在源程序中，timescale 1 ns/1 ps 定义了仿真时间单位与精度，1 ns 是时间单位，即在仿真中用#1 表示延迟 1 ns；1 ps 表示时间精度为 0.001 ns。模块名称为 FF_JK，端口包括 4 个输入端口，均为连线型；1 个输出端口，为寄存器型。采用 always 语句进行行为建模，在 clr

下降沿时使 JK 触发器的输出 Q 端为 0，在 clr 无效（高电平）时，每次 clk 下降沿根据 JK 触发器的特性表确定 Q 是置 1、清 0、翻转或保持。

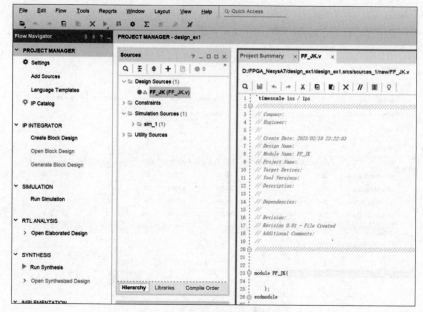

图 5-16　设计源文件编辑页面

【例程 5-6】　带异步清零的 JK 触发器源代码如下。

```
` timescale 1ns / 1ps

module FF_JK(
    input wire J,
    input wire K,
    input wire clk,                    //时钟输入端
    input wire clr,                    //输入异步清零端
    output reg Q,                      //输出 Q
    output reg Q_n                     //输出 Q 非
    );
always@(negedge clr or negedge clk)
  begin
  if(clr==0)                           //异步清零
  begin
      Q=0;
      Q_n=1;
  end
  else                                 //时钟下降沿
  
  begin
  if(J==1)
```

```
        begin
            if(K==0)                    //J=1,K=0,置1
            begin
                Q=1; Q_n=0;
            end
            else                        //J=K=1,翻转
            begin
                Q=~Q; Q_n=~Q_n;
            end
        end
        else
            if(K==1)                    //J=0,K=1,清零
            begin
                Q=0; Q_n=1;
            end
        end
    end
endmodule
```

完成代码编写后，选择主窗体左侧的 RTL ANALYSIS→Open Elaborated Design 选项，可以看到设计的原理，如图 5-17 所示。

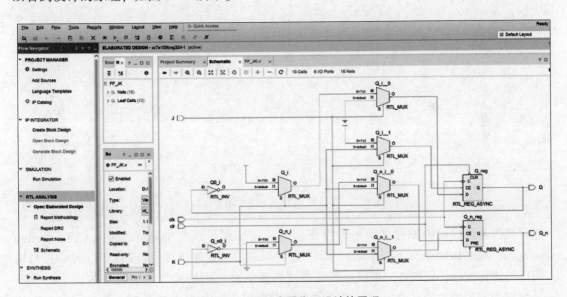

图 5-17 JK 触发器代码设计的原理

(3) 行为仿真

为了测试设计代码，可以先通过行为仿真测试设计功能是否正确。在主窗体左侧选择 Add Source 选项，在弹出的对话框中选中 Add or create simulation sources 单选按钮，单击 Next 按钮，在弹出的 Create Source File 对话框中选择文件类型为 Verilog，文件名为 sim_FF_JK，单击 OK 按钮和 Finish 按钮，在弹出的模块定义中删除 input 行，单击 OK 按钮完成仿真

文件的创建。此时可以在主窗体的源程序窗口下看到 Simulation Sources 路径下的 sim_1 中有刚创建的仿真文件 sim_FF_JK.v。双击该文件进入文件编辑状态，在编辑页面中输入仿真源代码如【例程 5-7】所示。

在程序中，设置仿真基本时间单位为 1 ns，实例化调用了设计源程序设计的模块 FF_JK，这可以理解为在仿真中选用了一块 FF_JK 型号的芯片，将芯片命名为 jk1，并将芯片的引脚对应连接到仿真程序中设置的变量中（如 j 对应 J、ck 对应 clk 等）。然后使用 always 语句产生一个周期为 10 ns 的时钟信号 ck；用从 initial 开始的只执行一次的输入和延迟组合给出仿真的激励信号，最后用 $finish 结束仿真。

【例程 5-7】 JK 触发器仿真源代码如下。

```verilog
`timescale 1ns / 1ps

module sim_FF_JK( );
    reg j,k,ck,c;
    wire q,q_n;
    //FF_JK(. K(a),. J(b),. clk(. ck),. clr(c),. Q(q),. Qinv(q_n));
    FF_JK jk1(j,k,ck,c,q,q_n);
    always
        #5 ck=~ck;
    initial

    begin
        ck=0;
        j=0;k=0;c=0;
        #20 j=0;k=0;c=1;
        #20 j=1;k=0;c=1;
        #20 j=0;k=1;c=1;
        #20 j=1;k=1;c=1;
        $finish;
        end
endmodule
```

完成仿真源代码的编写并单击保存按钮后，在流程导航栏中选择 SIMULATION→Run Simulation→Run Behavioral Simulation 选项。此时可以看到根据仿真代码 sim_FF_JK 中信号输入顺序的仿真波形，如图 5-18 所示。单击波形显示窗口中的缩放快捷键（如图中红框所示）可以使波形缩放到适合尺寸。如果仿真代码有错误，会弹出提示框，此时可在主窗体底部的 Reports 栏中查看错误类型。

(4) 综合和实现

综合是将设计的高级抽象层次电路（如 RTL 代码）转化为较低层次的表述，即转化成各种门、触发器等基本逻辑单元的互联关系，也就是门级网表。

实现主要包括布局和布线两步。布局是将综合后的门级网表中的基本单元放置到 FPGA 的各个 CLB 中；布线是通过丰富的布线资源把各个单元连接起来，形成实际的版图。

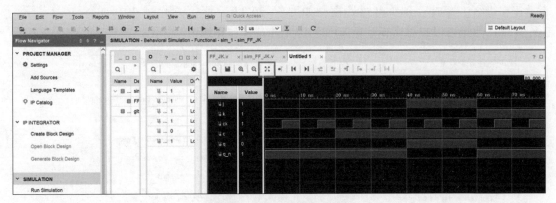

图 5-18 JK 触发器仿真波形

完成 RTL 仿真后,可以根据实验要求如图 5-12(b)所示添加引脚约束,并进行综合和实现。首先添加约束文件。在主窗体左侧的项目管理中选择 Add Sources 添加约束文件,在弹出的创建约束文件对话框中输入文件类型和文件名,如图 5-19 所示。生成文件后可以在主窗体的 Sources 窗口下看到路径 Contraints 下的约束文件 xdc_FF_JK.xdc。双击该文件名进入编辑状态,在约束文件编辑页中输入【例程 5-8】所示的约束文件代码。

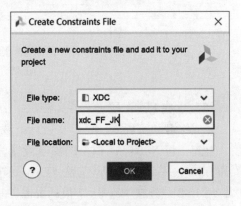

图 5-19 创建约束文件对话框

在约束文件中,PIN ××对应芯片的引脚编号,get_ports {××} 对应设计源代码中的 I/O 接口变量。例如,第一行是将源代码中的 clr 接口连接到 FPGA 引脚 J15 上。IOSTANDARD LVCMOS33 是指设置芯片上该引脚为标准 I/O 接口引脚,工作电平为 3.3 V。由于实验板上有 100 MHz 的时钟源,连接到了 FPGA 芯片的 E3 引脚,所以将设计中的 clk 端口连接到 E3 引脚上。

【例程 5-8】 JK 触发器实验约束文件代码如下。

```
set_property - dict { PACKAGE_PIN J15    IOSTANDARD LVCMOS33 } [get_ports { clr }];
set_property - dict { PACKAGE_PIN L16    IOSTANDARD LVCMOS33 } [get_ports { J }];
set_property - dict { PACKAGE_PIN M13    IOSTANDARD LVCMOS33 } [get_ports { K }];
set_property - dict { PACKAGE_PIN H17    IOSTANDARD LVCMOS33 } [get_ports { Q }];
set_property - dict { PACKAGE_PIN K15    IOSTANDARD LVCMOS33 } [get_ports { Q_n }];
set_property - dict { PACKAGE_PIN E3     IOSTANDARD LVCMOS33 } [get_ports { clk }];
```

完成约束文件的编写后,选择主窗体左侧流程导航中的 SYNTHESIS→Run Synthesis 选项进行设计综合,也就是生成可以在 FPGA 上进行配置的网表。在综合执行过程中,主窗体的右上角会显示旋转的圆圈,表示正在进行。完成后会自动弹出完成对话框如图 5-20(a)所示。此时,选中对话框中的 Open Synthesized Design 单选按钮后可以看到综合后的元件布置图。

接下来可以进行设计的实现,也就是最后的布局和布线。选择主窗体左侧流程导航中的 IMPLEMENTATION→Run Implementation 选项,可以看到主窗体的右上角会显示旋转的圆圈,表示正在进行。完成后会弹出对话框,如图 5-20(b)所示。此时选中 Open Implemented Design 单选按钮可以查看实现后的 FPGA 内元件布置和连线。

图 5-20　综合和实现完成对话框
(a) 综合完成;(b) 实现完成

(5) 生成 FPGA 配置文件和测试

完成综合和实现后,可以将设计下载到 FPGA 中。在下载之前需要做好硬件的设置和连接。首先,将 Nexys A7 板上的供电设置为 USB 供电(图 5-21 左上角黄圈中的跳线 JP3 设置为 USB),将编程下载设置为 JTAG(图 5-21 右上侧黄圈中的跳线 JP1 设置为 JTAG)。其次,用 USB 线连接 Nexys A7 板的 micro-USB 接口和 Vivado 计算机的 USB 接口(图 5-21 左侧黄圈标记 micro-USB 接口)。打开电源开关(图 5-21 左上角的滑动开关拨到 ON),此时板子左上角的红色电源灯点亮(图 5-21 中左上角的 LD22)。同时,系统会自动安装与 Nexys A7 相关的驱动程序(如果以前没有安装过)。驱动安装好后,可以在计算机的设备管理器中的"端口(COM 和 LPT)"中看到增加了一个 USB 串口设备。

图 5-21　实验板配置和工作状态

硬件及驱动就绪后，选择主窗体左侧流程导航栏最下面 PROGRAM AND DEBUG → Generate Bitstream 选项开始生成可下载位流文件。完成后会在主窗体右上角显示 write_bitstream Complete 提示信息。此时选择主窗体左侧的 Open Hardware Manager→Open Target→Auto Connect 选项。如果连接正常，将出现 Program Device 选项。选择该选项下的 xc7a100t_0。在弹出窗口中单击 Program 按钮。此时实验板上的编程灯会点亮（图 5-21 中的绿色 LED 灯 LD21），表示程序下载成功。

下载成功后，可以通过设置实验板上的三个滑动开关（右下角的三个滑动开关从左到右依次为 K、J 和 clr）状态，并观察两个 LED 指示灯（从左到右依次为 Q_n 和 Q）检查设计是否正确，如图 5-21 所示。注意，当将 clr 设置为 1、J 和 K 都设置为 1 时，表示触发器处于反复翻转状态，因此两个 LED 指示灯将同时点亮，但亮度较低。

5.2.2 【示例 2】基于原理图的设计实例

1. 实验教学目标

1) 熟悉 Nexys A7 实验板和 Vivado 开发环境。

2) 掌握基于原理图的基本开发过程。

2. 实验内容

1) 采用 Verilog 语言编程实现图 5-22 所示的同步六进制计数器逻辑功能，并进行硬件实验测试。其中，CP 频率为 1 Hz，将 CP 和 CO 分别接实验板指示灯 LED1 和 LED0。

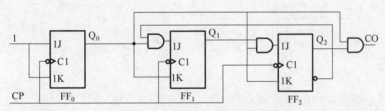

图 5-22　同步六进制计数器逻辑

2) 完成四二与门芯片 74LS08 和双 JK 触发器芯片 74LS73 的 IP 核设计，芯片引脚布置如图 5-23 所示。

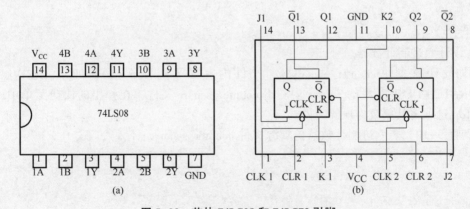

图 5-23　芯片 74LS08 和 74LS73 引脚

（a）74LS08；（b）74LS73

3) 采用原理图设计方法，用 IP 核 74LS08 和 74LS73 设计图 5-22 所示的同步六进制计数器逻辑功能,并进行硬件实验测试。

3. 实验步骤

(1) 采用 Verilog 语言的设计

1) 设计思路。

可以采用分层模块化设计的方法,首先设计 JK 触发器,然后采用 JK 触发器搭建六进制同步计数器。

2) 设计和实验步骤。

① 设计 JK 触发器。

创建新工程 design_ex2_1,添加设计源文件 ff_jk.v,文件内容如【例程5-9】所示。

【例程5-9】 JK 触发器仿真源文件 ff_jk.v 代码如下。

```verilog
` timescale 1ns / 1ps

module ff_jk(
    input wire J,K,clk,clr,
    output wire Q,Q_n
    );
    reg q_reg;
    
    always@(negedge clr or negedge clk)
    begin
      if(clr == 0)
        q_reg <= 0;
      else
        if(J==1 && K==0)        q_reg <= 1;
        else if(J==0 && K==1)   q_reg <= 0;
        else if(J==1&&K==1)     q_reg<=~q_reg;
    end
    assign Q = q_reg;
    assign Q_n = ~q_reg;
endmodule
```

② 设计六进制计数器。

添加设计源文件 counter_senary.v,文件内容如【例程5-10】所示。在 Vivado 的 ELABORATED DESIGN 栏的 Source 中右击 counter_senary 文件,在弹出的快捷菜单中,选择 Set as Top 选项将其更改为顶层文件。

【例程5-10】 六进制计数器仿真源文件 counter_senary.v 代码如下。

```verilog
` timescale 1ns / 1ps

module counter_senary(
    input wire cp,
    input wirerst,
    output wire co
```

```
        );
    wire in0;
    wire q0,q1,q2,q2_n;
    wire j1,j2;
    assign in0 = 1;
    ff_jk jk1(. J(in0),. K(in0),. clk(cp),. clr(rst),. Q(q0));
    assign j1 = q0 & q2_n;
    ff_jk jk2(. J(j1),. K(q0),. clk(cp),. clr(rst),. Q(q1));
    assign j2 = q1 & q0;
    ff_jk jk3(. J(j2),. K(q0),. clk(cp),. clr(rst),. Q(q2),. Q_n(q2_n));
    assign co = q0 & q2;
endmodule
```

在左侧流程导航栏中选择 RTL ANALYSIS 选项可以看到设计代码对应的 RTL 原理图，如图 5-24 所示。单击快捷键栏中标出的 Regenerate 按钮可以重新布置原理图，使其处于最佳显示状态。

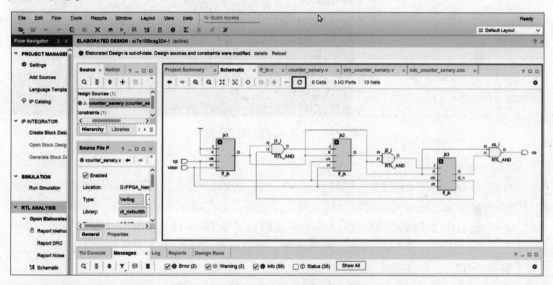

图 5-24　RTL 原理图

③ 仿真测试。

添加仿真源文件 sim_counter_senary.v，文件代码如【例程 5-11】所示。

【例程 5-11】　仿真源文件 sim_counter_senary.v 代码如下。

```
` timescale 1ns / 1ps

module sim_counter_senary( );
    reg clk, clr;
    wire outp;

    counter_senary counter_senary_1(. cp(clk),. rst(clr),. co(outp));
    initial
```

```
        begin
            clr = 1' b0;
            clk = 1' b0;
            #1 clr = 1' b1;
            #1000 $ finish;
        end;
    always
        #5 clk = ~clk;
endmodule
```

在左侧流程导航栏中选择 SIMULATION 选项可以看到仿真波形，如图 5-25 所示。单击图中快捷键栏中标出的 Zoom Fit 按钮可以缩放波形，使其处于最佳显示状态。

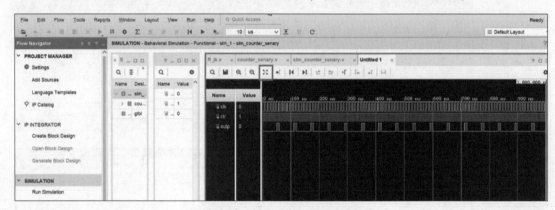

图 5-25 六进制计数器仿真波形

④ 硬件测试。

硬件实验板上 FPGA 的 E3 引脚接入了 100 MHz 的时钟信号。为了按设计要求进行测试，即计数器的时钟为 1 Hz，需要进行降频处理。首先需要在代码中增加分频器，将 100 MHz 的时钟输入分频成 1 Hz 的时钟信号。更改后的源代码如【例程 5-12】所示，主要是增加了两个 10 000 分频器，从而获得 1 Hz 的输入时钟信号。相应的约束文件如【例程 5-13】所示。

【例程 5-12】 六进制计数器源代码如下。

```
' timescale 1ns / 1ps

module counter_senary(
    input wire cp,
    input wire rst,
    output wire cp_out,         //增加该引脚用于查看 CP 脉冲和进位输出的关系
    output wire co
    );
    wire in0,clock,q0,q1,q2,q2_n,j1,j2;
    reg [12:0] fd1_c=0;         //用于将 100 MHz 分频到 10 kHz 的计数器
    reg [12:0] fd2_c=0;         //用于将 10 kHz 分频到 1 Hz 的计数器
    reg clk_10k = 0;            //10 kHz 时钟
    reg clk_1hz = 0;            //1 Hz 时钟
```

```verilog
    parameter FD_CT = 4999;              //每 5000 个时钟输入,输出信号翻转 1 次

    always@(posedge cp)                  //产生 10 kHz 时钟
      begin
        if(fd1_c>=FD_CT)
          begin
            fd1_c<=;
            clk_10k <=~ clk_10k;
          end
        else
          fd1_c<= fd1_c+1;
    end
    always@(posedge clk_10k)             //产生 1 Hz 时钟
      begin
        if(fd2_c>=FD_CT)
          begin
            fd2_c<=0;
            clk_1hz <=~ clk_1hz;
          end
        else
          fd2_c<= fd2_c+1;
        end

    assign in0=1;                                        //允许端接 1
    assign clock = clk_1hz;                              //六进制计数器的时钟输入信号
    ff_jk jk1(.J(in0),.K(in0),.clk(clock),.clr(rst),.Q(q0));   //JK 触发器 1 的引脚接线
    assign j1 = q0 & q2_n;
    ff_jk jk2(.J(j1),.K(q0),.clk(clock),.clr(rst),.Q(q1));     //JK 触发器 2 的引脚接线
    assign j2 = q1 & q0;
    ff_jk jk3(.J(j2),.K(q0),.clk(clock),.clr(rst),.Q(q2),.Q_n(q2_n));  //JK 触发器 3 的引脚接线
    assign co = q0 & q2;                                 //输出的进位位
    assign cp_out = clock;        //输出六进制计数器的时钟状态,用于查看输入时钟和输出的关系

endmodule
```

【例程 5-13】 六进制计数器实验约束文件如下。

```
set_property - dict { PACKAGE_PIN J15    IOSTANDARD LVCMOS33 } [get_ports { rst }];
set_property - dict { PACKAGE_PIN E3     IOSTANDARD LVCMOS33 } [get_ports { cp }];
set_property - dict { PACKAGE_PIN K15    IOSTANDARD LVCMOS33 } [get_ports { cp_out }];
set_property - dict { PACKAGE_PIN H17    IOSTANDARD LVCMOS33 } [get_ports { co }];
```

经运行主窗体左侧流程导航栏中的 Run Synthesis、Run Implementation 和 Generate Bitstream 后,连接好硬件并选择导航栏中的 Program Device(编程硬件)可以运行上述设计。此时可以观察到两个 LED 指示灯,左侧的每闪 6 次,右侧的闪 1 次。验证了六进制计

数器的功能。

（2）IP 核的封装

在进行基于原理图的设计时，首先应具备每个器件的 IP 核。以下首先介绍芯片 74LS08 和 74LS73 的 IP 核的设计核封装。

在进行 IP 核封装前，首先应保证器件功能的正确。因此，在完成 74LS08 或 74LS76 的源代码设计后，最好先进行仿真测试，确认功能正确后再进行封装。同时，在源代码的设计中，可以考虑增加传输延迟以模拟真实硬件芯片的特性。

1）四二与门 74LS08 源文件设计和封装。

创建新工程 design_ex2_74ls08，添加四二与门源代码文件 b74ls08.v，如【例程 5-14】所示。其中 DELAY 设置了门电路的传输延迟。

【例程 5-14】　四二与门 74LS08 设计源代码如下。

```verilog
`timescale 1ns / 1ps

module four_2_input_and #(parameter DELAY = 10)(
    input wire a1, b1, a2, b2, a3, b3, a4, b4,
    output wire y1, y2,y3,y4
    );
    and #DELAY(y1,a1,b1);          //或者：assign #DELAY y1 = a1 & b1;
    and #DELAY(y2,a2,b2);
    and #DELAY(y3,a3,b3);
    and #DELAY(y4,a4,b4);
endmodule
```

完成输入后，单击左侧流程导航栏中的 RTL ANALYSIS 选项可以看到生成的原理图，如图 5-26 所示。如果要测试逻辑功能，可以添加仿真程序，仿真测试正确后再进行封装。

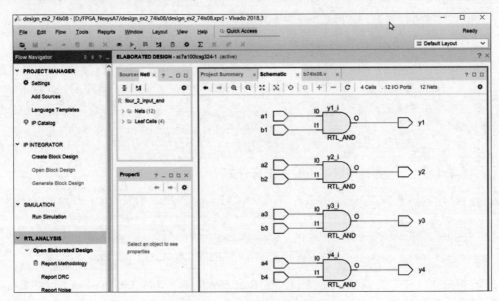

图 5-26　四二与门 RTL 原理图

在主窗体左侧流程导航的工程管理栏中选择 Settings 选项，进入工程设置对话框。在对话框左侧选择 IP→Packager 选项，在右侧的默认值中设置 Library（封装库）为 BIT_IP，Category（分类）为 BIT_74series（此处的封装库和分类名称可以任意设置，但应具有较好的辨识度）。IP 封装参数设置如图 5-27 所示。

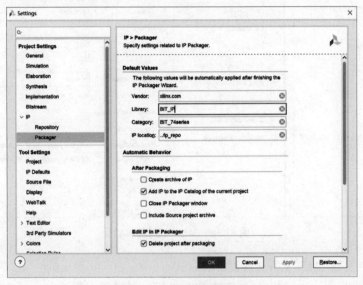

图 5-27　IP 封装参数设置

在主窗体选择 Tool 菜单中的 Create and Package New IP 选项，如图 5-28 所示。在弹出的对话框中单击 Next 按钮，选择 Package your current project 选项，单击 Next 按钮，进入 IP 存储位置设置对话框，如图 5-29 所示。可以修改 IP 的存储位置。此处更改为 d：/fpga_nexysA7/BIT_IP_lib/b74ls08。最后单击 Finish 按钮进入 IP 配置页面。

在图 5-30 中，设置的器件名（b74ls08）即器件库中的名称。选择左侧的 Customization GUI 选项可以显示该器

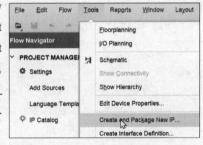

图 5-28　创建和封装新 IP 选项

件的外部引脚布置。确认正确后，选择左侧的 Review and Package 选项，在右侧窗口中单击 Package IP 按钮进行封装。

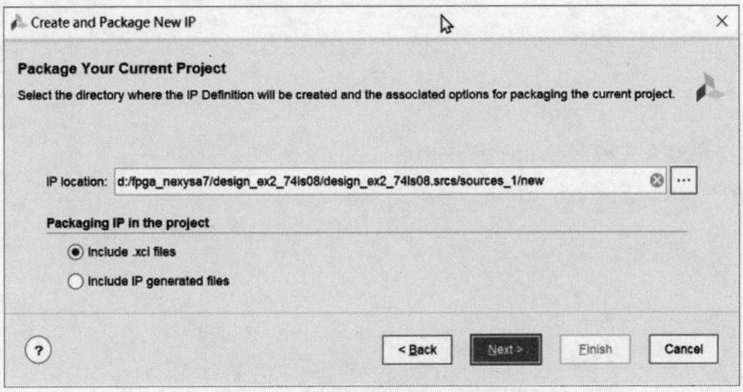

图 5-29　IP 存储位置设置对话框

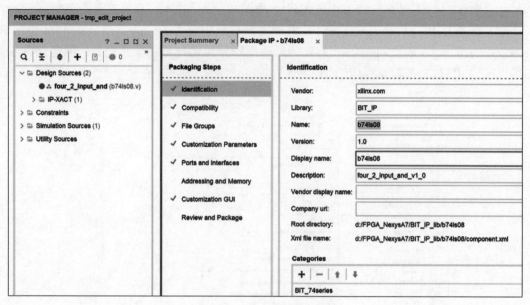

图 5-30　74LS08 封装参数

2) 双 JK 触发器 74LS73 源文件设计和封装。

双 JK 触发器的设计和封装过程与 74LS08 类似。创建新工程 design_ex2_74ls73，添加双 JK 触发器源代码文件 b74ls73.v 如【例程 5-15】所示。其中 DELAY 设置了门电路的传输延迟。

【例程 5-15】　双 JK 触发器源文件代码如下。

```
` timescale 1ns / 1ps

module two_ff_jk #(parameter DELAY=10)(
    input wire j1,k1,j2,k2,clk1,clk2,clr1,clr2,
    output wire q1,q1n,q2,q2n
      );
    reg q1_reg;
    reg q2_reg;
    always@(negedge clr1 or negedge clk1)
    begin
      if(clr1==0)q1_reg<=0;
      else
        if(j1==1 && k1==0)     q1_reg<=1;
        else if(j1==0 && k1==1) q1_reg<=0;
        else if(j1==1&&k1==1) q1_reg<=~q1_reg;
    end

    always@(negedge clr2 or negedge clk2)
    begin
      if(clr2==0)        q2_reg<=0;
```

```
        else
           if(j2==1 && k2==0)      q2_reg<=1;
           else if(j2==0 && k2==1)  q2_reg<=0;
           else if(j2==1&&k2==1)    q2_reg<=~q2_reg;
        end

    assign #DELAY q1=q1_reg;
    assign #DELAY q1n=~q1_reg;
    assign #DELAY q2=q2_reg;
    assign #DELAY q2n=~q2_reg;
endmodule
```

按照 74LS08 的封装流程进行 74LS73 的封装,其封装参数如图 5-31 所示。

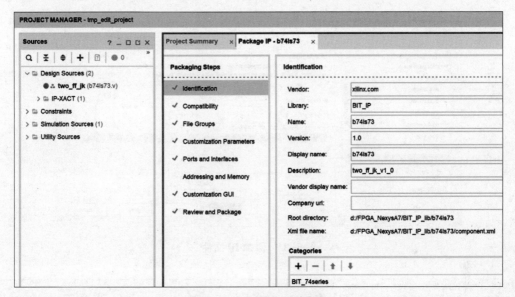

图 5-31　74LS73 封装参数

(3) 原理图设计

在完成所需芯片的 IP 制作封装后,可以开始系统的原理图设计。具体步骤如下。

1) 创建新工程。

选择 Create Project 选项创建新工程,工程名为 design_ex2_2,工程类型为 RTL Project,详细信息如图 5-32 所示。

2) 添加 IP 文件。

工程创建后,须根据设计要求,添加已封装的 IP 文件。在主窗体左侧流程导航栏中选择 PROJECT MANAGER→Setting 选项,在弹出的窗口中选择 IP→Repository 选项,添加前面设计的两个 IP:74ls08 核和 74ls73 核,如图 5-33 所示。

3) 创建并完成原理图设计。

在主窗体左侧流程导航栏中选择 IP INTEGRATOR→Create Block Design 选项,进行原理图设计,在弹出的对话框中填写设计名,如图 5-34 所示。

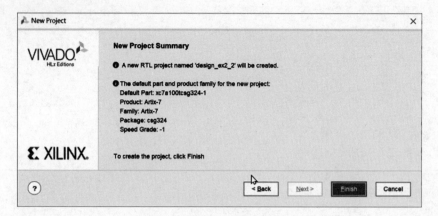

图 5-32 创建新工程详细信息

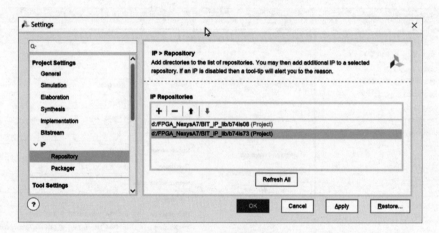

图 5-33 添加 IP 文件

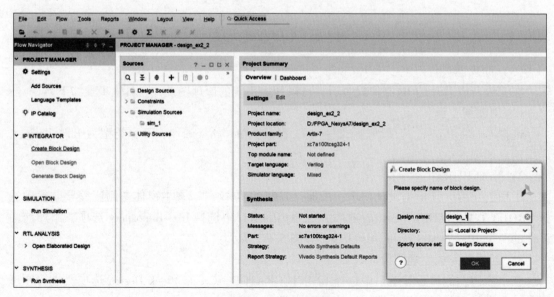

图 5-34 创建原理图

单击原理图区域顶端的"+"按钮或直接在原理图上右击添加 IP：b74ls08 核和 b74ls73 核，如图 5-35 所示。可以通过查找 IP 的部分名称信息找到已添加的 IP，并通过拖动或双击 IP 名将 IP 放置到图中，如图 5-36 所示。

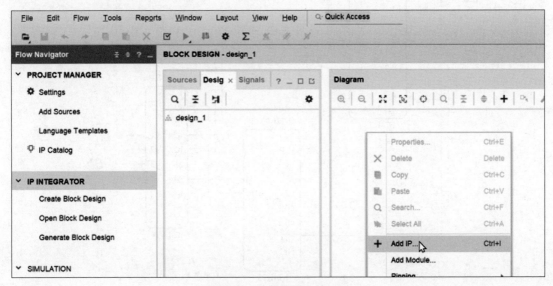

图 5-35　在原理图中添加 IP

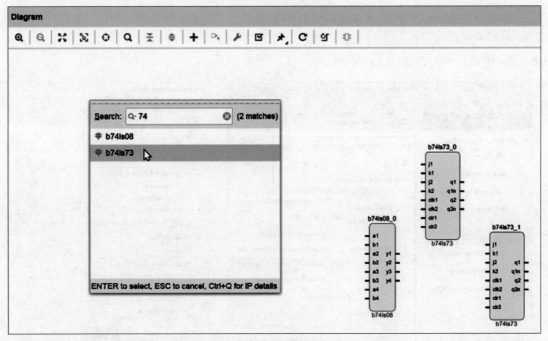

图 5-36　查找和放置 IP

添加完 IP 后，可以进行连线和端口设置。其中，连线可以通过拖动 IP 引脚至要连接的引脚来实现。设置端口可以通过在 IP 引脚上右击，在弹出的快捷菜单中选择 Create Port 选项，在弹出的对话框中设置端口名、方向和类型。完成的设计原理图如图 5-37 所示。

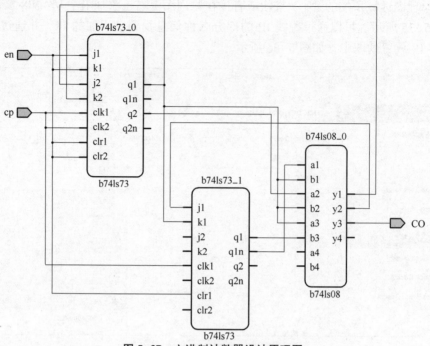

图 5-37 六进制计数器设计原理图

4）生成顶层文件。

在 BLOCK DESIGN 的 Source 面板中右击 design_1（design_1.bd）选项，在弹出的快捷菜单中选择 Generate Output Products 选项，如图 5-38（a）所示。在弹出对话框中单击 Generate 按钮，如图 5-38（b）所示。

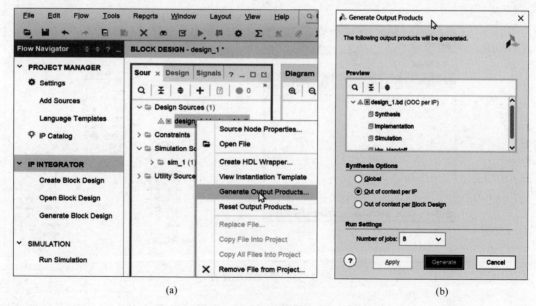

图 5-38 生成输出文件

（a）进入生成输出；（b）生成输出文件

再次右击 design_1（design_1.bd）选项，在弹出的快捷菜单中选择 Create HDL Wrapper 选项，创建 HDL 代码文件，对原理图进行实例化。在弹出的对话框中单击 OK 按钮，如图 5-39 所示，完成 HDL 文件的创建。创建的 HDL 代码文件 design_1.v 和 design_1_wrapper.v，如【例程 5-16】和【例程 5-17】所示。至此，原理图设计完成。在流程导航栏中选择 RTL ANALYSIS 选项查看图 5-40 所示的设计原理图，其中 design_1 块即为设计的原理图外部结构和连接。

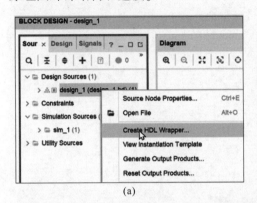
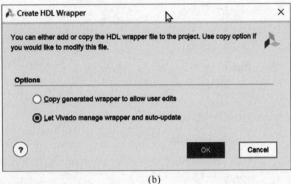

(a)　　　　　　　　　　　　　　　　　　(b)

图 5-39　创建 HDL 封装

(a) 进入创建 HDL 封装；(b) 创建 HDL 封装

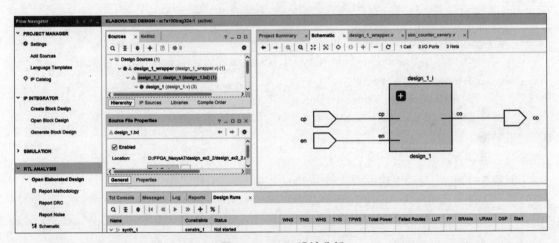

图 5-40　RTL 设计分析

【例程 5-16】　自动生成的源文件 design_1.v 代码如下。

```
' timescale 1 ps / 1 ps

(* CORE_GENERATION_INFO = "design_1,IP_Integrator,{x_ipVendor=xilinx.com,x_ipLibrary=BlockDiagram,x_ipName=design_1,x_ipVersion=1.00.a,x_ipLanguage=VERILOG,numBlks=3,numReposBlks=3,numNonXlnxBlks=0,numHierBlks=0,maxHierDepth=0,numSysgenBlks=0,numHlsBlks=0,numHdlrefBlks=0,numPkgbdBlks=0,bdsource=USER,synth_mode=Global}" *)(* HW_HANDOFF = "design_1.hwdef" *)
module design_1 (co,cp,en);
```

```verilog
    output co;
    input cp;
    input en;

    wire b74ls08_0_y1;
    wire b74ls08_0_y2;
    wire b74ls08_0_y3;
    wire b74ls73_0_q1;
    wire b74ls73_0_q2;
    wire b74ls73_1_q1;
    wire b74ls73_1_q1n;
    wire cp_1;
    wire j1_1;

    assign co=b74ls08_0_y3;
    assign cp_1=cp;
    assign j1_1=en;
    design_1_b74ls08_0_2 b74ls08_0
        (.a1(b74ls73_1_q1n), .a2(b74ls73_0_q2), .a3(b74ls73_0_q1), .a4(1'b0),
        .b1(b74ls73_0_q1), .b2(b74ls73_0_q1), .b3(b74ls73_1_q1), .b4(1'b0),
        .y1(b74ls08_0_y1), .y2(b74ls08_0_y2), .y3(b74ls08_0_y3));
    design_1_b74ls73_0_1 b74ls73_0
        (.clk1(cp_1),   .clk2(cp_1),   .clr1(j1_1),   .clr2(j1_1),
        .j1(j1_1),  .j2(b74ls08_0_y1),   .k1(j1_1),   .k2(b74ls73_0_q1), .q1(b74ls73_0_q1), .q2(b74ls73_0_q2));
    design_1_b74ls73_1_0 b74ls73_1
        (.clk1(cp_1), .clk2(cp_1), .clr1(j1_1), .clr2(j1_1),
        .j1(b74ls08_0_y2), .j2(1'b0), .k1(b74ls73_0_q1), .k2(1'b0), .q1(b74ls73_1_q1), .q1n(b74ls73_1_q1n));
endmodule
```

【例程 5-17】 自动生成的源文件 design_1_wrapper.v 代码如下。

```verilog
`timescale 1 ps / 1 ps

module design_1_wrapper
    (co, cp, en);
    output co;
    input cp;
    input en;
    wire co;
    wire cp;
    wire en;

    design_1 design_1_i
        (.co(co),
        .cp(cp),
```

```
    . en(en));
endmodule
```

5）RTL 仿真。

添加仿真文件，如【例程 5-18】程序 sim_counter_senary.v 所示，然后在流程导航栏中选择 SIMULATION→Run Simulation 选项，可以运行行为仿真，查看设计是否正确。仿真波形如图 5-41 所示。

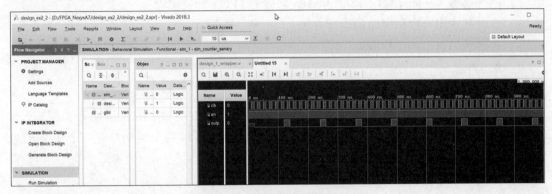

图 5-41　六进制计数器仿真波形

【例程 5-18】　仿真程序 sim_counter_senary.v 如下。

```
' timescale 1ns / 1ps

module sim_counter_senary( );
    reg clk, en;
    wire outp;

    design_1_wrapper counter_senary_1(. co(outp),. cp(clk), . en(en));

    initial
      begin
        clk = 1' b0;
        en = 1' b0;
        #1 en = 1' b1;
        #1000  $ finish;
      end;
    always
      #10 clk = ~ clk;
endmodule
```

6）实验板测试

实验板测试和前面采用 Verilog 语言设计一样，在此略去。

5.3 组合逻辑电路设计

5.3.1 数码管显示

1. 实验教学目标

1）熟练掌握 Verilog 语言和基于 Vivado 软件的 FPGA 开发流程。
2）掌握基本组合逻辑电路的设计方法。
3）理解数码显示的工作原理。

2. 实验内容

按如下要求实现实验板上数码管的显示功能：

1）使用 1 个数码管分别显示字符 0~9 和 A~F，显示的字符由 16 个滑动开关控制，滑动开关从左到右依次对应 0~9 和 A~F，开关拨到上侧为显示，每个时刻只有一个开关有效，左侧的开关优先级大于右侧的开关；
2）使用 8 个七段数码管从左到右滚动显示数字 1~8；
3）撰写实验报告。

3. 实验方法

七段数码管是指用 7 个 LED 发光管组成一个能显示特定符号的器件。7 个 LED 发光管的排列和符号如图 5-42 所示，其中 LED 发光管 DP 用于显示小数点。表 5-5 所示为数码管 LED 状态与显示符号对照表。实验板上有 8 个七段数码管，每个数码管的所有 LED（A~G、DP）阳极均接在一起引出为 AN0~AN7；8 个七段数码管同名 LED 的阴极也接在一起引出为 CA~CG、DP，如所有数码管的 A 段的阴极接在一起引出为 CA。由于 AN0~AN7 在连接至 FPGA 引脚中经过了一级反向放大，因此 FPGA 输出低电平时给数码管的阳极供电。例如，要让图中最左侧的数码管显示数字 8，则需要 AN7 为高电平（对应的 FPGA 引脚为低电平），同时 CA~CG 全部为低电平（对应的 FPGA 引脚为低电平）。

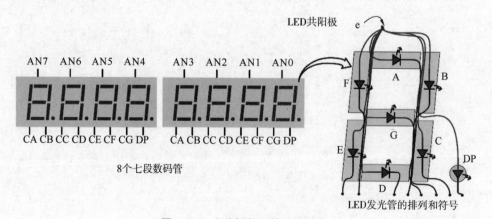

图 5-42 实验板数码管原理示意

表 5-5 数码管 LED 状态与显示符号对照表

字符	A	B	C	D	E	F	G
0	0	0	0	0	0	0	1
1	1	0	0	1	1	1	1
2	0	0	1	0	0	1	0
3	0	0	0	0	0	1	0
4	1	0	0	1	1	0	0
5	0	1	0	0	1	0	0
6	0	1	0	0	0	0	0
7	0	0	0	1	1	1	1
8	0	0	0	0	0	0	0
9	0	0	0	1	1	0	0
A	0	0	0	1	0	0	0
B	1	1	0	0	0	0	0
C	0	1	1	0	0	0	1
D	1	0	0	0	0	1	0
E	0	1	1	0	0	0	0
F	0	1	1	1	0	0	0

注：表中的 1 表示点亮。

如果要让多个数码管同时显示不同的符号，则需要按足够快的频率（如 25 Hz）依次点亮不同的数码管，并持续地刷新。例如，要让 8 个数码管从左到右分别显示 1~8 八个数字，则需要先让 AN7 为高电平且 CA~CG 显示数字 1，5 ms 后再让 AN6 为高电平且 CA~CG 显示数字 2，……，直到 AN0 为高电平且 CA~CG 显示数字 8。然后再重复上述 8 个数字的点亮过程，重复间隔为 40 ms。

4. 思考题

思考提高或降低数码管动态扫描频率对显示的影响，并进行实验验证。

5.3.2 算术逻辑部件

1. 实验教学目标

1）熟练掌握 Verilog HDL 语言和基于 Vivado 软件的 FPGA 开发流程。
2）掌握自顶向下的数字系统设计方法。
3）理解算术逻辑部件（arithmetic logic unit，ALU）的基本工作原理。
4）掌握组合逻辑电路的设计方法。

2. 实验内容

设计4位二进制无符号整数的ALU，具体要求如下。

1）根据控制信号（操作码）状态，ALU对输入的操作数A和B完成表5-6所示的计算功能操作，并给出计算结果和溢出标志位。

表5-6 计算功能列表

控制信号	功能	控制信号	功能
000	A加1	100	A和B按位与
001	A减1	101	A和B按位或
010	A加B	110	A和B按位异或
011	A减B	111	A按位取反

2）实验板的16个拨动开关中，从左侧开始第1~4开关分别表示A的四位二进制数，第5~8开关表示B的四位二进制数，第14~16开关表示三位控制信号。实验板的8个数码管中，左侧第1个显示A的十六进制值，第3个显示B的十六进制值，第5个显示计算结果的十六进制值。实验板的16个LED灯的左侧第1个显示溢出标志位的状态（亮为有溢出）。

3）撰写实验报告。

3. 设计分析

ALU是CPU的执行单元，也是核心组成部分，主要功能是进行二进制的算术运算和逻辑运算，包括加、减、按位与、按位或等。ALU是一个组合逻辑电路，其外部结构如图5-43所示。输入由两个N位数据总线$A[N-1:0]$和$B[N-1:0]$、一个M位操作方式选择$S[M-1:0]$构成。ALU的输出包括了N位输出数据总线$R[N-1:0]$和P位运算结果标志$F[P-1:0]$，如溢出、结果为零等组成。ALU可以根据需要设计多种计算操作；最常用的算术运算操作包括加法、减法、乘法、增量（加1）、减量（减1）、移位、比较等；逻辑运算操作包括按位与、按位或、按位异或、按位同或、按位取反等。

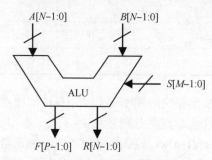

图5-43 ALU外部结构

本实验要求设计一个执行8种功能的4位数据总线ALU，即$N=4$。要求输出标志位只有溢出标志，即$P=1$。根据表5-6所示的计算功能列表，操作方式选择有8种，即$M=3$。CPU对操作方式选择执行译码后，根据译码输出控制计算操作。一种ALU计算结构如图5-44所示，其中算术运算中需要考虑位之间的进位（借位）操作。当$S[2:0]$选择的是按位逻辑运算时，需要屏蔽掉溢出标志，即$F=0$；当选择的是算术运算时，运算后的溢出标志将直接输出到F上。

4. 思考题

思考如果输入是有符号数运算应该如何处理，并进行实验验证。

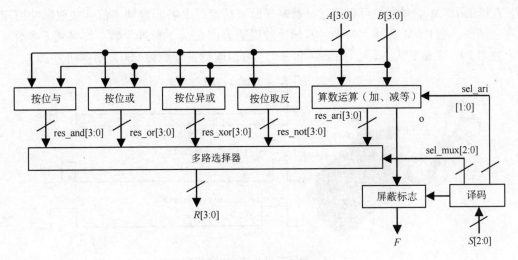

图 5-44 ALU 计算结构

5.4 时序逻辑电路设计

5.4.1 伺服舵机控制器

1. 实验教学目标

1）熟练掌握 Verilog 语言和基于 Vivado 软件的 FPGA 开发流程。
2）掌握自顶向下的数字系统设计方法。
3）掌握任意频率分频器的设计和频率信号分析的方法。

2. 实验内容

设计能够控制伺服舵机旋转角度的脉宽调制器,具体要求如下:

1）产生能够控制伺服舵机旋转角度的 PWM 信号,其中的脉宽在 0.5~2.5 ms 之间可调,调整精度为 0.05 ms;

2）脉宽由实验板上的 BTNU 和 BTND 控制变宽还是变窄,输出的脉宽由实验板上数码管 1 和 2 显示,如脉宽为 1.5 ms 时显示 15;

3）PWM 信号由 PMODA 接口输出,并通过外部转接卡接伺服舵机进行旋转角度测试;

4）输出的 PWM 信号同时接到 PMODB 接口,从 B 口读取脉冲周期和脉宽,并分别通过数码管 5 和 6、7 和 8 显示,例如,周期为 20 ms,则数码管 5 和 6 显示 20;宽度为 1.5 ms,则数码管 7 和 8 显示 15;

5）撰写实验报告。

3. 实验方法

如图 5-45 所示,PWM 接口的伺服舵机的供电和控制信号共 3 根线,分别是电源、地、PWM 控制信号。其中,PWM 控制信号为固定周期 20 ms,脉宽为 0.5~2.5 ms,中位为 1.5 ms。根据脉宽的不同,舵机在±90°之间旋转。因此,设计时,可以先产生周期为 20 ms 的频率信号,然后在每个周期的开始产生宽度在 0.5~2.5 ms 之间可调的正脉冲。

在读取 PWM 信号时，可以通过计数高于脉宽精度要求的固定频率信号获取脉冲周期和脉宽。例如，在 PWM 脉冲上升沿时开始计数周期为 0.1 ms 的脉冲个数，如果到下降沿时脉冲个数为 20，则脉宽为 2 ms，如果到下一个上升沿时脉冲个数为 200，则周期为 20 ms。

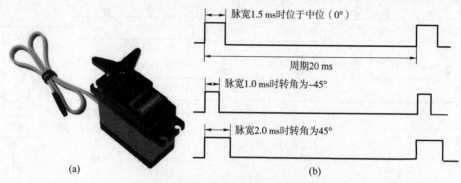

图 5-45　伺服舵机及其 PWM 控制信号
（a）伺服舵机；（b）伺服舵机 PWM 控制信号

4. 思考题

如果要控制步进电机，应该如何设计控制信号？请进行仿真实验并查看输出波形。

5.4.2　序列识别器

1. 实验教学目标

1）熟练掌握 Verilog 语言和基于 Vivado 软件的 FPGA 开发流程。
2）掌握自顶向下的数字系统设计方法。
3）掌握有限状态机（finite state machine）的工作原理和设计方法。

2. 实验内容

设计序列识别器，识别并统计由多个 0 和 1 组成的序列中包含 101 的个数。具体要求如下：

1）识别器可以识别重叠或不重叠的 101 序列，例如，10101 包含 2 个重叠的 101，101101 包含 2 个不重叠的 101；
2）分别采用 Moore 型和 Mealy 型有限状态机设计序列识别器；
3）0 和 1 序列由实验板上的按钮产生，按钮按下为 1，抬起为 0；
4）按钮需进行消抖设计，只有在按下或抬起持续 50 ms 以上时才是有效输入；
5）数码管需要能显示识别到的 101 序列的计数值；
6）撰写实验报告。

3. 实验方法

有限状态机简称状态机，是表示有限多个状态及在这些状态之间转移和动作的数学模型。状态机主要分为 Moore 型和 Mealy 型两种，如图 5-46 所示，不带虚线为 Moore 型，加上虚线为 Mealy 型。可见，Moore 型的输出只和现态（当前的状态）有关；Mealy 型的输出与现态及当前输入都有关。组合逻辑 1 用于根据现态和输入产生次态（下一个状态），并在时钟沿到来时存储到状态寄存器，同时驱动组合逻辑 2 产生输出。如果是 Mealy 型，则输入变化会直接影响输出。

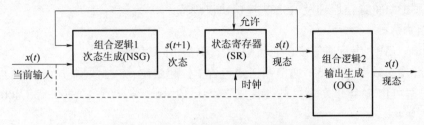

图 5-46　Moore 型和 Mealy 型有限状态机

序列脉冲识别器可以根据输入的 0 或 1 改变次态,并在满足识别条件时使输出为 1。该序列识别器的外部连接框图如图 5-47(a)所示,x 为输入的 0 和 1 序列,z 为输出。采用 Moore 型状态机的状态转换图(FSD)如图 5-47(b)所示,当收到复位信号后进入状态 A;在 A 下收到 1 后的下一个时钟沿进入状态 B;在 B 下收到 0 的下一个时钟沿进入状态 C;在 C 下收到 1 后的下一个时钟沿进入状态 D;……。

注意,此处收到输入后需等到下一个时钟沿到来才有可能改变输出状态,因而是 Moore 型。如果收到输入会直接改变输出状态则为 Mealy 型。

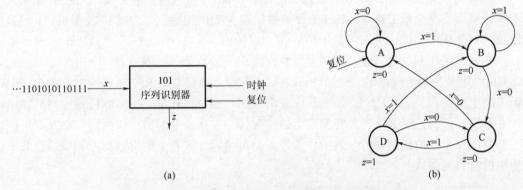

图 5-47　101 序列识别器外部连接框图和内部状态转换图
(a)外部连接框图;(b)Moore 型状态转换图

在采用按钮输入 0 和 1 序列时,需要对按钮按下和抬起进行消抖处理,避免因按钮抖动产生多个 01 或 10 信号。消抖可采用"输入信号维持一定时间没有变化时认为是有效输入"的方法。

4. 思考题

如果使用独热码表示每种状态,应该如何设计?请进行实验验证。

5.5　数字接口电路设计

5.5.1　UART 串行通信接口

1. 实验教学目标

1)熟练掌握 Verilog 语言和基于 Vivado 软件的 FPGA 开发流程。
2)掌握自顶向下的数字系统设计方法。
3)掌握基于有限状态机的数字系统设计方法。

4）熟悉 UART 通信原理及 RS232 接口协议规范。

2. 实验内容

设计标准 UART 串行通信接口通信程序，满足如下具体要求。

1）循环发送数字 0~255，通信帧格式包含 1 位起始位、8 位数据位、1 位停止位、偶校验，通信速率可由 3 个开关的状态设置成 2 400、4 800、9 600、19 200、38 400、57 600、115 200、230 400。

2）由数码管显示接收数据的十进制值以及字节校验结果。

3）用 PMOD 接口的 2 个引脚分别为 UART 的发送端和接收端，实现满足上述要求的 FPGA 自发自收通信。

4）PMOD 接口分别经 RS232、RS485 转换后连接其他相同电平接口设备（如计算机），接收并显示后者发送的数据。

5）撰写设计实验报告。

3. 实验方法

UART 是一种常用的三线通用异步串行通信总线，两个 UART 接口连接如图 5-48（a）所示，TXD 为数据发送端，RXD 为数据接收端，GND 为共地端。两个接口的接收和发送分别对接，可以实现全双工通信。UART 每帧数据包含 1 位起始位、5~8 位数据位、1 位奇偶校验位、1~2 位停止位，可以传输 1 位字符。以传输 ASCII 字符"E"（对应十六进制数为 0x45）为例，采用 8 位数据位、偶校验、1 位停止位的数据传输格式如图 5-48（b）所示。UART 可经电平转换为标准的 RS232 电平通信。此时，逻辑 0 的 RS232 标准电平为 3~15 V，逻辑 1 的电平为 -15~-3 V。常用的串行通信速率包括 9 600 bps、38 400 bps、115 200 bps 等。在数据发送端，根据设置波特率产生通信时钟，并在每个时钟沿按照协议格式要求向输出引脚发送每个位的状态即可。其中，偶校验位可填写 0 或者 1 使得数据位和校验位共 9 位中为 1 的位数为偶数个。

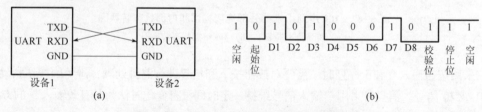

图 5-48 UART 接口接线和数据传输格式

(a) UART 接口连接；(b) UART 数据传输格式

当需要采用 RS232 电平接口时，仍为全双工通信。UART 数据格式和传输速率不变，只是接口电平由原来的逻辑 0 为 TTL 低电平，逻辑 1 为 TTL 高电平，转换为逻辑 0 为 3~15 V 电平，逻辑 1 为 -15~-3 V 电平。当需要采用 RS485 电平接口时，通信转换为半双工通信。UART 数据格式和传输速率不变，只是接口电平由原来的逻辑 0 为 TTL 低电平，逻辑 1 为 TTL 高电平，转换为逻辑 0 为 -6~-2 V 电平，逻辑 1 为 2~6 V 电平。

4. 思考题

如果接收数据时对方的帧格式已知，但通信速率（实验内容介绍的 8 种速率之一）未知，如何自动识别通信速率并接收数据？请进行实验验证。

5.5.2 PS/2 键盘接口

1. 实验教学目标

1) 熟练掌握 Verilog 语言和基于 Vivado 软件的 FPGA 开发流程。
2) 掌握自顶向下的数字系统设计方法。
3) 掌握基于有限状态机的数字系统设计方法。
4) 理解键盘工作原理,熟悉 PS/2 接口协议规范。

2. 实验内容

采用 Verilog 语言编程实现如下功能:

1) 读取 USB 键盘按键(字母 A~F 大小写和数字按键)数据并通过 LED 数码管显示按键扫描码;
2) 当连续按一个键时的扫描码显示;
3) 当按下特殊按键时的扫描码显示;
4) 撰写实验报告。

3. 实验方法

常见的键盘接口有 PS/2 和 USB 两种。Nexys A7 实验板通过微处理器芯片 PIC24FJ128 将板载的 USB Type-A 接口转换为 PS/2 接口的时钟和数据信号接至 FPGA 的 PS2C 和 PS2D 信号所在引脚(F4 和 B2)。因此,从 FPGA 编程来看,连接到实验板的 USB 接口键盘就是 PS/2 接口键盘。

本实验中 PS/2 接口通信采用设备-主机模式,即数据从键盘传送给 FPGA。在通信中,时钟和数据均由设备(键盘)产生,时钟频率为 10~16.7 kHz。数据传输方式为每次一个字节,用 11 位的帧(包括 1 位起始位、8 位数据位、1 位奇校验位、1 位停止位)来传送,时序图如图 5-49 所示。在空闲状态时,时钟和数据线均为高电平。FPGA 在时钟下降沿读取从键盘发来的数据。

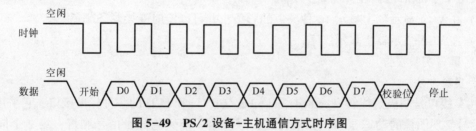

图 5-49 PS/2 设备-主机通信方式时序图

PS/2 键盘采用按键扫描码识别键盘输入。按键扫描码分为通码和断码。当一个键按下时,键盘向 PS/2 接口发送通码,抬起时发送断码。PS/2 键盘和对应的扫描码如图 5-50 所示,以按键 W 为例,通码为 0x1D,断码为 0xF0+通码。当按下 W 键时,键盘将 0x1D 发送到 PS/2 接口;当抬起该键时,将依次发送 0xF0 和 0x1D 到 PS/2 接口。若同时按下 Shift 和 W 键时,将依次发送 0x12 和 0x1D;当抬起时,将依次发送 0xF0、0x1D 和 0xF0、0x12。即在按下 Shift 键后按 W 键再抬起 W 键和 Shift 键的过程中,键盘向主机发送如下字节序列:0x12,0x1D,0xF0,0x1D,0xF0,0x12。当按住一个键不放时,键盘在延时一段时间后,将持续发送该键的通码。

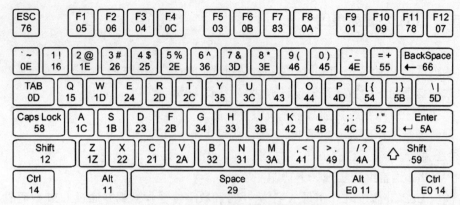

图 5-50 PS/2 键盘和对应的扫描码

本实验中，可以采用两个 11 位的寄存器保存收到的扫描码数据帧，然后再根据每个数据帧中的扫描码判断按键。

4. 思考题

如何读取 PS/2 鼠标的数据？请完成顶层设计，并进行实验尝试。

5.5.3 VGA 显示接口

1. 实验教学目标

1）熟练掌握 Verilog 语言和基于 Vivado 软件的 FPGA 开发流程。

2）掌握自顶向下的数字系统设计方法。

3）掌握基于有限状态机的数字系统设计方法。

4）理解 VGA 显示原理，熟悉 VGA 接口协议规范。

2. 实验内容

采用 Verilog 语言编程实现如下功能：

1）在 VGA 显示器上显示 16 种颜色的彩条，并可以定时变换彩条颜色；

2）在 VGA 显示器上显示汉字；

3）撰写实验报告。

3. 实验方法

VGA 接口是阴极射线管（cathode ray tube，CRT）和 LCD 的一种标准接口，它采用 5 个控制信号实现图像的动态显示，分别为红、绿、蓝 3 个颜色分量信号和行、场 2 个同步信号。该标准采用行、场扫描的方式以固定的频率逐个点亮屏幕上的像素点。每个像素点由红、绿、蓝 3 个颜色分量叠加生成。因此，如果红、绿、蓝每个分量包括 16 种色阶，则每个像素点有 4 096 种颜色。

VGA 的扫描过程如图 5-51 所示。其中图 5-51（a）为每一帧图像的扫描过程，图 5-51（b）和图 5-51（c）分别为每一行扫描和每一场扫描的细节。以屏幕像素点为 640×480 个、每一帧扫描时间为 16.67 ms（即扫描频率为 60 Hz）为例，每一帧图像需要显示 640×480 个像素点。这个过程中，行扫描过程如图 5-51（b）所示，从同步脉冲 SP 开始，包括同步脉冲 SP（约 96 个像素点时间）、显示后沿 BP（约 48 个像素点时间）、640 个像素点、显示前沿 FP（约 16 个像素点时间），共 800 个像素点时间。如果每个像素点采用

0.04 μs 的显示时间（即时钟频率为 25 MHz），则每一行的行扫描时间为 32 μs。同理，场扫描过程如图 5-51（c）所示，从同步脉冲 SP 开始，包括同步脉冲 SP（约 2 个行扫描时间）、显示后沿 BP（约 29 个行扫描时间）、480 个行扫、显示前沿 FP（约 10 个行扫描时间），共 521 个行扫描时间。如果每个行扫描时间为 32 μs，则每帧图像的场扫描时间为 521×32 μs=16.672 ms，即每帧图像的频率为 60 Hz。在程序设计中，可根据上面的计算产生行同步和场同步信号。

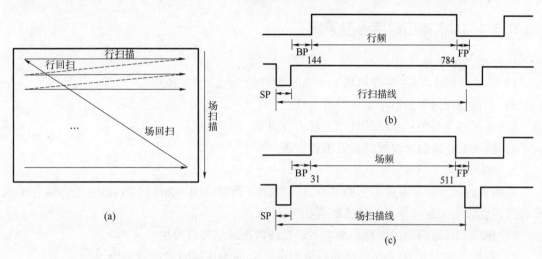

图 5-51 VGA 扫描过程
（a）图像扫描过程；（b）行扫描过程；（c）场扫描过程

在 VGA 显示设计中，首先应产生行同步和场同步信号，然后根据显示内容给出每一个像素点的 RGB 色值。以 12 位颜色、640×480@60 Hz 的 VGA 显示为例，顶层设计如图 5-52 所示。其中，行场信号生成模块用于根据输入的 25 MHz 频率信号及 VGA 显示原理生成行同步信号、场同步信号，以及在行场扫描中的像素点位置坐标 hc[9:0] 和 vc[9:0]。当行、场位置坐标位于 640×480 的显示区域时，vidon 信号为 1，位于其他区域（如 SP、BP、FP）时 vidon 信号为 0。RGB 颜色分量信号生成模块用于根据帧图像像素点信息及 VGA 显示坐标位置 [hc, vc] 信息给出该时刻该坐标下的颜色分量信息 R[3:0]、G[3:0]、B[3:0]。分频器用于将 Nexys A7 实验板提供的 100 MHz 时钟信号分频为 640×480@60 Hz 显示所需的 25 MHz 时钟信号。图像计算用于按照 60 Hz 的显示频率计算每帧图像要显示的内容（每个像素点的位置和颜色）。

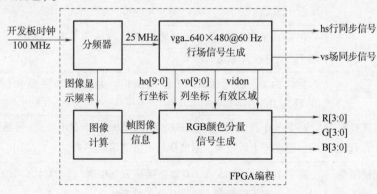

图 5-52 VGA 显示顶层设计

4. 思考题

如何用 VGA 显示器显示图形？请进行实验测试。

5.6 数字系统综合设计

5.6.1 I2C 接口数字温度采集

1. 实验教学目标

1) 熟练掌握 Verilog 语言和基于 Vivado 软件的 FPGA 开发流程。
2) 掌握自顶向下的数字系统设计方法。
3) 掌握基于有限状态机的数字系统设计方法。
4) 熟悉 I2C 通信协议规范及其编程实现。

2. 实验内容

采用实验板上数字温度传感器芯片 ADT7420（简称 ADT7420）和 Verilog 语言编程实现实验板温度数据采集和显示。具体要求如下：

1) 根据 I2C 通信协议原理，编写 I2C 总线数据通信接口模块。
2) 根据 ADT7420 的工作原理和数据手册，编写 ADT7420 数据读写模块。
3) 读取板载 ADT7420 采集的温度值并用数码管显示，温度值显示精确到 0.1 ℃。
4) 设置 ADT7420 的温度超限限幅值，在温度超限时用板载的 LED 灯给出报警指示。
5) 撰写实验报告。

3. 实验方法

ADT7420 与 FPGA 的连接包括 I2C 总线的 SCL、SDA、TEM_INT、TEM_CT 引脚。ADT7420 内部寄存器说明如表 5-7 所示。读取寄存器地址 0x00 和 0x01 可得测量温度值；写寄存器 0x04~0x09 可以设置温度超限限幅值。

表 5-7 ADT7420 内部寄存器说明

地址	含义	说明
0x00~0x01	测量温度	2 字节，高字节在前，默认使用高 13 位表示测量温度，低 3 位表示超限状态，D2 为 1 表示温度高于 T_{CRIT}；D1 为 1 表示温度高于 T_{HIGH}；D0 为 1 表示温度低于 T_{LOW}
0x02	状态	D7~D4 有效：D7 为 0 表示转换结束；D6 为 1 表示超 T_{HYST}；D5 为 1 表示超 T_{HIGH}；D6 为 1 表示超 T_{LOW}
0x03	配置	默认为 0，表示采用 13 位测温值、温度连续采集和转换、TEM_CT 和 TEM_INT 引脚低电平有效等
0x04~0x05	温度报警上限 T_{HIGH}	高字节在前，D15~D7 有效，默认为 0x2000（64 ℃）。当测温值超过 T_{HIGH} 时，温度超上限报警，温度从超上限降回低于 T_{HIGH}~T_{HYST} 时，报警复位
0x06~0x07	温度报警下限 T_{LOW}	高字节在前，D15~D7 有效，默认为 0x0500（10 ℃）。当测温值低于 T_{LOW} 时，温度超下限报警，温度从超下限升到高于 T_{LOW}+T_{HYST} 时，报警复位

续表

地址	含义	说明
0x08 ~ 0x09	温度极限报警 T_{CRIT}	高字节在前，D15~D7 有效，默认为 0x4980（147 ℃）。当测温值超过 T_{CRIT} 时，超极限报警；当温度从超极限降回低于 $T_{CRIT}-T_{HYST}$ 时，报警复位
0x0A	滞回值 T_{HYST}	温度超限报警后，自动解除报警的温度滞回值，默认为 0x05（5 ℃）。低 4 位有效，即滞回值可以设置为 0~15 ℃
0x0B	ID	芯片 ID 信息
0x2F	软件复位	

FPGA 作为主设备通过 I2C 总线读写从设备 ADT7420 的内部寄存器。从设备由于地址引脚 A1 和 A0 均接高电平，地址固定为 1001011。I2C 总线 SDA 和 SCL 空闲时均为高电平。标准模式下，当主设备需要使用 I2C 通信时，会从 SCL 给出频率为 100 kHz 的时钟信号，并在 SCL 为高电平时将 SDA 拉低，启动数据的传输。在传输完成后，主设备在 SCL 为高时将 SDA 由低拉高结束本次通信。以 FPGA 读取 ADT7420 测温值为例，温度值的读取过程如图 5-53 所示。

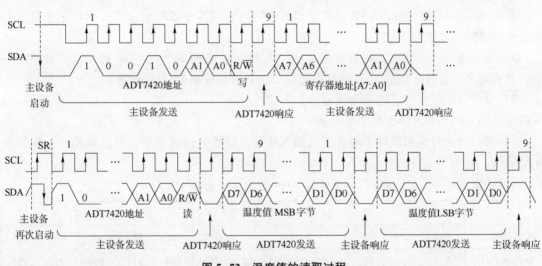

图 5-53 温度值的读取过程

图 5-53 中温度值读取过程如下。其他对 ADT7420 的操作，如写 1 个或 2 个字节数据、读 1 个字节数据等，主要区别为 R/W 位的状态，以及是否有第 5 帧数据传输。

1) 主设备在 SCL 为高电平时将 SDA 拉低启动通信，然后从 SDA 发送 7 位地址，并在第 8 个 SCL 周期发送一个周期的低电平，表示向从设备写数据。从设备收到 8 位数据后在第 9 个时钟从 SDA 给出一个周期的低电平响应信号，完成第 1 帧数据传输。

2) 主设备收到从设备响应信号后，发送一个字节的寄存器地址（0x0），从设备收到后在第 9 个时钟给出一个周期的低电平响应信号完成第 2 帧数据传输。

3) 主设备在 SCL 为高时再次拉低 SDA 启动通信，发送从设备地址，并在地址后的第 8 个 SCL 周期发送 1 个周期的高电平，表示读从设备数据。从设备收到后回复一个周期的低电平响应信号，完成第 3 帧数据传输。

4）从设备将寄存器 0x0 中的数据写到 SDA，主设备收到后回复低电平响应信号，完成第 4 帧数据传输。

5）从设备将寄存器 0x1 中的数据写到 SDA，主设备收到后认为数据已读取完，回复一个周期的高电平响应信号终止从设备的数据发送，然后在 SCL 为高时将 SDA 拉高结束本次读温度通信。

4. 思考题

如果 I2C 总线上连接了两个传感器，如何分别读取传感器的数据？请进行实验测试。

5.6.2 电子琴及音乐播放器设计

1. 实验教学目标

1）熟练掌握 Verilog 语言和基于 Vivado 软件的 FPGA 开发流程。
2）掌握自顶向下的数字系统设计方法。
3）掌握基于有限状态机的数字系统设计方法。
4）理解键盘工作原理及 PS/2 接口协议规范。
5）理解数字音乐播放原理。

2. 实验内容

采用 Nexys A7 实验板和 USB 接口键盘、音频播放设备（耳机或音箱）设计电子琴和音乐播放器。具体要求如下。

1）表 5-8 给出了国际标准音符的频率（取整值）。根据表 5-8 完成 36 个音符频率的分频，并自定义各音符对应的 USB 键盘按键，可以通过按键播放指定音符。

2）设计音乐播放器，能够自动播放音乐"祝你生日快乐"或"新年好"，并且可通过实验板上的 BTNU 和 BTND 改变音乐播放速度。

3）通过滑动开关切换电子琴和音乐播放功能，在播放器状态下，通过滑动开关控制音乐的播放。

表 5-8　C 调音符与频率对照表

音符	1	1#	2	2#	3	4	4#	5	5#	6	6#	7
低音频率/Hz	262	277	294	311	330	349	370	392	415	440	466	494
中音频率/Hz	523	554	587	622	659	698	740	784	831	880	932	988
高音频率/Hz	1 046	1 109	1 175	1 245	1 318	1 397	1 480	1 568	1 661	1 760	1 865	1 976

3. 实验方法

组成乐曲的每个音符的频率值（音调）及其持续的时间（音长）是乐曲能连续演奏的 2 个基本数据。其中每 2 个八度音之间的频率相差 1 倍，在 2 个八度音之间又可分为 12 个半音，每 2 个半音的频率比为 $\sqrt[12]{2}$。为了获得每个音符的频率，可以采用一个高频率的基准频率经过分频器分频获得。如果以 5 MHz 作为基准频率，则每个频率 f 的分频器计数值 N 可按公式 $N = 5 \text{ MHz}/f$ 计算。

因此，在以键盘作为琴键的电子琴设计时，可以首先建立按键和音符频率的对照表，当收到某个按键按下时，立刻重新装载分频计数器的计数值并开始计数，从而获得指定音符频率的声音。

在设计音乐播放时，除需要考虑音调外，还需要考虑音符持续的时间。该时间由乐曲的速度和每个音符的节拍数确定。可以预设音乐的每个小节的播放时长（如 1 s），并以四分音符或八分音符为 1 拍，计算每个音符的持续时间。

因此，在设计播放器播放音乐时，首先需要将乐谱转换为以每个音符频率和音长为基本单位的序列（数组）。在播放时依次读取数组中的每个音符信息，按信息中的频率和音长输出频率信号。

表 5-8 中共有 36 个音符，去掉最前面和最后面的 4 个不常用的音符，32 个音符可以使用 5 位二进制数来检索。同时，如果按四分音符为 1 拍，则可以用 3 位二进制数来表示音长，如表 5-9 所示。这样，每个音符的频率和音长可以用一个字节来表示。

表 5-9 节拍的二进制表示

索引	000	001	010	011	100	101	110	111
节拍	1/8	1/4	3/8	2/4	5/8	3/4	7/8	4/4
音长	1/2 拍	1 拍		2 拍		3 拍		4 拍
例		6		6				6

由上面的分析可得，在实现电子琴弹奏时，需要建立音符和频率（或分频器计数值）的对照数组。如表 5-10 所示，建立的分频器计数值数组可以为 {8 513，7 584，…，1 420，1 265，9 555}。将键盘按键分别对应 0~35，当有按键按下时，根据按键对应的数值直接检索分频器计数值数组的计数值进行分频即可。

在播放音乐时，还需要建立 1 个音乐数组，数组中每个字节用 5 位表示一个音符的频率索引，3 位表示音符的节拍索引。如 7 是二分音符，中音，可表示为字节 011_10101。

表 5-10 C 调音符与频率对照表

音符	1	1#	2	2#	3	4	4#	5	5#	6	6#	7
低音频率/Hz	262	277	294	311	330	349	370	392	415	440	466	494
计数值	9 555		8 513		7 584	7 159		6 378		5 682		5 062
索引值	34	35	0	1	2	3	4	5	6	7	8	9
中音频率/Hz	523	554	587	622	659	698	740	784	831	880	932	988
计数值	4 778		4 257		3 792	3 579		3 189		2 841		2 531
索引值	10	11	12	13	14	15	16	17	18	19	20	21
高音频率/Hz	1 046	1 109	1 175	1 245	1 318	1 397	1 480	1 568	1 661	1 760	1 865	1 976
计数值	2 389		2 128		1 896	1 790		1 594		1 420		1 265
索引值	22	23	24	25	26	27	28	29	30	31	32	33

电子琴及音乐播放器顶层设计如图 5-54 所示。

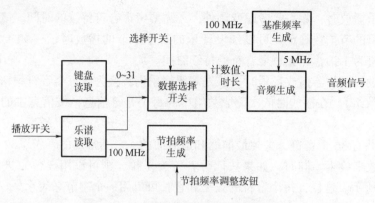

图 5-54 电子琴及音乐播放器顶层设计

5.6.3 俄罗斯方块游戏

1. 实验教学目标
1) 熟练掌握 Verilog 语言和基于 Vivado 软件的 FPGA 开发流程。
2) 掌握自顶向下的数字系统设计方法。
3) 能够基于控制单元和数据通路的设计思路设计复杂数字系统。
4) 理解 VGA 显示器工作原理，熟悉 VGA 接口协议规范。

2. 实验内容
使用实验板和 VGA 显示器设计俄罗斯方块游戏，满足以下要求。
1) 每个俄罗斯方块由 4 个小方块组成，共有如下 7 种基本形状（图 5-55），游戏空间为 24 行 10 列小方块大小。

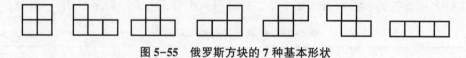

图 5-55 俄罗斯方块的 7 种基本形状

2) VGA 显示器显示游戏过程，显示分辨率为 640×480@60 Hz，小方块由 20×20 像素点组成，颜色不限。
3) 按钮 BTNL 和按钮 BTNR 控制方块的左移和右移，按钮 BTNU 和按钮 BTND 控制方块的右旋 90°或左旋 90°。
4) 1 个滑动开关控制游戏的开始，3 个滑动开关控制方块下降速度，速度 8 级可调。
5) 4 个数码管显示游戏成绩，每消去一行成绩加 10 分。
6) 完成设计和实验报告。

3. 实验方法
一个数字系统一般由数据通路和控制单元组成，如图 5-56 所示。数据通路同时包括组合和时序逻辑电路模块，如选择器、译码器、ALU 单元、计数器、寄存器等，由它们实现标准的或特定的功能。控制单元负责为数据通路提供必要的控制信号。控制单元可以是一个有限状态机，根据输入和现态进行状态转换，并且根据所处的状态输出不同的控制信号，控制数据通路实现不同的功能。

俄罗斯方块游戏的设计可以采用如上所述的控制单元-数据通路方式设计。根据设计要求，控制单元的 Moore 型有限状态机可按图 5-56 进行设计。其中，条件 C1 和 C10 可由滑动开关 SW0 产生；条件 C4 可由 4 个按钮 BTNU、BTND、BTNL、BTNR 产生；其他条件可在所处数据通路功能完成后产生。所有产生的条件均写入寄存器，等时钟触发信号到达后根据条件寄存器中的状态执行状态转换计算。

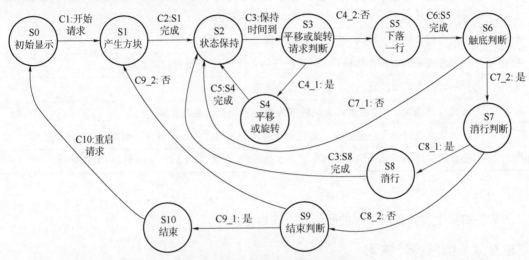

图 5-56　控制单元状态转换图

7 种形状根据旋转角度不同，共有图 5-57 所示的 19 种形状。设计时可以为每种形状设定一个固定点，基于固定点进行旋转操作。

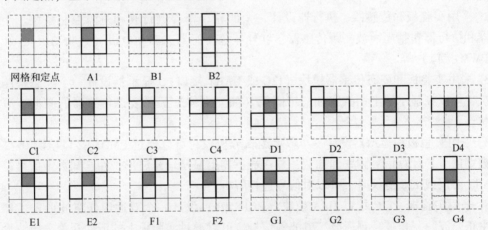

图 5-57　俄罗斯方块形状示意

各状态控制的数据通路功能说明如表 5-11 所示。

表 5-11　数据通路功能说明

状态	数据通路功能
S0	①屏幕初始化；②检测 SW0 状态，当有从 0→1 变化时更新 SW0 状态寄存器为 1
S1	①随机产生一个图 5-57 所示的新方块；②更新屏幕，在顶端显示新方块
S2	①启动状态保持定时器；②检测按钮状态，当有从 0→1 变化时更新各按钮状态寄存器为 1
S3	①根据按钮的状态寄存器设置条件 C4

续表

状态	数据通路功能
S4	①根据按钮状态寄存器值计算方块状态；②根据方块状态更新屏幕；③屏幕更新完成后清按钮状态寄存器，并在 C5 条件寄存器中设置 S4 完成标志
S5	①运动中的方块向下移动一行；②更新屏幕
S6	①判断方块是否触底（碰触到已转为静止的方块）；②更新触底状态寄存器
S7	①判断是否有可以消除的行；②更新行消除寄存器
S8	①完成行消除操作；②将运动方块转换为静止方块；③更新屏幕
S9	①将运动方块转换为静止方块；②更新屏幕；③判断方块是否到顶，更新到顶状态寄存器
S10	①更新屏幕（闪屏）；②检测 SW0 状态，当 SW0 有从 0→1 的变化时更新 C10 寄存器

4. 思考题

如果要给每个形状采用不同的颜色，应该如何设计？

5.6.4 综合设计练习

1. 采用实验板和舵机设计一个多关节机械臂定点抓取和搬运控制系统。机械臂各关节和夹爪由 PWM 或单总线接口舵机控制。采用示教法获取物体的抓取位置、投放位置及搬运轨迹。

2. 采用实验板和传感器、执行器设计一个四轮小车寻迹行驶和避障控制系统。小车的传感器和执行器包括超声波测距传感器、红外寻迹传感器、驱动电机（含驱动板）、转向舵机（PWM 接口）等。

3. 采用实验板和姿态传感器模块（I2C 或 UART 接口）、显示器设计一个姿态检测和显示系统，可以在显示器上用数字和三维图像（如立方体）显示姿态传感器的俯仰、滚转和偏航状态。

4. 采用实验板和显示器设计一个数字逻辑分析仪，可以通过 PMOD 接口检测 0~2 MHz 频率数字信号，计算信号频率和脉宽，并在显示器上显示信号波形。在已知数字信号符合标准 UART 协议或 I2C 协议时，可以对信号进行解析。

5. 采用实验板、I2C 接口 D/A 模块（PCF8591）设计一个双通道任意波形发生器，可以产生正弦波、三角波、锯齿波、方波等信号。可以通过实验板上的滑动开关选择波形，通过按键调整波形的频率、占空比，数码管显示频率。

6. 采用实验板、I2C 接口 A/D 模块（PCF8591）和显示器设计一个简易双通道示波器，可以在显示器上显示测量电压值和电压变化曲线。

第 6 章　基于 ARM 的嵌入式系统实验

6.1　概　　述

6.1.1　实验教学目标

1) 掌握 Keil 软件的使用方法。
2) 掌握基于 HAL 库创建工程的方法。
3) 了解 STM32、STM32CubeMX 软件及工程文件生成。

6.1.2　实验设备

硬件：计算机一台；STM32F407 系列核心实验板一套，DAP 仿真器一个。
软件：MDK5 集成开发环境。

6.1.3　STM32 系列开发方式

STM32 系列是意法半导体（STMicroelectronics，ST）公司推出的一系列基于 ARM 的 Cortex-M 的 32 位微控制器，这一系列 MCU 产品集高性能、实时功能、数字信号处理、低功耗/低电压操作、连接性等特性于一身，同时还具有集成度高和易于开发等特点。STM32 系列微控制器提供了大量工具和软件选项以支持工程开发，非常适用于小型项目或端到端平台。图 6-1 所示是 STM32 系列产品图。各型号微控制器存储器和外设的完整信息请参考 ST 公司提供的具体参考手册。

为了方便用户开发，ST 公司提供了 4 种开发方式。

直接操作寄存器：这是使用寄存器进行开发的传统方式，执行效率高，但编程时需要不断查询寄存器的功能定义，开发时间较长。

标准外设库（standard peripheral library）：它包括 STM32 芯片的所有标准器件外设驱动，是 ST 公司最早推出的针对 STM 系列的库函数，将一些基本的寄存器操作封装成了 C 函数便于调用。现在基于标准外设库的例程与讲解都较多，兼容 F0/F1/F3/F2/F4/L1 系列器件，目前已停止维护。

硬件抽象层（hardware-abstraction layer，HAL）库：ST 公司为更好实现 STM32 产品的移植性而推出，它提供了外设驱动代码库，编程时只需要调用库的 API 函数，便可间接实现寄存器的配置，节约了开发时间。此外，HAL 为全系列兼容，接口一致，便于移植，便于跨平台和多人协作开发，是 ST 公司目前主推的库。虽然该库兼容性强、移植性好，但执行效率较低。

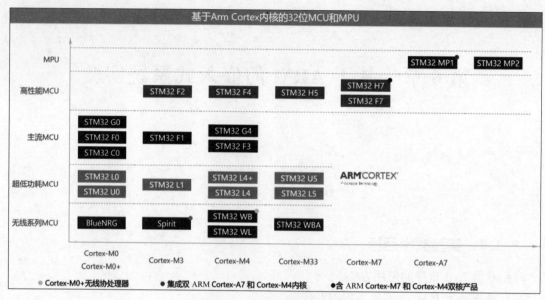

图 6-1 STM32 系列产品图

LL 库（low layer）：全系列兼容，与 HAL 库捆绑发布。它的设计比 HAL 库更接近于硬件底层的操作。它可以独立开发，代码更轻量，执行效率更高，但 LL 库不是每个外设都有对应的完整驱动，不匹配部分复杂外设。HAL 库和 LL 库各自独立，但又同属于 HAL 库体系。

本章主要基于 HAL 库进行实验，因此主要介绍 HAL 库。

6.1.4 STM32Cube 固件包

STM32Cube 固件包是 ST 公司基于 CMSIS 标准提供给用户的固件包，针对不同系列都有一个 STM32Cube 固件包，且完全兼容 STM32CubeMX。下载并解压 STM32CubeF4 固件包后，可以看到这个文件夹中包含的目录结构，如图 6-2 所示。下面简单介绍一下几个关键文件夹。

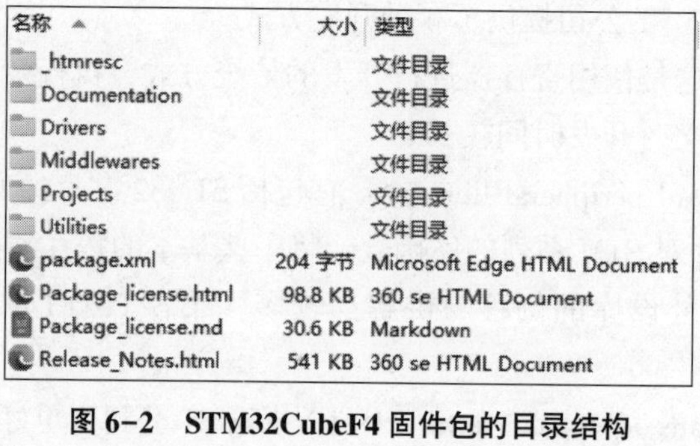

图 6-2 STM32CubeF4 固件包的目录结构

1. Documentation 文件夹

文件夹内是 STM32CubeF4 英文说明文档 STM32CubeF4GettingStarted.pdf。

2. Middlewares 文件夹

该文件夹下面有 ST 和 Third_Party 两个子文件夹。ST 文件夹下面存放的是 STM32 相关的一些文件，包含 ST 公司的 STemWin 和 USB 库等。Third_Party 文件夹是第三方中间件，有第三方的 FatFs 文件系统等，都是成熟的开源解决方案。

3. Drivers 文件夹

Drivers 文件夹包含 CMSIS、STM32F4xx_HAL_Driver 和 BSP 三个子文件夹。

（1）CMSIS 文件夹

CMSIS 文件夹是由 ARM 公司提供的符合 CMSIS 标准的 Cortex 微控制器软件接口标准，包括 Cortex 内核寄存器定义、启动文件等。在新建工程的时候，会使用这个文件夹内的很多文件。

在 CMSIS 文件夹中，Device 子文件夹中的文件是工程中最常用的。Device 文件夹关键文件介绍如表 6-1 所示。

表 6-1 Device 文件夹的关键文件介绍

文件	描述
stm32f4××.h	是所有 STM32F4 系列的顶层头文件。STM32F4 系列任何型号的芯片都需要包含这个头文件
stm32f407××.h	STM32F407 系列芯片通用的片上外设访问层头文件。只要使用 STM32F407 系列芯片，都需要包括这个头文件。文件主要作用是定义声明寄存器以及封装内存操作，包括结构体和宏定义标识符
system_stm32f4××.c system_stm32f4××.h	声明和定义了系统初始化函数 SystemInit() 以及系统时钟更新函数 SystemCoreClockUpdate()
startup_stm32f407××.s	STM32F407 系列芯片的启动文件

（2）STM32F4××_HAL_Driver 文件夹

STM32F4××_HAL_Driver 文件夹非常重要，包含了所有的 STM32F4××系列外设的 HAL 库驱动文件 stm32f1xx_hal_ppp.h，stm32f1xx_hal_ppp.c。

HAL 库文件在 STM32Cube 固件包的 STM32F4xx_HAL_Driver 文件夹中，Src 文件夹存放的是外设的驱动程序源码 C 文件，Inc 文件夹存放的是对应的头文件。chm 文件是相对应型号芯片 HAL 库的用户手册。

STM32F4××_HAL_Driver 文件夹中以 stm32f4××_hal_开头的 .c 和 .h 文件都是 HAL 库文件，以 stm32f4××_ll_开头的则是 LL 库文件。

HAL 库关键文件介绍如表 6-2 所示，表中 ppp 代表任意外设。

表 6-2 HAL 库关键文件介绍

文件	描述
sm32f4××_hal.c stm32f4××_hal.h	初始化 HAL 库，主要实现 HAL 库的初始化、系统滴答、HAL 库延时函数、IO 重映射和 DBGMCU 功能等

续表

文件	描述
stm32f4××_hal_conf.h	HAL 的用户配置文件,用来对 HAL 库进行裁剪。 HAL 库中本身没有这个文件,可自行定义,也可以参考 stm32f4××_hal_conf_template.h
stm32f4××_hal_def.h	通用 HAL 库资源定义,包含 HAL 的通用数据类型定义、声明、枚举、结构体和宏定义
stm32f4××_hal_cortex.h stm32f4××_hal_cortex.c	Cortex 内核通用函数声明和定义
stm32f4××_hal_ppp.c stm32f4××_hal_ppp.h	外设驱动函数
stm32f4××_hal_ppp_ex.c stm32f4××_hal_ppp_ex.h	外设特殊功能的 API 文件,作为标准外设驱动的功能补充和扩展
stm32f4××_ll_ppp.c stm32f4××_ll_ppp.h	LL 库文件

(3) BSP 文件夹

BSP 文件夹是基于 HAL 库开发的官方实验板的板级支持包,其提供外围电路的驱动程序,用于适配 ST 官方的实验板(可参考)。

6.1.5 软件安装

1. MDK5 安装

MDK5 集成开发环境的安装比较简单,参考官方软件安装手册即可。安装时需要注意,安装目录及路径不要采用英文名,且路径越短越好。

2. 安装器件支持包

器件支持包(pack)可根据需要自行选择安装,由于本实验基于 STM32F4 系列,因此需要安装 Keil.STM32F4××_DFP.2.13.0.pack,若有更新的版本请安装最新版。

3. 仿真器驱动安装

STM32 可以通过 DAP(如 CMSIS-DAP Debugger)、ST-LINK 等仿真器进行程序下载和仿真。程序下载若采用 DAP 仿真器,则无须安装驱动,即插即用;若采用 ST-LINK 等仿真器则需要安装驱动,具体参照相应的安装教程。

4. 串口驱动安装

采用串口下载程序或进行串口通信,需要计算机有串口;若计算机无串口就需要安装 CH340(USB 转串口)驱动,将 USB 接口当串口来使用以下载程序或进行串口通信。

6.1.6 新建 HAL 库版本 MDK 工程

1. 准备工作

1) STM32Cube 官方固件包:例程固件包版本是 STM32Cube_FW_F4_V1.26.0。
2) MDK 与集成开发环境搭建。

2. 新建工程文件夹,并拷贝工程相关文件

本实验选用了正点原子的 STM32F407 系列核心开发板,因此以配套实验例程为例进行

讲解。新建一个工程根目录文件夹并重命名,然后在工程根目录文件夹下建立 5 个文件夹:Drivers、Middlewares、Output、Projects、User。

3. 拷贝工程相关文件到相应文件夹下

1) Drivers 文件夹:该文件夹用于存放与硬件相关的驱动层文件,一般包括 4 个文件夹。

BSP 文件夹,存放实验板板级支持包驱动代码,如各种外设 LED、蜂鸣器、按键等驱动代码。

CMSIS 文件夹,用于存放 CMSIS 底层代码(ARM 和 ST 提供),如启动文件(.s 文件)、stm32f4××.h 等各种头文件。

SYSTEM 文件夹,用于存放正点原子提供的系统级核心驱动代码,如 sys.c、delay.c 和 usart.c 等。

STM32F4××_HAL_Driver 文件夹,存放 F4××HAL 库驱动代码,可从 STM32CubeF4 固件包里面拷贝。

2) Middlewares 文件夹:存放正点原子提供的中间层组件文件和第三方中间层文件。

3) Output 文件夹:存放编译器编译工程输出文件。

4) Projects 文件夹:存放 MDK 工程文件。

5) User 文件夹:存放 HAL 库用户配置文件、main.c、中断处理文件以及分散加载文件。例如,将 stm32f4××_it.c、stm32f4××_it.h、stm32f4××_hal_conf.h 三个文件拷贝到 User 文件夹下。

4. 新建一个工程框架

具体操作步骤详见 STM32F407 探索者开发指南。

打开 MDK5,选择 Project→New μVision Project 选项,在弹出的窗口中设置工程名与保存路径,路径设置在 Projects 文件夹内,单击保存按钮。

在弹出的器件选择对话框中,选择 STMicroelectronics→STM32F4 Series→STM32F407→STM32F407ZGTx 选项。若使用其他系列,根据芯片的具体型号选择即可。单击 OK 按钮,在弹出的 Manage Run-Time Environment 对话框中,单击 Cancel 按钮即可。

工程初步建立完成。

5. 添加文件

1) 设置工程名和分组名。

在 Project→Target 上右击,在弹出的快捷菜单中选择 Manage Project Items 选项,在弹出的对话框中,可以设置 Project Targets(工程名字)、Groups(分组名字)以及添加每个分组的 Files(文件)。设置工程名字为 Template,并设置 5 个分组:Startup(存放启动文件)、User(存放 main.c 等用户代码)、Drivers/SYSTEM(存放系统级驱动代码)、Driver/STM32F4××_HAL_Driver(存放 HAL 库代码)、Readme(存放工程说明文件),设置好后返回 MDK 主界面,可以看到设置好的工程名和分组名如图 6-3 所示。

2) 添加启动文件。

实验板使用的是 STM32F407ZGT6,ST 提供的启动文件为:startup_stm32f407××.s。添加启动文件到 Startup 分组下。

3) 添加 SYSTEM 源码。

添加文件 delay.c、sys.c 和 usart.c 到 Drivers/SYSTEM 分组中。

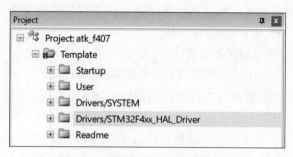

图 6-3 设置好的工程名和分组名

4)添加 User 源码。

添加文件 stm32f4××_it.c 和 system_stm32f4xx.c 到 User 分组中。

5)添加 STM32F4××_HAL_Driver 源码。

添加文件 stm32f4××_hal.c、stm32f4××_hal_cortex.c、stm32f4××_hal_dma.c、stm32f4××_hal_dma_ex.c、stm32f4××_hal_gpio.c、stm32f4××_hal_pwr.c、stm32f4××_hal_pwr_ex.c、stm32f4××_hal_rcc.c、stm32f4××_hal_rcc_ex.c、stm32f4××_hal_uart.c、stm32f4××_hal_usart.c 到 Drivers/STM32F4××_HAL_Driver 分组中。

6. 魔术棒设置

在 MDK 主界面,单击 Options for Target 按钮/魔术棒图标 ,进入工程选项卡设置。

1)设置 Target 选项卡。

设置芯片所使用的外部晶振频率为 8 MHz,选择 ARM Compiler 版本为 Use default compiler version。设置 Target 选项卡如图 6-4 所示。

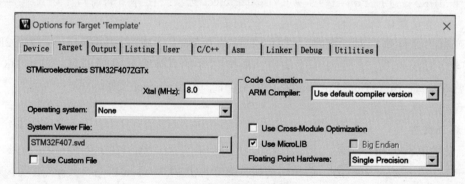

图 6-4 设置 Target 选项卡

2)设置 Output 选项卡。

单击 Select Folder for Objects 按钮,在弹出的对话框中选择 Output 文件夹地址后,单击 OK 按钮关闭对话框;勾选 Create HEX File 复选框和 Browse Information 复选框,设置 Output 选项卡如图 6-5 所示。

3)设置 Listing 选项卡。

单击 Select Folder for Objects 按钮,在弹出的对话框中选择 Output 文件夹地址后,单击 OK 按钮关闭对话框。

4)设置 C/C++选项卡。

在 Preprocessor Symbols→Define 文本框中输入:USE_HAL_DRIVER,STM32F407xx;在

Language→Optimization 下拉列表框中选择 level0 选项；勾选 C99 Mode 复选框；在 Setup Compiler Include Paths 界面设置头文件包含路径，如图 6-6 所示。

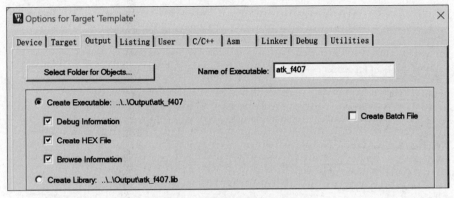

图 6-5　设置 Output 选项卡

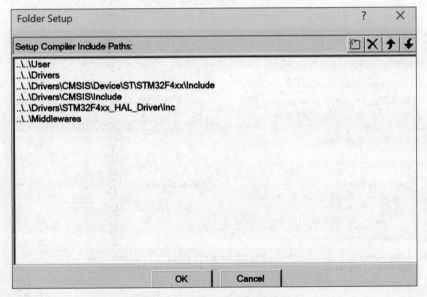

图 6-6　设置头文件包含路径

5）设置 Debug 选项卡。

以使用 DAP 为例，在 Use 下拉列表框中选择 CMSIS-DAP Debugger 选项，单击 Settings 按钮后在弹出的 Cortex-M Target Driver Setup 对话框中选择 Debug 标签；设置 CMSIS-DAP-JTAG/SW Adapter 区域中的 Port 选项为 SW 模式，并设置最大时钟频率为 10 MHz。当仿真器和实验板连接好，并给实验板供电以后，仿真器就会找到实验板芯片，并在 SW Device 选项区域 SWDIO 列表显示芯片的 IDCODE、Device Name 等信息，如图 6-7 所示，当无法找到时，请检查供电和仿真器连接状况。若选择 J-Link、S-Link 等仿真器，请根据实际情况设置。

6）设置 Utilities 选项卡。

图 6-8 所示为设置 Utilities 选项卡。

7. 添加 main.c，并编写代码

至此，新建 HAL 库版本 MDK 工程完成，也可参考例程。

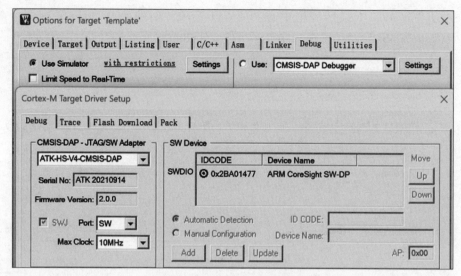

图 6-7 设置 Debug 选项卡

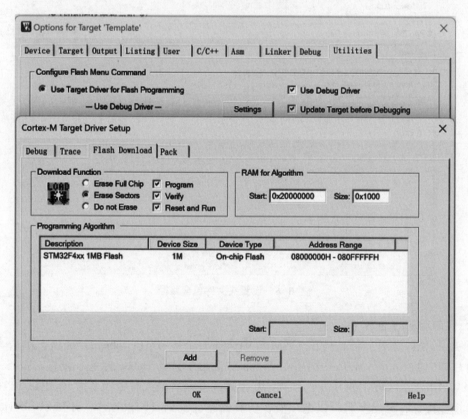

图 6-8 设置 Utilities 选项卡

8. 下载验证

编译无误之后，可使用 DAP 仿真器下载程序。在 MDK5 主界面，单击 按钮就可以将代码下载到实验板。

6.1.7 使用 STM32CubeMX 新建工程

STM32CubeMX 采用简单易用的图形界面，可以快速配置硬件和软件，并生成适用于 STM32 平台的 C 语言代码项目，生成的工程建构风格与 HAL 库版本 MDK 工程略有差异。

1. 准备工作

官网下载 STM32CubeMX 并安装、运行。

2. 下载和关联 STM32Cube 固件包

新建工程前，需要下载和关联 STM32Cube 固件包，选择 Help→Manage embedded software packages 选项，在弹出的 Embeded Software Packages Manager 对话框中，在 STM32Cube MCV Packages 选项卡列表中找到 STM32F4 选项，勾选 1.26.2 版本，若版本有更新可选择更新的版本。下载关联好固件之后就可以开始新建工程了，关联成功后，前面勾选框会变绿色实心框，如图 6-9 所示。

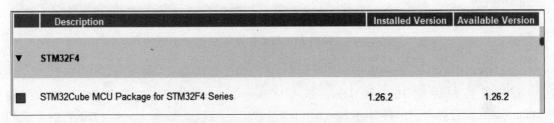

图 6-9 固件关联成功后显示的状态

3. 新建工程

下面介绍 STM32CubeMX 配置工程一般步骤，详见 STM32F407 探索者开发指南。

（1）工程初步建立

选择 File→ New Project 选项即可新建工程，第一次新建工程需要下载文件，耗时较长，可以直接单击 Cancel 按钮，进入芯片选型界面后选择具体的芯片型号，如图 6-10 所示。选择完芯片型号后，弹出主设计界面，如图 6-11 所示。

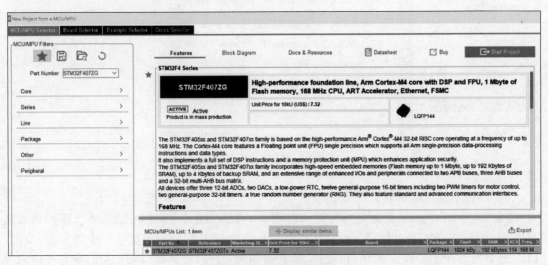

图 6-10 芯片选型界面

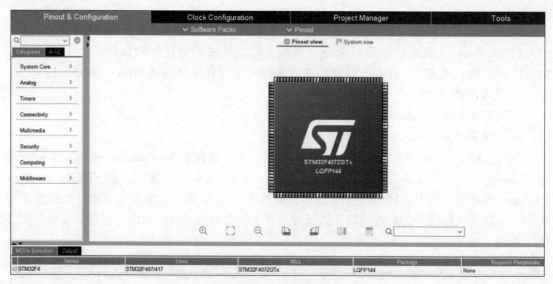

图 6-11　主设计界面

（2）HSE 和 LSE 时钟源设置

首先设置时钟源 HSE 和 LSE，选择 Categories → RCC 选项后在 RCC Mode and Configuration 设置界面中，将 High Speed Clock（HSE）和 Low Speed Clock（LSE）的下拉列表框均选择为 Crystal/Ceramic Resonator 选项，如图 6-12 所示，表示选择外部晶振作为系统时钟源。HSE 时钟频率为 8 MHz，LSE 时钟频率为 32.768 kHz。

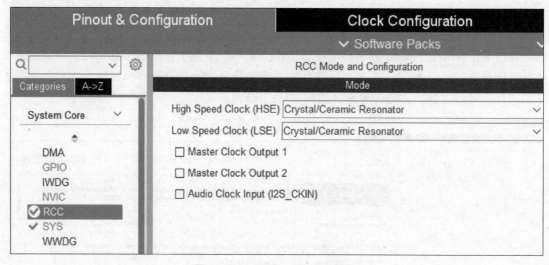

图 6-12　HSE 和 LSE 设置界面

（3）时钟系统（时钟树）配置

单击 Clock Configuration 标签即可进入时钟系统配置界面，如图 6-13 所示，该界面展现的是一个完整的 STM32F407ZGTx 时钟系统框图。选中 HSE 单选按钮配置一个时钟源，配置 PLL、分频器等相关参数，选中 PLL CLK 单选按钮做系统时钟的时钟源，最终配置系统时钟为 168 MHz。

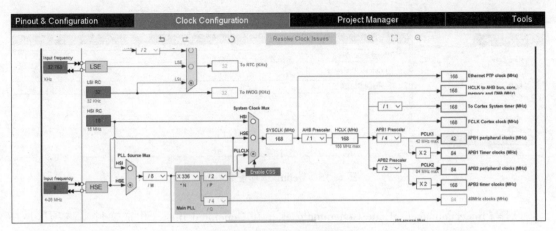

图 6-13 时钟系统配置界面

(4) GPIO 功能引脚配置

实验选用的 STM32F407 系列实验板的 PF9 和 PF10 引脚各连接一个 LED 灯，以 PF9 为例，在主设计界面芯片下方搜索栏输入 PF9，引脚图中会闪烁显示 PF9 位置，单击 PF9 引脚，在弹出的菜单中选择 GPIO_Output 选项，设置好即可看到引脚从灰色变成绿色。

然后在左边窗口 PF9 Configuration 选项区域配置 I/O 口的速度、上拉/下拉等参数。User Label 是用户符号文本框，输入 LED0。GPIO 配置界面如图 6-14 所示。

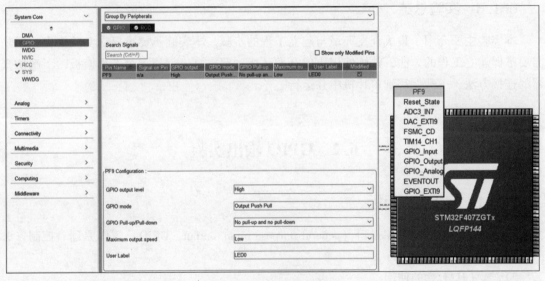

图 6-14 GPIO 配置界面

(5) Cortex-M4 内核基本配置

用 CubeMX 生成工程编译下载需要将 Debug 选项打开。Debug 选项配置界面如图 6-15 所示。

选择 Project Manager→Project 选项，这是用来配置工程的选项，填入工程名称、工程保存路径，注意不要有中文字符。在 Application Structure 应用的结构下拉列表框选择 Basic 选项，取消勾选 Do not generate the main( ) 复选框。在 Toolchain/IDE 下拉列表框中选择 MDK-ARM 选项，Min Version 设置为 V5 以上的版本即可。其余无须调整。

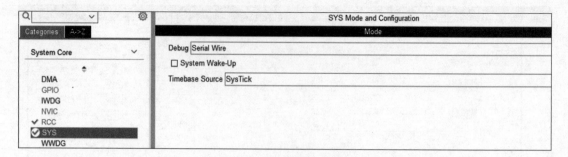

图 6-15 Debug 选项配置界面

选择 Project Manager→Code Generator 选项，在 Generated files（生成文件）选项区域中勾选 Generate peripheral initialization as a pair of '. c/. h' files per peripheral 复选框。

(6) 生成工程源码

单击 GENERATE CODE 按钮就可以生成工程。

(7) 用户程序

编写用户程序之前先进行编译，编译通过后打开生成的工程模板 main.c，在注释的 BEGIN 和 END 之间编写代码，这样重新生成工程之后，编写的代码会保留而不会被覆盖。程序编译下载与 HAL 库版本 MDK 工程需要一致。

6.1.8 实验总结

本实验主要介绍了集成开发环境与建立工程的步骤。本实验不要求提交实验报告，但是需要掌握建立工程的方法，熟练使用集成开发环境。要求自己创建一个工程模板，了解仿真器的连接方法，下载例程到单片机中并运行。

6.2 GPIO 输出实验

6.2.1 实验教学目标

1) 掌握通用输入/输出接口（general purpose input/output，GPIO）工作原理、控制方法与配置。
2) 学习 HAL 库的使用。
3) 实现实验板上 LED 的控制。

6.2.2 实验设备

硬件：计算机一台，STM32F407 系列核心实验板一套，DAP 仿真器一个。

软件：MDK5 集成开发环境。

需要说明的是，实验中涉及的 STM32F407 系列实验板选用的是正点原子探索者系列，范例也是以正点原子探索者系列为例进行，若选用其他公司的 STM32F407 系列实验板，可参照实验中的硬件设计部分进行连接，后面不再赘述。

6.2.3 实验原理

1. GPIO 简介

GPIO 是连接外设与 CPU 的中间接口电路，负责实现信号的输入与输出，GPIO 可通过寄存器配置和编程实现功能复用。STM32F4 系列的 GPIO 是按组分配的，每组最多 16 个 I/O 接口，具体组根据芯片具体型号确定。例如，STM32F407ZGT6 是 144 脚芯片，GPIO 分为 7 组，分别是 GPIOA、GPIOB、GPIOC、GPIOD、GPIOE、GPIOF 和 GPIOG，其中共有 112 个 I/O 接口，具体请查阅数据手册。

根据数据手册中列出的每个 I/O 接口的特性，GPIO 有 8 种工作模式，分别是输入浮空、输入上拉、输入下拉、模拟功能、具有上拉/下拉功能的开漏输出、具有上拉/下拉功能的推挽输出、具有上拉/下拉功能的复用功能开漏、具有上拉/下拉功能的复用功能推挽。每个 I/O 接口均可自由编程，但 I/O 接口寄存器必须按 32 位字、半字或字节进行访问。GPIO 的基本结构如图 6-16 所示。

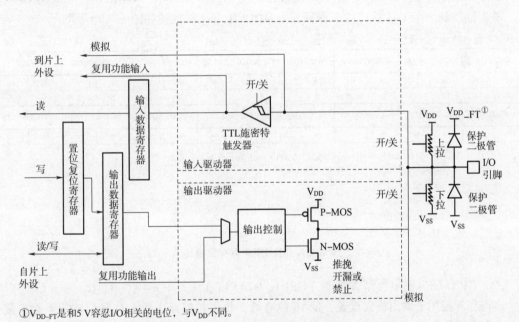

① V_{DD_FT} 是和 5 V 容忍 I/O 相关的电位，与 V_{DD} 不同。

图 6-16 GPIO 的基本结构

GPIO 内部主要分为输入驱动器、输出驱动器两个部分。输入驱动器中的施密特触发器可作为波形整形电路和抗干扰功能使用；输出驱动器中的 P-MOS 管和 N-MOS 管可实现开漏输出和推挽输出两种模式；保护二极管防止引脚处有过高或过低的电压输入，起到钳位二极管的作用；上拉/下拉电阻由相应的开关进行控制，需要注意的是，STM32 的内部上拉电流较小。

2. GPIO 寄存器

GPIO 有 7 个 32 位配置寄存器实现控制，如表 6-3 所示，其中 x 表示 GPIO 组，代表 A、B、C、…、I 等。

表 6-3 GPIO 配置寄存器

位配置寄存器		模式（输入/输出/模拟/备用）	GPIOx_MODER
		输出类型（推挽/开漏）	GPIOx_OTYPER
		输出速度	GPIOx_OSPEEDR
		上拉/下拉/使能	GPIOx_PUPDR
位数据寄存器	输出数据		GPIOx_ODR
	输入数据		GPIOx_IDR
位置位/复位寄存器			GPIOx_BSRR
位配置锁定寄存器			GPIOx_LCKR
位复用功能选择寄存器			GPIOx_AFRH 和 GPIOx_AFRL

下面主要介绍这几个配置寄存器，具体可查看 STM32F4×× 中文参考手册。

（1）GPIO 端口模式寄存器（GPIOx_MODER）（其中 x = A，B，C，…，I）

该寄存器用于控制 GPIOx 的工作模式，每组 GPIO 有 16 个 I/O 接口，该寄存器共 32 位，每 2 位控制 1 个 I/O 接口的工作模式。MODER 寄存器描述如图 6-17 所示。

31	30	29	28	27	26	25	24	23	22	21	20	19	18	17	16
MODER15[1:0]		MODER14[1:0]		MODER13[1:0]		MODER12[1:0]		MODER11[1:0]		MODER10[1:0]		MODER9[1:0]		MODER8[1:0]	
rw	rw	rw	rw	rw	rw	rw	rw	rw	rw	rw	rw	rw	rw	rw	rw
15	14	13	12	11	10	9	8	7	6	5	4	3	2	1	0
MODER7[1:0]		MODER6[1:0]		MODER5[1:0]		MODER4[1:0]		MODER3[1:0]		MODER2[1:0]		MODER1[1:0]		MODER0[1:0]	
rw	rw	rw	rw	rw	rw	rw	rw	rw	rw	rw	rw	rw	rw	rw	rw

位 $2y:2y+1$ MODERy[1:0]：端口 x 配置位（port x configuration bits）（y=0,1,…,15）

这些位通过软件写入，用于配置 I/O 方向模式。

00：输入（复位状态）
01：通用输出模式
10：复用功能模式
11：模拟模式

图 6-17 MODER 寄存器描述

（2）GPIO 端口输出类型寄存器（GPIOx_OTYPER）（其中 x = A，B，C，…，I）

该寄存器仅用于输出模式设置，低 16 位有效，每 1 位控制 1 个 I/O 接口输出类型，复位后，该寄存器值均为 0，默认 I/O 接口为推挽输出模式。OTYPER 寄存器描述如图 6-18 所示。

31	30	29	28	27	26	25	24	23	22	21	20	19	18	17	16
Reserved															
15	14	13	12	11	10	9	8	7	6	5	4	3	2	1	0
OT15	OT14	OT13	OT12	OT11	OT10	OT9	OT8	OT7	OT6	OT5	OT4	OT3	OT2	OT1	OT0
rw	rw	rw	rw	rw	rw	rw	rw	rw	rw	rw	rw	rw	rw	rw	rw

位 31:16 保留，必须保持复位值。

位 15:0 OTy[1:0]：端口 x 配置位（y=0,1,…,15）

这些位通过软件写入，用于配置 I/O 端口的输出类型。

0：输出推挽（复位状态）
1：输出开漏

图 6-18 OTYPER 寄存器描述

（3）GPIO 端口输出速度寄存器（GPIOx_OSPEEDR）（其中 x = A，B，C，…，I）

该寄存器用于控制 GPIOx 的输出速度，仅用于输出模式，每 2 位控制 1 个 I/O 接口的输出速度。OSPEEDR 寄存器描述如图 6-19 所示。

31	30	29	28	27	26	25	24	23	22	21	20	19	18	17	16
OSPEEDR15[1:0]		OSPEEDR14[1:0]		OSPEEDR13[1:0]		OSPEEDR12[1:0]		OSPEEDR11[1:0]		OSPEEDR10[1:0]		OSPEEDR9[1:0]		OSPEEDR8[1:0]	
rw	rw	rw	rw	rw	rw	rw	rw	rw	rw	rw	rw	rw	rw	rw	rw
15	14	13	12	11	10	9	8	7	6	5	4	3	2	1	0
OSPEEDR7[1:0]		OSPEEDR6[1:0]		OSPEEDR5[1:0]		OSPEEDR4[1:0]		OSPEEDR3[1:0]		OSPEEDR2[1:0]		OSPEEDR1[1:0]		OSPEEDR0[1:0]	
rw	rw	rw	rw	rw	rw	rw	rw	rw	rw	rw	rw	rw	rw	rw	rw

位 $2y:2y+1$ OSPEEDRy[1:0]：端口 x 配置位（y=0,1,…,15）

这些位通过软件写入，用于配置 I/O 输出速度。

00：2 MHz(低速)
01：25 MHz(中速)
10：50 MHz(快速)
11：30 pF 时为 100 MHz(高速)，15 pF 时为 80 MHz 输出(最大速度)

图 6-19　OSPEEDR 寄存器描述

（4）GPIO 端口上拉/下拉寄存器（GPIOx_PUPDR）（其中 x = A，B，C，…，I）

该寄存器用于控制 GPIOx 的上拉/下拉，每 2 位控制 1 个 I/O 接口，用于设置上拉/下拉，复位后，该寄存器值一般为 0，即无上拉/下拉。PUPDR 寄存器描述如图 6-20 所示。

31	30	29	28	27	26	25	24	23	22	21	20	19	18	17	16
PUPDR15[1:0]		PUPDR14[1:0]		PUPDR13[1:0]		PUPDR12[1:0]		PUPDR11[1:0]		PUPDR10[1:0]		PUPDR9[1:0]		PUPDR8[1:0]	
rw	rw	rw	rw	rw	rw	rw	rw	rw	rw	rw	rw	rw	rw	rw	rw
15	14	13	12	11	10	9	8	7	6	5	4	3	2	1	0
PUPDR7[1:0]		PUPDR6[1:0]		PUPDR5[1:0]		PUPDR4[1:0]		PUPDR3[1:0]		PUPDR2[1:0]		PUPDR1[1:0]		PUPDR0[1:0]	
rw	rw	rw	rw	rw	rw	rw	rw	rw	rw	rw	rw	rw	rw	rw	rw

位 $2y:2y+1$ PUPDRy[1:0]：端口 x 配置位（y=0,1,…,15）

这些位通过软件写入，用于配置 I/O 上拉或下拉。

00：无上拉或下拉
01：上拉
10：下拉
11：保留

图 6-20　PUPDR 寄存器描述

这 4 个配置寄存器通过不同的配置组合方法，实现了 GPIO 的相关工作模式与状态，如表 6-4 所示。

表 6-4　4 个配置寄存器组合实现不同工作模式

GPIO 工作模式	模式寄存器 MODER[0:1]	输出类型寄存器 OTYPER	输出速度寄存器 OSPEEDR[0:1]	上拉/下拉寄存器 PUPDR[0:1]
输入浮空	00：输入模式	无效	无效	00：无上拉/下拉
输入上拉				01：上拉
输入下拉				10：下拉
模拟功能	11：模拟模式			00：无上拉/下拉

续表

GPIO 工作模式	模式寄存器 MODER[0:1]	输出类型寄存器 OTYPER	输出速度寄存器 OSPEEDR[0:1]	上拉/下拉寄存器 PUPDR[0:1]
开漏输出	01：通用输出	1：开漏输出	00：低速	00：无上拉或下拉
推挽输出		0：推挽输出	01：中速	01：上拉
开漏式复用功能	10：复用功能	1：开漏输出	10：高速	10：下拉
推挽式复用功能		0：推挽输出	11：超高速	11：保留

(5) GPIO 端口输入数据寄存器（GPIOx_IDR）（其中 x = A，B，C，…，I）

该寄存器用于获取 GPIOx 的输入状态值，是一个只读寄存器，低 16 位有效，每 1 位分别对应该组 GPIO 的 16 个 I/O 接口的状态。对应的某位为 0，表明该 I/O 接口输入是低电平，对应的某位为 1，表明该 I/O 接口输入是高电平。IDR 寄存器描述如图 6-21 所示。

31	30	29	28	27	26	25	24	23	22	21	20	19	18	17	16
							Reserved								
15	14	13	12	11	10	9	8	7	6	5	4	3	2	1	0
IDR15	IDR14	IDR13	IDR12	IDR11	IDR10	IDR9	IDR8	IDR7	IDR6	IDR5	IDR4	IDR3	IDR2	IDR1	IDR0
r	r	r	r	r	r	r	r	r	r	r	r	r	r	r	r

位 31:16 保留，必须保持复位值。

位15:0 IDRy[15:0]：端口输入数据(port input data) (y=0,1,…,15)

这些位为只读形式，只能在字模式下访问。它们包含相应I/O接口的输入值

图 6-21　IDR 寄存器描述

(6) GPIO 端口输出数据寄存器（GPIOx_ODR）（其中 x = A，B，C，…，I）

该寄存器用于控制 GPIOx 的输出高电平或者低电平，低 16 位有效，每 1 位分别对应该组 GPIO 的 16 个 I/O 接口。当对应的某位写 0，则表示设置该 I/O 接口输出低电平，如果写 1，则表示设置该 I/O 接口输出高电平。ODR 寄存器描述如图 6-22 所示。

31	30	29	28	27	26	25	24	23	22	21	20	19	18	17	16
							Reserved								
15	14	13	12	11	10	9	8	7	6	5	4	3	2	1	0
ODR15	ODR14	ODR13	ODR12	ODR11	ODR10	ODR9	ODR8	ODR7	ODR6	ODR5	ODR4	ODR3	ODR2	ODR1	ODR0
rw	rw	rw	rw	rw	rw	rw	rw	rw	rw	rw	rw	rw	rw	rw	rw

位 31:16 保留，必须保持复位值。

位15:0 ODRy[15:0]：端口输出数据(port output data) (y=0,1,…,15)

这些位可通过软件读取和写入

注意：对于原子置位/复位，通过写入GPIOx_BSRR寄存器，可分别对ODR位进行置位和复位(x=A,B,C,…,I)

图 6-22　ODR 寄存器描述

(7) GPIO 端口置位/复位寄存器（GPIOx_BSRR）（其中，x = A，B，C，…，I）

BSRR 寄存器也是用于控制 GPIO 输出的，可控制 GPIOx 输出高电平或者低电平。BSRR 寄存器描述如图 6-23 所示。

ODR 寄存器与 BSRR 寄存器的区别主要在于：BSRR 只写权限，ODR 可读可写权限；

BSRR 寄存器写入 0 对 I/O 接口电平没有任何影响；对于 ODR 寄存器，要设置某个 I/O 接口电平，首先要读出 ODR 寄存器的值，然后对 ODR 寄存器重新赋值来达到设置某个或者某些 I/O 接口的目的，而对 BSRR 寄存器的操作不需要先读，直接设置即可；BSRR 寄存器改变引脚状态的时候，不会被中断打断，而 ODR 寄存器有被中断打断的风险。

31	30	29	28	27	26	25	24	23	22	21	20	19	18	17	16
BR15	BR14	BR13	BR12	BR11	BR10	BR9	BR8	BR7	BR6	BR5	BR4	BR3	BR2	BR1	BR0
w	w	w	w	w	w	w	w	w	w	w	w	w	w	w	w
15	14	13	12	11	10	9	8	7	6	5	4	3	2	1	0
BS15	BS14	BS13	BS12	BS11	BS10	BS9	BS8	BS7	BS6	BS5	BS4	BS3	BS2	BS1	BS0
w	w	w	w	w	w	w	w	w	w	w	w	w	w	w	w

位 31:16 BRy: 端口 x 复位位 y(port x reset bit y) (y=0,1,…,15)

  这些位为只写形式，只能在字、半字或字节模式下访问。读取这些位可返回值 0x0000。

    0: 不会对相应的 ODRx 位执行任何操作

    1: 对相应的 ODRx 位进行复位

  注意: 如果同时对 BSx 和 BRx 置位，则 BSx 的优先级更高。

位 15:0 BSy: 端口 x 复位位 y(port x set bit y) (y=0,1,…,15)

  这些位为只写形式，只能在字、半字或字节模式下访问。读取这些位可返回值 0x0000。

    0: 不会对相应的 ODRx 位执行任何操作

    1: 对相应的 ODRx 位进行复位

图 6-23 BSRR 寄存器描述

6.2.4 实验内容与步骤

1. 硬件设计

功能：点亮 LED0 和 LED1，实现 LED0 和 LED1 每隔 500 ms 交替闪烁一次，实现跑马灯的效果。

硬件资源：LED0-PF9，LED1-PF10。

原理图：由于用到的是实验板自带 LED 灯实现控制，因此不需要进行硬件连接，如实验板无 LED 灯，可按照图 6-24 与硬件资源进行连接。

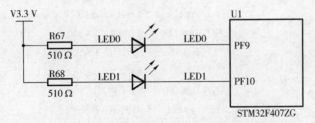

图 6-24 LED 与 STM32F407ZG 的硬件连接原理示意

2. 流程图

GPIO 输出实验程序流程如图 6-25 所示。

3. GPIO 的 HAL 库驱动代码分析

HAL 库中关于 GPIO 驱动代码存放在 stm32f4××_hal_gpio.c 文件以及其对应的 .h 头文件中，GPIO 输出实验中用到的函数主要包括如下几个。

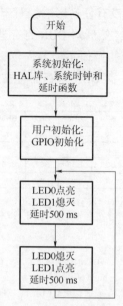

图 6-25 GPIO 输出实验程序流程

(1) HAL_GPIO_Init( ) 函数

该函数主要是对 GPIO 进行初始化。函数声明如下。

```
void HAL_GPIO_Init(GPIO_TypeDef *GPIOx, GPIO_InitTypeDef *GPIO_Init);
```

函数描述：主要设置 GPIO 的功能模式，还可以设置外部中断/事件控制器（external interrupt/event controller，EXTI）功能。

函数形参：该函数有 2 个形参。

形参 1 是端口号的设置，在 .h 头文件中已经宏定义其选择项，如下面程序所示，编程时根据需要初始化的 GPIO 情况进行选择。例如，本实验的 LED 驱动引脚选用了 PF 口，则初始化时应选择 GPIOF。

```
#define GPIOA              ((GPIO_TypeDef *)GPIOA_BASE)
#define GPIOB              ((GPIO_TypeDef *)GPIOB_BASE)
#define GPIOC              ((GPIO_TypeDef *)GPIOC_BASE)
#define GPIOD              ((GPIO_TypeDef *)GPIOD_BASE)
#define GPIOE              ((GPIO_TypeDef *)GPIOE_BASE)
#define GPIOF              ((GPIO_TypeDef *)GPIOF_BASE)
#define GPIOG              ((GPIO_TypeDef *)GPIOG_BASE)
#define GPIOH              ((GPIO_TypeDef *)GPIOH_BASE)
#define GPIOI              ((GPIO_TypeDef *)GPIOI_BASE)
```

形参 2 是 GPIO_InitTypeDef 类型的结构体变量，在 .h 头文件中定义如下。

```
typedef struct
{
    uint32_t Pin;                /* 引脚号 */
    uint32_t Mode;               /* 模式设置 */
```

```
    uint32_t Pull;              /* 上拉/下拉设置 */
    uint32_t Speed;             /* 速度设置 */
    uint32_t Alternate;         /* 复用功能 */
}GPIO_InitTypeDef;
```

其中，Pin 表示 GPIO 的引脚号，有以下选择项。

```
#define GPIO_PIN_0        ((uint16_t)0x0001)   /* Pin 0 selected   */
#define GPIO_PIN_1        ((uint16_t)0x0002)   /* Pin 1 selected   */
#define GPIO_PIN_2        ((uint16_t)0x0004)   /* Pin 2 selected   */
#define GPIO_PIN_3        ((uint16_t)0x0008)   /* Pin 3 selected   */
#define GPIO_PIN_4        ((uint16_t)0x0010)   /* Pin 4 selected   */
#define GPIO_PIN_5        ((uint16_t)0x0020)   /* Pin 5 selected   */
#define GPIO_PIN_6        ((uint16_t)0x0040)   /* Pin 6 selected   */
#define GPIO_PIN_7        ((uint16_t)0x0080)   /* Pin 7 selected   */
#define GPIO_PIN_8        ((uint16_t)0x0100)   /* Pin 8 selected   */
#define GPIO_PIN_9        ((uint16_t)0x0200)   /* Pin 9 selected   */
#define GPIO_PIN_10       ((uint16_t)0x0400)   /* Pin 10 selected  */
#define GPIO_PIN_11       ((uint16_t)0x0800)   /* Pin 11 selected  */
#define GPIO_PIN_12       ((uint16_t)0x1000)   /* Pin 12 selected  */
#define GPIO_PIN_13       ((uint16_t)0x2000)   /* Pin 13 selected  */
#define GPIO_PIN_14       ((uint16_t)0x4000)   /* Pin 14 selected  */
#define GPIO_PIN_15       ((uint16_t)0x8000)   /* Pin 15 selected  */
#define GPIO_PIN_All      ((uint16_t)0xFFFF)   /* All pins selected */
#define GPIO_PIN_MASK     0x0000FFFFU          /* PIN mask for assert test */
```

Mode 表示 GPIO 的模式选择，有以下选择项。

```
#define GPIO_MODE_INPUT (0x00000000U)          /* 输入模式 */
#define GPIO_MODE_OUTPUT_PP (0x00000001U)      /* 推挽输出 */
#define GPIO_MODE_OUTPUT_OD (0x00000011U)      /* 开漏输出 */
#define GPIO_MODE_AF_PP (0x00000002U)          /* 推挽式复用 */
#define GPIO_MODE_AF_OD (0x00000012U)          /* 开漏式复用 */
#define GPIO_MODE_AF_INPUT    GPIO_MODE_INPUT
#define GPIO_MODE_ANALOG      (0x00000003U)    /* 模拟模式 */
#define GPIO_MODE_IT_RISING         (0x11110000U)    /* 外部中断,上升沿触发检测 */
#define GPIO_MODE_IT_FALLING        (0x11210000U)    /* 外部中断,下降沿触发检测 */
/* 外部中断,上升和下降双沿触发检测 */
#define GPIO_MODE_IT_RISING_FALLING (0x11310000U)
#define GPIO_MODE_EVT_RISING        (0x11120000U)    /* 外部事件,上升沿触发检测 */
#define GPIO_MODE_EVT_FALLING       (0x11220000U)    /* 外部事件,下降沿触发检测 */
/* 外部事件,上升和下降双沿触发检测 */
#define GPIO_MODE_EVT_RISING_FALLING   (0x11320000U)
```

Pull 表示 GPIO 配置上、下拉电阻的情况，有以下选择项。

```
#define GPIO_NOPULL   (0x00000000U)              /* 无上、下拉 */
#define GPIO_PULLUP   (0x00000001U)              /* 上拉 */
#define GPIO_PULLDOWN (0x00000002U)              /* 下拉 */
```

Speed 表示 GPIO 配置的速度，有以下选择项。

```
#define GPIO_SPEED_FREQ_LOW    (0x00000002U)     /* 低速 */
#define GPIO_SPEED_FREQ_MEDIUM (0x00000001U)     /* 中速 */
#define GPIO_SPEED_FREQ_HIGH   (0x00000003U)     /* 高速 */
```

Alternate 表示 GPIO 配置的复用功能，不同的 GPIO 复用功能不同，具体可参考 STM32 数据手册进行设置。复用功能选择项 GPIO_Alternate_function_selection 在 stm32f4××_hal_gpio_ex.h 文件里进行定义。

函数返回值：无。

（2）HAL_GPIO_WritePin( ) 函数

该函数是实现 GPIO 引脚输出高低电平的写函数。函数声明如下。

```
void HAL_GPIO_WritePin(GPIO_TypeDef *GPIOx,
                       uint16_t GPIO_Pin,
                       GPIO_PinState PinState);
```

函数描述：该函数通过 BSRR 寄存器设置 GPIO 引脚输出电平高低。

函数形参：该函数有 3 个形参。

形参 1 是端口号，选择项与初始化函数中介绍的一样。

形参 2 是引脚号，选择项与初始化函数中介绍的一样。

形参 3 是引脚的输出状态，在 .h 头文件中定义为枚举类型，有以下两个选择项。

```
typedef enum
{
    GPIO_PIN_RESET = 0,                          /* 表示低电平 */
    GPIO_PIN_SET                                 /* 表示高电平 */
}GPIO_PinState;
```

函数返回值：无。

（3）HAL_GPIO_TogglePin( ) 函数

该函数是实现 GPIO 的电平翻转的函数。函数声明如下。

```
void HAL_GPIO_TogglePin(GPIO_TypeDef *GPIOx, uint16_t GPIO_Pin);
```

函数描述：用于设置引脚的电平翻转，也是通过 BSRR 寄存器复位或者置位操作。

函数形参：该函数有 2 个形参。定义的选择项与初始化函数中介绍的一样。

函数返回值：无。

4. GPIO 的输出配置步骤

（1）使能 GPIO 时钟：STM32 外设在使用之前都需要先使能其相对应的时钟，后面实验中不再赘述。根据硬件设计，驱动 LED0 与 LED1 使用的 I/O 接口是 PF9 和 PF10，因此需要先使能 GPIOF 时钟。代码如下。

__HAL_RCC_GPIOF_CLK_ENABLE();

（2）设置 GPIO 工作模式

为了控制 LED 灯，需要通过 HAL_GPIO_Init( ) 函数设置 PF9 和 PF10 为推挽输出模式。

（3）控制 GPIO 输出

为了控制 LED 灯的亮灭，需要通过 HAL_GPIO_WritePin( ) 函数控制 PF9 和 PF10 输出高低电平。

5. LED 驱动代码

1）若采用 STM32CubeMX 创建工程，需要将 PF9 与 PF10 设置为输出推挽模式、没有上拉/下拉，默认输出要设置为高电平防止没有操作 LED 就被点亮，GPIO 速度可设置为 Low 模式，如图 6-26 所示。

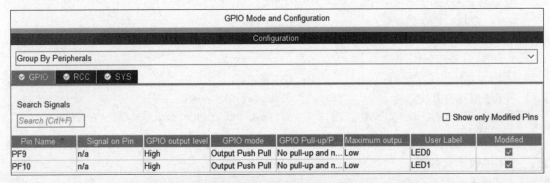

图 6-26　输出实验时 STM32CubeMX 中 GPIO 的设置

生成的工程文件在 main.h 文件中对 LED 灯引脚进行了如下宏定义。

```
#define LED0_Pin GPIO_PIN_9
#define LED0_GPIO_Port GPIOF
#define LED1_Pin GPIO_PIN_10
#define LED1_GPIO_Port GPIOF
```

工程文件 Core 文件夹内创建了 gpio.c 和 gpio.h 文件，文件中定义了 MX_GPIO_Init( ) 函数，实现了 GPIO 的配置，完成了 GPIO 的时钟初始化和输出推挽模式等设定。

```
void MX_GPIO_Init(void)
{
    GPIO_InitTypeDef GPIO_InitStruct = {0};
    /* GPIO Ports Clock Enable */
    __HAL_RCC_GPIOC_CLK_ENABLE();
    __HAL_RCC_GPIOF_CLK_ENABLE();
    __HAL_RCC_GPIOH_CLK_ENABLE();
    __HAL_RCC_GPIOA_CLK_ENABLE();
    /* Configure GPIO pin Output Level */
    HAL_GPIO_WritePin(GPIOF, LED0_Pin|LED1_Pin, GPIO_PIN_SET);
    /* Configure GPIO pins : PFPin PFPin */
    GPIO_InitStruct.Pin = LED0_Pin|LED1_Pin;
```

```
        GPIO_InitStruct.Mode = GPIO_MODE_OUTPUT_PP;
        GPIO_InitStruct.Pull = GPIO_NOPULL;
        GPIO_InitStruct.Speed = GPIO_SPEED_FREQ_LOW;
        HAL_GPIO_Init(GPIOF, &GPIO_InitStruct);
}
```

2）基于 HAL 库的 GPIO 输出实验范例则创建了两个文件：led.c 和 led.h，存放在 Drivers\BSP\LED 内，下面简单介绍一下两个文件的主要代码。

① LED 灯引脚宏定义：在 led.h 文件中，定义了 LED 端口号与引脚号，并使能时钟。HAL_RCC_GPIOx_CLK_ENABLE( )函数是 HAL 库中的 I/O 接口时钟使能函数。具体函数定义如下。

```
/* LED0 引脚定义 */
#define LED0_GPIO_PORT              GPIOF
#define LED0_GPIO_PIN               GPIO_PIN_9
#define LED0_GPIO_CLK_ENABLE()      do{ HAL_RCC_GPIOF_CLK_ENABLE(); }while(0)
/* LED1 引脚定义 */
#define LED1_GPIO_PORT              GPIOF
#define LED1_GPIO_PIN               GPIO_PIN_10
#define LED1_GPIO_CLK_ENABLE()      do{ HAL_RCC_GPIOF_CLK_ENABLE(); }while(0)
```

② LED 灯操作函数宏定义：为了便于编程，范例在 led.h 文件中定义了 LED 灯操作函数。具体函数定义如下。

```
/* LED 端口操作定义 */
#define LED0(x)   do{ x ? \
            HAL_GPIO_WritePin(LED0_GPIO_PORT,LED0_GPIO_PIN, GPIO_PIN_SET):\
            HAL_GPIO_WritePin(LED0_GPIO_PORT,LED0_GPIO_PIN, GPIO_PIN_RESET);\
            }while(0)      /* LED0 翻转 */
#define LED1(x)   do{ x ? \
            HAL_GPIO_WritePin(LED1_GPIO_PORT,LED1_GPIO_PIN, GPIO_PIN_SET):\
            HAL_GPIO_WritePin(LED1_GPIO_PORT,LED1_GPIO_PIN, GPIO_PIN_RESET);\
            }while(0)      /* LED1 翻转 */
/* LED 电平翻转定义 */
#define LED0_TOGGLE()     do{ HAL_GPIO_TogglePin(LED0_GPIO_PORT,
                          LED0_GPIO_PIN); }while(0)   /* LED0 = ! LED0 */
#define LED1_TOGGLE()     do{ HAL_GPIO_TogglePin(LED1_GPIO_PORT,
                          LED1_GPIO_PIN); }while(0)   /* LED1 = ! LED1 */
```

其中，LED0(x)和 LED1(x)这两个宏定义用来实现对 LED0 和 LED1 的控制，例如，LED0（0）表示设置 PF9 输出低电平，LED0（1）表示设置 PF9 输出高电平。宏定义 LED0_TOGGLE( )和 LED1_TOGGLE( )用来实现 LED0 和 LED1 的翻转。

③ LED 灯初始化函数定义：在 led.c 文件中，定义了 led_init( )函数用来初始化 LED，设置了 LED 引脚输出模式等，完成了 GPIO 的时钟初始化。具体函数定义如下。

```
void led_init(void)
{
```

```
        GPIO_InitTypeDef gpio_init_struct;
        LED0_GPIO_CLK_ENABLE();                              /* LED0 时钟使能 */
        LED1_GPIO_CLK_ENABLE();                              /* LED1 时钟使能 */
        gpio_init_struct.Pin = LED0_GPIO_PIN;                /* LED0 引脚 */
        gpio_init_struct.Mode = GPIO_MODE_OUTPUT_PP;         /* 推挽输出 */
        gpio_init_struct.Pull = GPIO_PULLUP;                 /* 上拉 */
        gpio_init_struct.Speed = GPIO_SPEED_FREQ_HIGH;       /* 高速 */
        HAL_GPIO_Init(LED0_GPIO_PORT, &gpio_init_struct);    /* 初始化 LED0 引脚 */
        gpio_init_struct.Pin = LED1_GPIO_PIN;                /* LED1 引脚 */
        HAL_GPIO_Init(LED1_GPIO_PORT, &gpio_init_struct);    /* 初始化 LED1 引脚 */
        LED0(1);                                             /* 关闭 LED0 */
        LED1(1);                                             /* 关闭 LED1 */
    }
```

6. main.c 代码

1）采用 STM32CubeMX 创建工程的方式，main.c 代码已经调用了 HAL_Init( )与 MX_GPIO_Init( )两个函数进行了初始化操作，只需要在/＊USER CODE BEGIN 3 ＊/与/＊USER CODE END 3 ＊/之间添加如下代码即可实现跑马灯的控制。

```
    /* USER CODE BEGIN 3 */
    HAL_GPIO_WritePin(LED0_GPIO_Port, LED0_Pin, GPIO_PIN_SET);
    HAL_GPIO_WritePin(LED1_GPIO_Port, LED1_Pin, GPIO_PIN_RESET);
    HAL_Delay(500);
    HAL_GPIO_WritePin(LED0_GPIO_Port, LED0_Pin, GPIO_PIN_RESET);
    HAL_GPIO_WritePin(LED1_GPIO_Port, LED1_Pin, GPIO_PIN_SET);
    HAL_Delay(500);
    }
    /* USER CODE END 3 */
```

2）基于 HAL 库的 GPIO 输出实验范例中，main.c 代码先初始化 HAL 库、系统时钟和延时函数，然后调用 led_init( )来初始化 LED，最后在 while 循环内实现 LED0 和 LED1 的交替点亮。

```
    int main(void)
    {
        HAL_Init();                             /* 初始化 HAL 库 */
        sys_stm32_clock_init(336, 8, 2, 7);     /* 设置时钟,168 Mhz */
        delay_init(168);                        /* 延时初始化 */
        led_init();                             /* LED 初始化 */
        while(1)
        {
            LED0(1);                            /* LED0 灭 */
            LED1(0);                            /* LED1 亮 */
            delay_ms(500);
            LED0(0)                             /* LED0 亮 */
            LED1(1)                             /* LED1 灭 */
            delay_ms(500);
        }
    }
```

7. 下载程序，验证实验结果

编译通过后使用 DAP 仿真器（也可以使用其他调试器）下载程序。下载完成之后，可以看到实验板上 LED0 和 LED1 交替点亮。

6.2.5 思考题

1）LED0 和 LED1 每 1 000 ms 交替闪烁一次，观察实验结果变化。

2）实验板上已经配备了蜂鸣器，没有蜂鸣器的可参照图 6-27 所示设计驱动电路，PF8 端口通过三极管驱动蜂鸣器。要求实现：蜂鸣器每隔 500 ms 响或停一次；LED1 每隔 500 ms 亮或灭一次；LED1 亮的时候蜂鸣器不响，而 LED1 熄灭的时候蜂鸣器响。

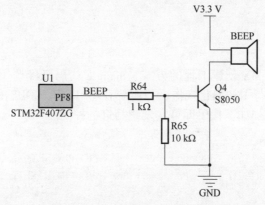

图 6-27 蜂鸣器与 STM32F407ZG 的硬件连接原理示意

6.2.6 实验报告

完成实验报告，要求如下。
1）实验名称、实验教学目标、实验内容。
2）实验方法：说明具体设计思路，绘制程序流程图。
3）实验结果：记录实验现象。
4）完成思考题，记录实验现象。
5）实验中（包括设计、调试、编程）遇到的问题与解决问题的方法。
6）实验总结与体会。

6.3 GPIO 输入实验

6.3.1 实验教学目标

1）掌握 GPIO 的工作原理、控制方法与配置。
2）学习 HAL 库的使用。
3）实现实验板上按键输入信号的读取。

6.3.2 实验设备

硬件：计算机一台，STM32F407 系列核心实验板一套，DAP 仿真器一个。
软件：MDK5 集成开发环境。

6.3.3 实验原理

1. GPIO 端口输入数据寄存器（GPIOx_IDR）（其中 x = A，B，C，…，I）

已在 6.2 节中介绍。

2. 按键

机械按键在设计中经常使用，正常状态下一般是断开的，按下时则闭合，当按键连接到一个 I/O 接口时，读取 GPIO 端口输入数据寄存器相应位的数值就可以判断按键当前状态是断开还是闭合。但机械按键在闭合和断开时，都会有抖动现象。为了防止误判，需要消除抖动带来的影响，一般有硬件消抖和软件消抖两种方法，硬件消抖常采用并联电容的方式，软件消抖常采用延时读值的方式，当检测到按键按下后，延时一段时间后再次检测按键状态，如果再次读取发现按键没有按下，则认为是抖动或者干扰，无须处理；如果再次读取发现按键还是按下状态，则认为按键确实按下，需要对按键信号进行处理。按键按下时的抖动波形如图 6-28 所示。本实验主要是针对软件消抖进行研究。

6.3.4 实验内容与步骤

1. 硬件设计

功能：实验板上自带 4 个独立按键，分别是 KEY0~KEY2、KEY_UP。要求通过按键控制 LED 灯的点亮与熄灭、蜂鸣器的响与停。具体实现要求为 KEY0 控制 LED0 翻转，KEY1 控制 LED1 翻转，KEY2 控制 LED0 与 LED1 同时翻转，KEY_UP 控制蜂鸣器翻转。

硬件资源：LED0-PF9、LED1-PF10、BEEP-PF8、KEY0-PE4、KEY1-PE3、KEY2-PE2、KEY_UP-PA0（程序中的宏名为 WK_UP）。

原理图：由于用到的实验板自带的按键已实现控制，因此不需要进行硬件连接，如实验板无按键，可按照图 6-29 与硬件资源进行连接即可。

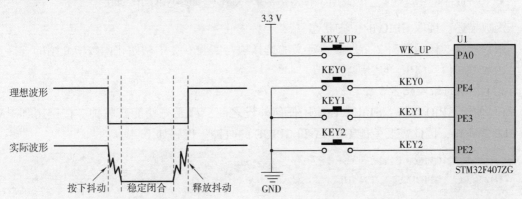

图 6-28 按键按下时的抖动波形　　图 6-29 按键与 STM32F407ZG 连接原理示意

KEY0、KEY1 和 KEY2 读取到低电平时表示的是按键按下，KEY_UP 读取到高电平时表示的是按键按下。

2. 流程图

按键实验程序流程如图 6-30 所示。

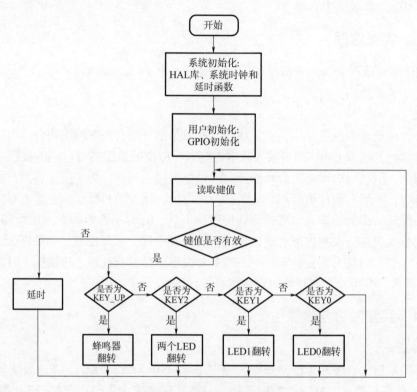

图 6-30　按键实验程序流程

3. HAL_GPIO_ReadPin( ) 函数分析

该函数是读取 GPIO 引脚状态的函数,存放在 stm32f4××_hal_gpio.c 文件及其对应的 .h 头文件中。函数声明如下。

> GPIO_PinState HAL_GPIO_ReadPin(GPIO_TypeDef *GPIOx, uint16_t GPIO_Pin);

函数描述：读取 GPIO 的引脚状态。

函数形参：该函数有 2 个形参,定义的选择项与实验 6.2 中初始化函数中介绍的一样。

函数返回值：GPIO 的引脚状态值。

4. GPIO 的输入配置步骤

1) 使能 GPIO 时钟：STM32 在使用任何外设之前,都要先使能其时钟。按键用到 PA0 和 PE2/3/4 口,因此需要使能 GPIOA 和 GPIOE 的时钟。代码如下。

> _HAL_RCC_GPIOA_CLK_ENABLE();
> _HAL_RCC_GPIOE_CLK_ENABLE();

2) 设置 GPIO 工作模式。

根据硬件连接图可知,本实验中按键输入的 KEY0~KEY2 需要设置为输入上拉模式, KEY_UP 设置为输入下拉模式,当按键按下后读取 GPIO 引脚高低电平即可判断按键状态,工作模式设置通过 HAL_GPIO_Init( )函数实现。

配置完 GPIO 时钟与工作模式后,通过读取 HAL_GPIO_ReadPin( )函数的返回值即可获得 GPIO 引脚高低电平状态,实现按键按下与否的检测。

5. 按键状态扫描代码

基于 L1AL 库的实验范例创建两个文件:key.c 和 key.h,存放到 Drivers \ BSP \ KEY 文件夹内。下面简单介绍下这两个文件的主要代码。

1) KEY 引脚宏定义:在 key.h 文件中,定义了按键所用的端口号与引脚号,并使能时钟。

```
/* 引脚 定义 */
#define KEY0_GPIO_PORT              GPIOE
#define KEY0_GPIO_PIN               GPIO_PIN_4
/* PE 口时钟使能 */
#define KEY0_GPIO_CLK_ENABLE()      do{ __HAL_RCC_GPIOE_CLK_ENABLE(); }while(0)
#define KEY1_GPIO_PORT              GPIOE
#define KEY1_GPIO_PIN               GPIO_PIN_3
/* PE 口时钟使能 */
#define KEY1_GPIO_CLK_ENABLE()      do{ __HAL_RCC_GPIOE_CLK_ENABLE(); }while(0)
#define KEY2_GPIO_PORT              GPIOE
#define KEY2_GPIO_PIN               GPIO_PIN_2
/* PE 口时钟使能 */
#define KEY2_GPIO_CLK_ENABLE()      do{ __HAL_RCC_GPIOE_CLK_ENABLE(); }while(0)
#define WKUP_GPIO_PORT              GPIOA
#define WKUP_GPIO_PIN               GPIO_PIN_0
/* PA 口时钟使能 */
#define WKUP_GPIO_CLK_ENABLE()      do{ __HAL_RCC_GPIOA_CLK_ENABLE(); }while(0)
```

2) 按键操作函数宏定义:为了便于编程,在 key.h 文件中定义了按键操作函数,具体如下。

```
#define KEY0      HAL_GPIO_ReadPin(KEY0_GPIO_PORT, KEY0_GPIO_PIN)   /* 读取 KEY0 引脚 */
#define KEY1      HAL_GPIO_ReadPin(KEY1_GPIO_PORT, KEY1_GPIO_PIN)   /* 读取 KEY1 引脚 */
#define KEY2      HAL_GPIO_ReadPin(KEY2_GPIO_PORT, KEY2_GPIO_PIN)   /* 读取 KEY2 引脚 */
#define WK_UP     HAL_GPIO_ReadPin(WKUP_GPIO_PORT, WKUP_GPIO_PIN)   /* 读取 WKUP 引脚 */
#define KEY0_PRES     1                               /* KEY0 按下 */
#define KEY1_PRES     2                               /* KEY1 按下 */
#define KEY2_PRES     3                               /* KEY2 按下 */
#define WKUP_PRES     4                               /* KEY_UP 按下(即 WK_UP) */
```

其中,通过 HAL_GPIO_ReadPin( )函数实现对按键状态的读取,函数返回值为 0 或 1,对应按键当前状态。KEY0_PRES、KEY1_PRES、KEY2_PRES 和 WKUP_PRES 宏定义了 4 个按键的键值,用于判断键值时使用。

3) 按键初始化函数定义:在 key.c 文件中定义了函数 key_init( )用来初始化按键,设置了按键所用引脚模式,完成了 GPIO 时钟的初始化。具体函数定义如下。

```c
void key_init(void)
{
    GPIO_InitTypeDef gpio_init_struct;
    KEY0_GPIO_CLK_ENABLE();                                 /* KEY0 时钟使能 */
    KEY1_GPIO_CLK_ENABLE();                                 /* KEY1 时钟使能 */
    KEY2_GPIO_CLK_ENABLE();                                 /* KEY2 时钟使能 */
    WKUP_GPIO_CLK_ENABLE();                                 /* WKUP 时钟使能 */
    gpio_init_struct.Pin = KEY0_GPIO_PIN;                   /* KEY0 引脚 */
    gpio_init_struct.Mode = GPIO_MODE_INPUT;                /* 输入 */
    gpio_init_struct.Pull = GPIO_PULLUP;                    /* 上拉 */
    gpio_init_struct.Speed = GPIO_SPEED_FREQ_HIGH;          /* 高速 */
    HAL_GPIO_Init(KEY0_GPIO_PORT, &gpio_init_struct);       /* KEY0 引脚模式设置,上拉输入 */
    gpio_init_struct.Pin = KEY1_GPIO_PIN;                   /* KEY1 引脚 */
    gpio_init_struct.Mode = GPIO_MODE_INPUT;                /* 输入 */
    gpio_init_struct.Pull = GPIO_PULLUP;                    /* 上拉 */
    gpio_init_struct.Speed = GPIO_SPEED_FREQ_HIGH;          /* 高速 */
    HAL_GPIO_Init(KEY1_GPIO_PORT, &gpio_init_struct);       /* KEY1 引脚模式设置,上拉输入*/

    gpio_init_struct.Pin = KEY2_GPIO_PIN;                   /* KEY2 引脚 */
    gpio_init_struct.Mode = GPIO_MODE_INPUT;                /* 输入 */
    gpio_init_struct.Pull = GPIO_PULLUP;                    /* 上拉 */
    gpio_init_struct.Speed = GPIO_SPEED_FREQ_HIGH;          /* 高速 */
    HAL_GPIO_Init(KEY2_GPIO_PORT, &gpio_init_struct);       /* KEY2 引脚模式设置,上拉输入*/
    gpio_init_struct.Pin = WKUP_GPIO_PIN;                   /* WKUP 引脚 */
    gpio_init_struct.Mode = GPIO_MODE_INPUT;                /* 输入 */
    gpio_init_struct.Pull = GPIO_PULLDOWN;                  /* 下拉 */
    gpio_init_struct.Speed = GPIO_SPEED_FREQ_HIGH;          /* 高速 */
    HAL_GPIO_Init(WKUP_GPIO_PORT, &gpio_init_struct);       /* WKUP 引脚模式设置,下拉输入 */
}
```

4）按键扫描函数定义：在 key.c 文件中定义了函数 key_scan( )用来判断扫描按键的状态，若有按键按下，先延时进行软件消抖，确认确实有按键按下后返回按键键值，无按键按下返回键值 0，这样就可以在 main( )函数中获取键值做相应的程序控制；形参 mode 用来区分是否支持连按。具体函数定义如下。

```c
uint8_t key_scan(uint8_t mode)
{
    static uint8_t key_up = 1;                              /* 按键按松开标志 */
    uint8_t keyval = 0;
    if (mode) key_up = 1;                                   /* 支持连按 */
    /* 按键松开标志为1,且有任意一个按键按下了 */
    if (key_up && (KEY0 == 0 || KEY1 == 0 || KEY2 == 0 || WK_UP == 1))
    {
        delay_ms(10);                                       /* 去抖动 */
```

```
        key_up = 0;
        if (KEY0 == 0)   keyval = KEY0_PRES;
        if (KEY1 == 0)   keyval = KEY1_PRES;
        if (KEY2 == 0)   keyval = KEY2_PRES;
        if (WK_UP == 1)keyval = WKUP_PRES;
    }
    /* 没有任何按键按下,标记按键松开 */
    else if (KEY0 == 1 && KEY1 == 1 && KEY2 == 1 && WK_UP == 0)
    {
        key_up = 1;
    }
    return keyval;              /* 返回键值 */
}
```

6. main.c 代码

基于 HAL 库的实验范例，main.c 代码先初始化 HAL 库、系统时钟和延时函数，然后调用 led_init( )函数初始化 LED，调用 beep_init( )函数初始化蜂鸣器，调用 key_init( )函数初始化按键，最后在 while 循环内实现按键状态扫描，获取键值后，根据键值的不同执行相应的程序。

```
int main(void)
{
    uint8_t key;
    HAL_Init();                              /* 初始化 HAL 库 */
    sys_stm32_clock_init(336, 8, 2, 7);      /* 设置时钟,168 MHz */
    delay_init(168);                         /* 延时初始化 */
    led_init();                              /* 初始化 LED */
    beep_init();                             /* 初始化蜂鸣器 */
    key_init();                              /* 初始化按键 */
    LED0(0);                                 /* 先点亮红灯 */

    while(1)
    {
        key = key_scan(0);                   /* 得到键值 */
        if (key)
        {
            switch (key)
            {
                case WKUP_PRES:              /* 控制蜂鸣器 */
                    BEEP_TOGGLE();           /* BEEP 状态取反 */
                    break;

                case KEY0_PRES:              /* 控制 LED0(RED)翻转 */
                    LED0_TOGGLE();           /* LED0 状态取反 */
                    break;
```

```
                case KEY1_PRES:                    /* 控制 LED1(GREEN)翻转 */
                    LED1_TOGGLE();                 /* LED1 状态取反 */
                    break;

                case KEY2_PRES:                    /* 同时控制 LED0, LED1 翻转 */
                    LED0_TOGGLE();                 /* LED0 状态取反 */
                    LED1_TOGGLE();                 /* LED1 状态取反 */
                    break;
                default : break;
            }
        }
        else
        {
            delay_ms(10);
        }
    }
}
```

7. 下载程序，验证实验结果

编译通过后使用 DAP 仿真器（也可以使用其他仿真器）下载程序。下载完成之后，可按下按键 KEY0、KEY1、KEY2、KEY_UP 观察 LED 灯、蜂鸣器的变化情况。

6.3.5 思考题

1）采用 STM32CubeMX 创建工程，完成程序的设计。
2）如果按键较多，采用矩阵式按键，请说明按键识别原理，给出流程图并编程实现。

6.3.6 实验报告

完成实验报告，要求如下。
1）实验名称、实验教学目标、实验内容。
2）实验方法：说明具体设计思路，绘制程序流程图。
3）实验结果：记录实验现象。
4）完成思考题，记录实验现象。
5）实验中（包括设计、调试、编程）遇到的问题与解决问题的方法。
6）实验总结与体会。

6.4 外部中断实验

6.4.1 实验教学目标

1）熟悉外部中断的工作原理、控制方法与配置。
2）学习 HAL 库的使用。

3) 通过外部中断的方式实现实验 6.3 的功能。

6.4.2 实验设备

硬件：计算机一台，STM32F407 系列核心实验板一套，DAP 仿真器一个。
软件：MDK5 集成开发环境。

6.4.3 实验原理

1. NVIC 简介

ARM 内核通过嵌套向量中断控制器（nested vectored interrupt controller，NVIC）处理异常和中断配置、优先级和中断屏蔽。M4 内核可支持 256 个中断，其中包含 16 个系统异常和 240 个可屏蔽外部中断，具有 256 级可编程中断设置。但是大多数芯片都会精简设计，减少支持的优先级数，减小硅片面积，降低功耗。例如，STM32F405××/07×× 支持系统中断 10 个，可屏蔽外部中断 82 个，有 16 个可编程优先级（使用了 4 位中断优先级），具体的中断向量表可参考 STM32F4×× 参考手册。

2. NVIC 寄存器

NVIC 有多个配置寄存器实现控制，如表 6-5 所示，详见《ARM Cortex-M3 与 Cortex-M4 权威指南》，这些寄存器组位于系统控制空间（system control space，SCS）地址区域。

表 6-5 NVIC 配置寄存器

寄存器符号	寄存器名称	功能
ISER[0]-ISER[7]	中断设置使能寄存器	写 1 设置使能
ICER[0]-ICER[7]	中断清除使能寄存器	写 1 清除使能
ISPR[0]-ISPR[7]	中断设置挂起寄存器	写 1 设置挂起状态
ICPR[0]-ICPR[7]	中断清除挂起寄存器	写 1 清除挂起状态
IABR[0]-IABR[7]	中断活跃位寄存器	活跃状态位，只读
IP[0]-IP[239]	中断优先级寄存器	每个中断的中断优先级（8 位宽）
STIR	软件触发中断寄存器	写中断编号设置响应中断的挂起状态

core_cm4.h 文件中定义了 NVIC 相关寄存器，其定义如下。

```
typedef struct
{
    __IOM uint32_t ISER[8U];              /* 中断设置使能寄存器 */
         uint32_t RESERVED0[24U];
    __IOM uint32_t ICER[8U];              /* 中断清除使能寄存器 */
         uint32_t RSERVED1[24U];
    __IOM uint32_t ISPR[8U];              /* 中断设置挂起寄存器 */
         uint32_t RESERVED2[24U];
    __IOM uint32_t ICPR[8U];              /* 中断清除挂起寄存器 */
         uint32_t RESERVED3[24U];
    __IOM uint32_t IABR[8U];              /* 中断活跃位寄存器 */
```

```
                uint32_t RESERVED4[56U];
        __IOM uint8_t  IP[240U];              /* 中断优先级寄存器(8 位宽) */
                uint32_t RESERVED5[644U];
        __OM uint32_t STIR;                   /* 软件触发中断寄存器 */
    } NVIC_Type;
```

STM32F407 对寄存器做了一部分裁剪，主要变更包括如下几项。

1) ISER[0]~ISER[7]：M4 内核支持 256 个中断，用 8 个 32 位寄存器控制，每位控制一个中断。但是 STM32F407 进行了裁剪，使用 ISER[0] 的第 0~第 31 位分别对应中断 0~31，ISER[1] 的第 0~第 31 位对应中断 32~63，ISER[2] 的第 0~第 16 位对应中断 64~81。

2) IP[0]~IP[239]：表示 240 个可屏蔽中断。但 STM32F407 系列只用到 IP[0]~IP[81]，分别对应中断 0~81，每个可屏蔽中断占用的 8 位只用了高 4 位，又分为了抢占优先级和响应优先级，具体参照 AIRCR 的中断分组设置。

中断优先级分组：STM32F407 系列通过 AIRCR 寄存器的第 10~第 8 位定义了中断优先级的分组。具体的中断分组设置如表 6-6 所示。

表 6-6 AIRCR 中断分组设置表

优先级分组	AIRCR[10:8]	IP[7:4]分配情况	分配结果
0	111	0:4	0 位抢占优先级，4 位响应优先级
1	110	1:3	1 位抢占优先级，3 位响应优先级
2	101	2:2	2 位抢占优先级，2 位响应优先级
3	100	3:1	3 位抢占优先级，1 位响应优先级
4	011	4:0	4 位抢占优先级，0 位响应优先级

3. NVIC 相关函数

ST 公司把 core_cm4.h 文件的 NVIC 相关函数封装到 stm32f4××_hal_cortex.c 文件中，并在 stm32f4××_hal_cortex.h 文件中进行了声明。下面简单介绍一下这几个函数。

1) HAL_NVIC_SetPriorityGrouping()：设置中断优先级分组函数。函数声明如下。

```
void HAL_NVIC_SetPriorityGrouping(uint32_t PriorityGroup);
```

函数描述：设置中断优先级分组。

函数形参：函数有 1 个形参。形参是中断优先级分组号，在 stm32f4××_hal_cortex.h 定义了可选择项，可选择项取值范围是 NVIC_PRIORITYGROUP_0~NVIC_PRIORITYGROUP_4。

函数返回值：无。

2) HAL_NVIC_SetPriority()：设置中断优先级函数，其声明如下。

```
void HAL_NVIC_SetPriority(IRQn_Type IRQn, uint32_t PreemptPriority,
                          uint32_t SubPriority);
```

函数描述：设置中断的抢占优先级和响应优先级。

函数形参：函数有 3 个形参。

形参 1 是中断号，在 stm32f407xx.h 中通过 IRQn_Type 定义了可选项。

形参 2 是抢占优先级，可以选择的范围是 0~15。

形参 3 是响应优先级，可以选择的范围是 0~15。

函数返回值：无。

3）HAL_NVIC_EnableIRQ()：中断使能函数，其声明如下。

> void HAL_NVIC_EnableIRQ(IRQn_Type IRQn);

函数描述：使能中断。

函数形参：函数形参是中断号，与 HAL_NVIC_SetPriority() 函数中中断号的可选项相同。

函数返回值：无。

4）HAL_NVIC_DisableIRQ()：中断清除使能函数，其声明如下。

> void HAL_NVIC_DisableIRQ(IRQn_Type IRQn);

函数描述：中断清除使能。

函数形参：无形参。

函数返回值：无。

5）HAL_NVIC_SystemReset()：系统复位函数，其声明如下。

> void HAL_NVIC_SystemReset(void);

函数描述：软件复位系统。

函数形参：无形参。

函数返回值：无。

4. EXTI 简介

EXTI 由产生事件/中断请求的边沿检测器组成。每根输入线都可单独配置类型（中断或事件）和相应的触发事件（上升沿触发、下降沿触发或边沿触发）。每根输入线都可以单独屏蔽。挂起寄存器用于保持中断请求的状态线。EXTI 的功能框图如图 6-31 所示。

EXTI 要产生中断，必须先配置好并使能中断线，根据需要的边沿检测设置 2 个触发寄存器，同时在中断屏蔽寄存器的相应位写 1 表示使能中断请求。当外部中断线上出现选定信号沿时，EXTI 便会产生中断请求，对应的挂起位也会置 1。在挂起寄存器的对应位写 1，EXTI 将清除该中断请求。

EXTI 要产生事件，必须先配置好并使能事件线。根据需要的边沿检测设置 2 个触发寄存器，同时在事件屏蔽寄存器的相应位写 1 表示允许事件请求。当事件线上出现选定信号沿时，便会产生事件脉冲，对应的挂起位不会置 1。

在软件中对软件中断/事件寄存器写 1，也可以产生中断/事件请求。

EXTI 支持 23 个外部中断/事件请求，其中本实验主要用到 EXTI 线 0~15 用于对应外部 I/O 接口输入中断。GPIO 可通过图 6-32 的方式连接到 EXTI 线 0~15。以线 0 为例，STM32F407 系列的 GPIO 引脚 GPIOx.0（x = A，B，C，D，E，F，G）均可对应中断线 0，

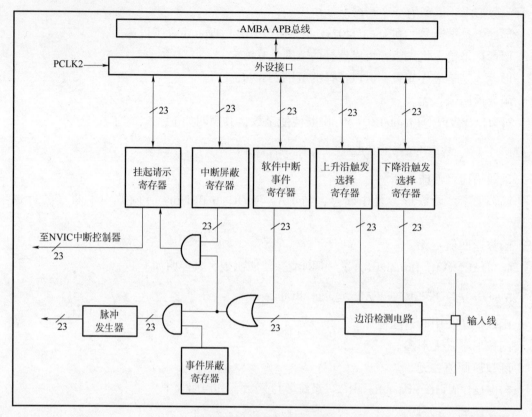

图 6-31 EXTI 功能框图

但是每次只能有 1 个 I/O 接口连接到中断线 0 上。

6.4.4 实验内容与步骤

1. 硬件设计

功能：通过外部中断方式实现实验 6.3 的功能。

硬件资源：与实验 6.3 一致。

原理图：与实验 6.3 一致。

2. 流程图

外部中断实验程序流程如图 6-33 所示。

3. EXTI 的 HAL 库驱动代码

HAL 库的 EXTI 外部中断初始化是在 stm32f4××_hal_gpio.c 文件中的 HAL_GPIO_Init() 函数中进行设置的。GPIO 设置为外部中断有 3 种模式，根据需要选择其中的一种即可。

```
#define GPIO_MODE_IT_RISING (0x10110000U)        /* 外部中断,上升沿触发检测 */
#define GPIO_MODE_IT_FALLING (0x10210000U)       /* 外部中断,下降沿触发检测 */
/* 外部中断,上升和下降双沿触发检测 */
#define GPIO_MODE_IT_RISING_FALLING (0x10310000U)
```

4. EXIT 输入配置步骤

1）使能 I/O 接口时钟。参考实验 6.3 代码。

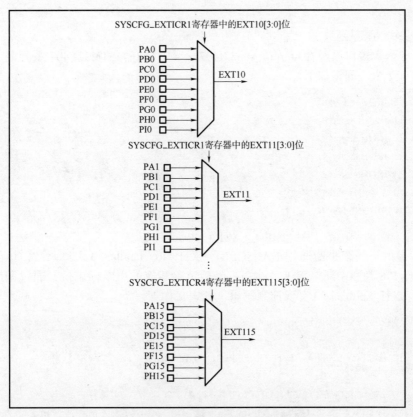

图 6-32 外部中断/事件 GPIO 映射

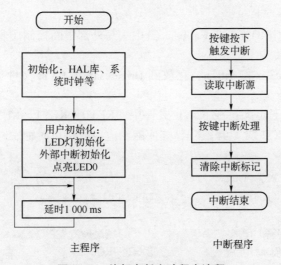

图 6-33 外部中断实验程序流程

2）设置 I/O 接口模式，设置触发条件，开启 SYSCFG 时钟，设置 I/O 接口与中断线的映射关系。这些功能已经封装在 HAL_GPIO_Init( ) 函数中，只需要设置参数，再调用 HAL_GPIO_Init( ) 函数即可。

3）配置中断优先级，使能中断。

使用 HAL_NVIC_SetPriority( ) 函数设置中断优先级，使用 HAL_NVIC_EnableIRQ( ) 函数

设置中断使能。

4) 编写中断服务函数。

中断服务函数接口已经在 startup_stm32f407xx.s 中写好，STM32F407 系列的 I/O 接口外部中断函数有 7 个，列举如下。

```
void EXTI0_IRQHandler();
void EXTI1_IRQHandler();
void EXTI2_IRQHandler();
void EXTI3_IRQHandler();
void EXTI4_IRQHandler();
void EXTI9_5_IRQHandler();
void EXTI15_10_IRQHandler();
```

5) 编写中断回调函数 HAL_GPIO_EXTI_Callback( )。

HAL 库提供了一个中断通用 HAL_GPIO_EXTI_IRQHandler( ) 入口函数，该函数通过入口参数 GPIO_Pin 判断中断来源 I/O 接口，然后清除相应的中断标志位，通过调用回调函数 HAL_GPIO_EXTI_Callback( ) 实现控制逻辑，其定义如下。

```
void HAL_GPIO_EXTI_IRQHandler(uint16_t GPIO_Pin)
{
    if(__HAL_GPIO_EXTI_GET_IT(GPIO_Pin)!= 0x00U)
    {
        __HAL_GPIO_EXTI_CLEAR_IT(GPIO_Pin);        /* 清除中断标志位 */
        HAL_GPIO_EXTI_Callback(GPIO_Pin);           /* 外部中断回调函数 */
    }
}
```

在回调函数 HAL_GPIO_EXTI_Callback( ) 中编写外部中断控制逻辑。

5. 外部中断驱动代码

创建两个文件：exti.c 和 exti.h，存放到 Drivers\BSP\EXTI 文件夹内，下面简单介绍下这两个文件的主要代码。

1) 外部中断引脚宏定义：在 exti.h 文件中，KEY0、KEY1、KEY2 和 KEY_UP 对应的 I/O 接口分别映射到 EXTI 线 4 至 2、0，并使能相应 I/O 接口时钟。

```
/* 引脚和中断编号 & 中断服务函数定义 */
#define KEY0_INT_GPIO_PORT              GPIOE
#define KEY0_INT_GPIO_PIN               GPIO_PIN_4
/* PE 口时钟使能 */
#define KEY0_INT_GPIO_CLK_ENABLE()      do{ __HAL_RCC_GPIOE_CLK_ENABLE(); }while(0)
#define KEY0_INT_IRQn                   EXTI4_IRQn
#define KEY0_INT_IRQHandler             EXTI4_IRQHandler

#define KEY1_INT_GPIO_PORT              GPIOE
#define KEY1_INT_GPIO_PIN               GPIO_PIN_3
/* PE 口时钟使能 */
#define KEY1_INT_GPIO_CLK_ENABLE()      do{ __HAL_RCC_GPIOE_CLK_ENABLE(); }while(0)
#define KEY1_INT_IRQn                   EXTI3_IRQn
```

```
#define KEY1_INT_IRQHandler              EXTI3_IRQHandler

#define KEY2_INT_GPIO_PORT               GPIOE
#define KEY2_INT_GPIO_PIN                GPIO_PIN_2
/* PE 口时钟使能 */
#define KEY2_INT_GPIO_CLK_ENABLE()       do{ __HAL_RCC_GPIOE_CLK_ENABLE(); }while(0)
#define KEY2_INT_IRQn                    EXTI2_IRQn
#define KEY2_INT_IRQHandler              EXTI2_IRQHandler

#define WKUP_INT_GPIO_PORT               GPIOA
#define WKUP_INT_GPIO_PIN                GPIO_PIN_0
/* PA 口时钟使能 */
#define WKUP_INT_GPIO_CLK_ENABLE()       do{ __HAL_RCC_GPIOA_CLK_ENABLE(); }while(0)
#define WKUP_INT_IRQn                    EXTI0_IRQn
#define WKUP_INT_IRQHandler              EXTI0_IRQHandler
```

2) 外部中断初始化函数：在 exti.c 文件中，调用 HAL_GPIO_Init( ) 函数初始化 KEY0、KEY1、KEY2 和 KEY_UP 对应的 I/O 接口模式，设置中断优先级并使能中断，其定义如下。

```
void extix_init(void)
{
    GPIO_InitTypeDef gpio_init_struct;

    key_init();
    gpio_init_struct.Pin = KEY0_INT_GPIO_PIN;
    gpio_init_struct.Mode = GPIO_MODE_IT_FALLING;      /*下降沿触发*/
    gpio_init_struct.Pull = GPIO_PULLUP;
    /* KEY0 配置为下降沿触发中断 */
    HAL_GPIO_Init(KEY0_INT_GPIO_PORT, &gpio_init_struct);

    gpio_init_struct.Pin = KEY1_INT_GPIO_PIN;
    gpio_init_struct.Mode = GPIO_MODE_IT_FALLING;      /*下降沿触发*/
    gpio_init_struct.Pull = GPIO_PULLUP;
    /* KEY1 配置为下降沿触发中断 */
    HAL_GPIO_Init(KEY1_INT_GPIO_PORT, &gpio_init_struct);

    gpio_init_struct.Pin = KEY2_INT_GPIO_PIN;
    gpio_init_struct.Mode = GPIO_MODE_IT_FALLING;      /*下降沿触发*/
    gpio_init_struct.Pull = GPIO_PULLUP;
    /* KEY2 配置为下降沿触发中断 */
    HAL_GPIO_Init(KEY2_INT_GPIO_PORT, &gpio_init_struct);

    gpio_init_struct.Pin = WKUP_INT_GPIO_PIN;
```

```
        gpio_init_struct.Mode = GPIO_MODE_IT_RISING;        /* 上升沿触发 */
        gpio_init_struct.Pull = GPIO_PULLDOWN;
        /* WKUP 配置为上升沿触发中断 */
        HAL_GPIO_Init(WKUP_GPIO_PORT, &gpio_init_struct);

        HAL_NVIC_SetPriority(KEY0_INT_IRQn, 0, 2);           /* 抢占优先级为 0,响应优先级为 2 */
        HAL_NVIC_EnableIRQ(KEY0_INT_IRQn);                   /* 使能中断线 4 */

        HAL_NVIC_SetPriority(KEY1_INT_IRQn, 1, 2);           /* 抢占优先级为 1,响应优先级为 2 */
        HAL_NVIC_EnableIRQ(KEY1_INT_IRQn);                   /* 使能中断线 3 */

        HAL_NVIC_SetPriority(KEY2_INT_IRQn, 2, 2);           /* 抢占优先级为 2,响应优先级为 2 */
        HAL_NVIC_EnableIRQ(KEY2_INT_IRQn);                   /* 使能中断线 2 */

        HAL_NVIC_SetPriority(WKUP_INT_IRQn, 3, 2);           /* 抢占优先级为 3,响应优先级为 2 */
        HAL_NVIC_EnableIRQ(WKUP_INT_IRQn);                   /* 使能中断线 0 */
    }
```

3)外部中断服务函数:在 exti.c 文件中,对每个按键定义了外部中断服务函数,具体定义如下。

```
    void KEY0_INT_IRQHandler(void)
    {
        /* 调用中断处理公用函数清除 KEY0 所在中断线的中断标志位 */
        HAL_GPIO_EXTI_IRQHandler(KEY0_INT_GPIO_PIN);
        /* HAL 库默认先清除中断再处理回调,退出时再清除一次中断,避免按键抖动误触发 */
        __HAL_GPIO_EXTI_CLEAR_IT(KEY0_INT_GPIO_PIN);
    }


    void KEY1_INT_IRQHandler(void)
    {
        /* 调用中断处理公用函数清除 KEY1 所在中断线的中断标志位,中断下半部在 HAL_GPIO_EXTI_Callback 执行 */
        HAL_GPIO_EXTI_IRQHandler(KEY1_INT_GPIO_PIN);
        /* HAL 库默认先清中断再处理回调,退出时再清除一次中断,避免按键抖动误触发 */
        __HAL_GPIO_EXTI_CLEAR_IT(KEY1_INT_GPIO_PIN);
    }

    void KEY2_INT_IRQHandler(void)
    {
```

        /* 调用中断处理公用函数清除 KEY2 所在中断线的中断标志位,中断下半部在 HAL_GPIO_
EXTI_Callback 执行 */
        HAL_GPIO_EXTI_IRQHandler(KEY2_INT_GPIO_PIN);
        /* HAL 库默认先清除中断再处理回调,退出时再清除一次中断,避免按键抖动误触发 */
        __HAL_GPIO_EXTI_CLEAR_IT(KEY2_INT_GPIO_PIN);
    }

    void WKUP_INT_IRQHandler(void)
    {
        /* 调用中断处理公用函数清除 KEY_UP 所在中断线中断标志位,中断下半部在 HAL_GPIO_
EXTI_Callback 执行 */
        HAL_GPIO_EXTI_IRQHandler(WKUP_INT_GPIO_PIN);
        /* HAL 库默认先清中断再处理回调,退出时再清一次中断,避免按键抖动误触发 */
        __HAL_GPIO_EXTI_CLEAR_IT(WKUP_INT_GPIO_PIN);
    }
```

外部中断服务函数都会调用外部中断处理函数 HAL_GPIO_EXTI_IRQHandler( ),该函数是外部中断共用入口函数,函数内会清零中断标志位,并通过中断处理共用回调函数 HAL_GPIO_EXTI_Callback( )来判断中断是哪个 I/O 接口引发的外部中断。

4) 外部中断回调函数:HAL_GPIO_EXTI_Callback( )函数存在于 exti.c 文件中,用来编写真正的外部中断控制逻辑。回调函数先进行延时消抖,再根据不同按键执行相应操作。该函数有一个形参就是 I/O 接口引脚号,其定义如下。

```
    void HAL_GPIO_EXTI_Callback(uint16_t GPIO_Pin)
    {
        delay_ms(20);   /* 消抖 */
        switch(GPIO_Pin)
        {
            case KEY0_INT_GPIO_PIN:
                if (KEY0 == 0)
                {
                    LED0_TOGGLE();   /* LED0 状态取反 */
                }
                break;

            case KEY1_INT_GPIO_PIN:
                if (KEY1 == 0)
                {
                    LED1_TOGGLE();   /* LED1 状态取反 */
                }
                break;

            case KEY2_INT_GPIO_PIN:
```
```

```
            if (KEY2 == 0)
            {
                LED1_TOGGLE();                  /* LED1 状态取反 */
                LED0_TOGGLE();                  /* LED0 状态取反 */
            }
            break;

        case WKUP_INT_GPIO_PIN:
            if (WK_UP == 1)
            {
                BEEP_TOGGLE();                  /* 蜂鸣器状态取反 */
            }
            break;

        default : break;
    }
}
```

6. main.c 代码

main.c 代码首先初始化 HAL 库、系统时钟和延时函数，接着调用 led_init( ) 函数初始化 LED，调用 beep_init( ) 函数初始化蜂鸣器，调用 extix_init( ) 函数初始化外部中断，点亮 LED0，在 while 循环里面延时重复等待外部中断。控制都在中断回调函数中完成，为了便于观察，对串口也进行了初始化。

```
int main(void)
{
    HAL_Init();                                 /* 初始化 HAL 库 */
    sys_stm32_clock_init(336, 8, 2, 7);         /* 设置时钟,168 MHz */
    delay_init(168);                            /* 延时初始化 */
    usart_init(115200);                         /* 串口初始化为 115200 */
    led_init();                                 /* 初始化 LED */
    beep_init();                                /* 初始化蜂鸣器 */
    extix_init();                               /* 初始化外部中断输入 */
    LED0(0);                                    /* 先点亮红灯 */

    while(1)
    {
        printf("OK\r\n");                       /* 打印 OK 提示程序一直在运行 */
        delay_ms(1000);                         /* 延时 1 s */
    }
}
```

7. 下载程序，验证实验结果

编译通过后使用 DAP 仿真器（也可以使用其他仿真器）下载程序。下载完成之后，可按 KEY0、KEY1、KEY2、KEY_UP 键观察 LED 灯、蜂鸣器的变化情况。同时，可以连接计算机 USB 接口与实验板上的 USB UART 口，在安装了 CH340（USB 转串口）驱动的情况下运行串口调试助手（以 XCOM 为例），选择对应的串口，波特率设置为 115 200，可以观察到每隔 1 s 串口助手会接收到一次 OK 提示，串口接收显示如图 6-34 所示，表明程序一直在运行。

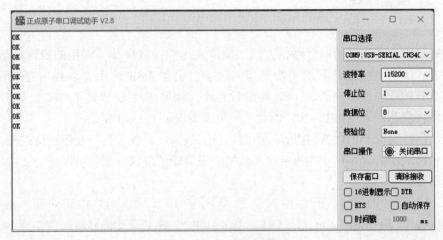

图 6-34 串口接收显示

6.4.5 思考题

1) 分析中断流程与中断处理函数的处理。
2) 采用 STM32CubeMX 创建工程，完成程序的设计。

6.4.6 实验报告

完成实验报告，要求如下。
1) 实验名称、实验教学目标、实验内容。
2) 实验方法：说明具体设计思路，绘制程序流程图。
3) 实验结果：记录实验现象。
4) 完成思考题，记录实验现象。
5) 实验中（包括设计、调试、编程）遇到的问题与解决问题的方法。
6) 实验总结与体会。

6.5 串口通信实验

6.5.1 实验教学目标

1) 掌握串行通信工作原理、控制方法与配置。
2) 学习 HAL 库的使用。
3) 通过串口与上位机实现数据发送和接收。

6.5.2 实验设备

硬件：计算机一台，STM32F407 系列核心实验板一套，DAP 仿真器一个。
软件：MDK5 集成开发环境。

6.5.3 实验原理

1. 串口通信简介

串口通信是一种常用的串行通信方式，按位发送和接收字节。常用的协议包括 RS232、RS422 和 RS485 等。现在计算机上配置串口较少，多以 USB 转串口取代 RS232 串口，在 STM32 实验板的硬件设计中添加 USB 转串口芯片，就可实现 USB 转 UART 通信协议转换，实验板上的转换芯片采用 CH340C，因此计算机需要安装 CH340 驱动。

串口通信协议规定了数据包内容，由起始位、数据位、校验位以及停止位组成，通信双方的数据包格式要约定一致才能正常收发数据。串口通信协议数据包可以分为波特率和数据帧格式两部分。

STM32F4 系列的串口分为两种：通用同步异步收发器（universal synchronous/asynchronous receiver/transmitter，USART）和 UART。UART 只支持异步通信功能。STM32F4 系列有 4 个 USART 和 2 个 UART，其中 USART1 和 USART6 的时钟源来自 APB2 时钟，最大频率为 84 MHz，其他 4 个串口时钟源来自 APB1 时钟，最大频率为 42 MHz。USART 框图如图 6-35 所示。

引脚与功能——TX 为发送数据输出引脚；RX 为接收数据输入引脚；其余引脚功能详见 STM32F4×× 参考手册。

数据寄存器——包含已发送或接收到的数据，由两个寄存器组成，一个是专门给发送用的 TDR，一个是专门给接收用的 RDR。

时钟与波特率——主要功能是为 USART 提供时钟以及配置波特率。具体计算参见 STM32F4×× 参考手册。

2. USART 配置寄存器

USART 配置步骤详见 STM32F4×× 参考手册。配置使用串口步骤如下。

1）通过在 USART_CR1 寄存器上置位 UE 位来激活 USART。

2）通过编程 USART_CR1 的 M 位来定义字长。

3）在 USART_CR2 中编程停止位的位数。

4）如果采用多缓冲器通信，配置 USART_CR3 中的 DMA 使能位 DMAT。按多缓冲器通信中的描述配置 DMA 寄存器。

5）利用 USART_BRR 寄存器选择要求的波特率。

6）设置 USART_CR1 中的 TE 位，发送一个空闲帧作为第一次的发送数据。

7）把要发送的数据写进 USART_DR 寄存器。在只有一个缓冲器的情况下，对每个待发送的数据重复步骤 7。

8）在 USART_DR 寄存器中写入最后一个数据字后，等待 TC = 1，表示最后一个数据帧的传输结束。当需要关闭 USART 或需要进入停机模式之前，需要确认传输结束，避免破坏最后一次传输。

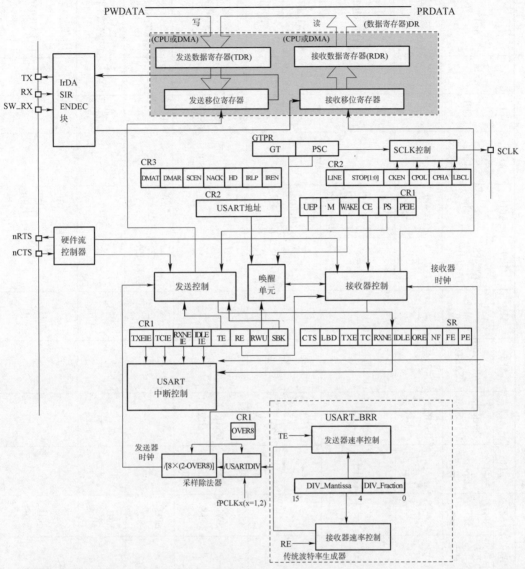

USARTDIV=DIV_Mantissa+(DIV_Fraction/8×(2-OVER8))

图 6-35 USART 框图

具体寄存器配置请参见 STM32F4××参考手册。

3. GPIO 引脚复用功能寄存器

GPIO 一般都是引脚复用，除了作为一般 I/O 接口使用外，还具有一些其他功能，作为功能口使用时，需要先设置复用功能寄存器使能相应功能。复用功能寄存器有两个 32 位寄存器，分高位（AFRH）和低位（AFRL）。AFRL 寄存器配置 0~7 号引脚复用功能，AFRH 寄存器配置 8~15 号引脚复用功能，如图 6-36 和图 6-37 所示。

每个引脚的复用可以通过查阅芯片数据手册得到，例如，STM32F407 系列可以查看其数据手册 Table 9. Alternate function mapping。Port A 引脚复用如表 6-7 所示。通过配置复用功能，可以使得 PA9 用作串口 1 的发送引脚 TX，PA10 用作串口 1 的接收引脚 RX。

表 6-7 Port A 引脚复用

Port		AF0	AF1	AF2	AF3	AF4	AF5	AF6	AF7	AF8	AF9	AF10	AF11	AF12	AF13	AF14	AF15
Port A		SYS	TIM1/2	TIM3/ 4/5	TIM8/9/ 10/11	I2C1/ 2/3	SPI1/ SPI2/ I2S2ext	SPI3/ I2Sext/ I2S3	USART1/ 2/3 I2S3ext	UART4/5/ USART6	CAN1/ 2TIM12/ 13/14	OTG-FS/ OTG-HS	ETH	FSMC/ SDIO/ OTG-FS	DCMI	AF14	AF15
	PA0	—	TIM2_CH1_ETR	TIM5_CH1	TIM8_ETR	—	—	—	USART2_CTS	UART4_TX	—	—	ETH_MII_CRS	—	—	—	EVENTOUT
	PA1	—	TIM2_CH2	TIM5_CH2	—	—	—	—	USART2_RTS	—	—	—	ETH_MII_RX_CLK ETH_RMII_REF_CLK	—	—	—	EVENTOUT
	PA2	—	TIM2_CH3	TIM5_CH3	TIM9_CH1	—	—	—	USART2_TX	—	—	—	ETH_MDIO	—	—	—	EVENTOUT
	PA3	—	TIM2_CH4	TIM5_CH4	TIM9_CH2	—	—	—	USART2_RX	UART4_RX	—	—	ETH_MII_COL	—	—	—	EVENTOUT
	PA4	—	—	—	—	—	SPI1_NSS	SPI3_NSS I2S3_WS	USART2_CK	—	—	—	—	OTG_HS_SOF	DCMI_HSYNC	—	EVENTOUT
	PA5	—	TIM2_CH1_ETR	TIM3_CH1	TIM8_CH1N	—	SPI1_SCK	—	—	—	TIM13_CH1	OTG_HS_ULPI_CK	—	—	—	—	EVENTOUT
	PA6	—	TIM1_BKIN	TIM3_CH1	TIM8_BKIN	—	SPI1_MISO	—	—	—	TIM14_CH1	—	—	—	DCMI_PIXCLK	—	EVENTOUT
	PA7	—	TIM1_CH1N	TIM3_CH2N	TIM8_CH1N	—	SPI1_MOSI	—	—	—	—	—	ETH_MII_RX_DV ETH_RMII_CRS_DV	—	—	—	EVENTOUT

续表

Port	AF0	AF1	AF2	AF3	AF4	AF5	AF6	AF7	AF8	AF9	AF10	AF11	AF12	AF13	AF14	AF15
	SYS	TIM1/2	TIM3/4/5	TIM8/9/10/11	I2C1/2/3	SPI1/SPI2/I2S2ext	SPI3/I2Sext/I2S3	USART1/2/3/I2S3ext	UART4/5/USART6	CAN1/2TIM12/13/14	OTG-FS/OTG-HS	ETH	FSMC/SDIO/OTG-FS	DCMI	AF14	AF15
Port A																
PA8	MCO1	TIM1_CH1	—	—	I2C3_SCT	—	—	USART1_CK	—	—	OTG_FS_SOF	—	—	—	—	EVENTOUT
PA9	—	TIM1_CH2	—	—	I2C3_SMBA	—	—	USART1_TX	—	—	—	—	—	DCMI_D0	—	EVENTOUT
PA10	—	TIM1_CH3	—	—	—	—	—	USART1_RX	—	—	OTG_FS_ID	—	—	DCMI_D1	—	EVENTOUT
PA11	—	TIM1_CH4	—	—	—	—	—	USART1_CTS	—	CAN1_RX	OTG_FS_DM	—	—	—	—	EVENTOUT
PA12	—	TIM1_ETR	—	—	—	—	—	USART1_RTS	—	CAN1_TX	OTG_FS_DP	—	—	—	—	EVENTOUT
PA13	JTMS-SWDID	—	—	—	—	—	—	—	—	—	—	—	—	—	—	EVENTOUT
PA14	JTCK-SWCLK	—	—	—	—	—	—	—	—	—	—	—	—	—	—	EVENTOUT
PA15	JTDI	TIM2_CH1 TIM2_ETR	—	—	—	SPI1_NSS	SPI3_NSS/I2S3_WS	—	—	—	—	—	—	—	—	EVENTOUT

31	30	29	28	27	26	25	24	23	22	21	20	19	18	17	16
AFRL7[3:0]				AFRL6[3:0]				AFRL5[3:0]				AFRL4[3:0]			
rw	rw	rw	rw	rw	rw	rw	rw	rw	rw	rw	rw	rw	rw	rw	rw
15	14	13	12	11	10	9	8	7	6	5	4	3	2	1	0
AFRL3[3:0]				AFRL2[3:0]				AFRL1[3:0]				AFRL0[3:0]			
rw	rw	rw	rw	rw	rw	rw	rw	rw	rw	rw	rw	rw	rw	rw	rw

图 6-36 AFRL 寄存器

31	30	29	28	27	26	25	24	23	22	21	20	19	18	17	16
AFRH15[3:0]				AFRH14[3:0]				AFRH13[3:0]				AFRH12[3:0]			
rw	rw	rw	rw	rw	rw	rw	rw	rw	rw	rw	rw	rw	rw	rw	rw
15	14	13	12	11	10	9	8	7	6	5	4	3	2	1	0
AFRH11[3:0]				AFRH10[3:0]				AFRH9[3:0]				AFRH8[3:0]			
rw	rw	rw	rw	rw	rw	rw	rw	rw	rw	rw	rw	rw	rw	rw	rw

图 6-37 AFRH 寄存器

复用功能在 stm32f4××_hal_gpio_ex.h 文件中进行了宏定义,从表中可知 PA9 和 PA10 都在复用器 AF7 中。.h 头文件中 AF7 的宏定义如下。

```
#define GPIO_AF7_USART1        ((uint8_t)0x07)    /* USART1 Alternate Function mapping */
#define GPIO_AF7_USART2        ((uint8_t)0x07)    /* USART2 Alternate Function mapping */
#define GPIO_AF7_USART3        ((uint8_t)0x07)    /* USART3 Alternate Function mapping   */
#define GPIO_AF7_I2S3ext       ((uint8_t)0x07)    /* 2S3ext_SD Alternate Function mapping*/
```

6.5.4 实验内容与步骤

1. 硬件设计

功能:下位机通过串口 1 和上位机进行串口通信,下位机在收到上位机发过来的字符串后,返回给上位机,上位机可以通过串口助手观测发送和收到的信息。每隔一定时间,通过串口 1 输出一段信息到计算机。同时,LED0 闪烁,提示程序在运行。

硬件资源:LED0-PF9;用跳线帽短接 PA9-RXD,PA10-TXD。

原理图:USB 转串口硬件部分的原理示意如图 6-38 所示。

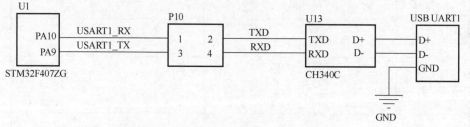

图 6-38 USB 转串口硬件部分的原理示意

2. 流程图

串口通信实验程序流程如图 6-39 所示。

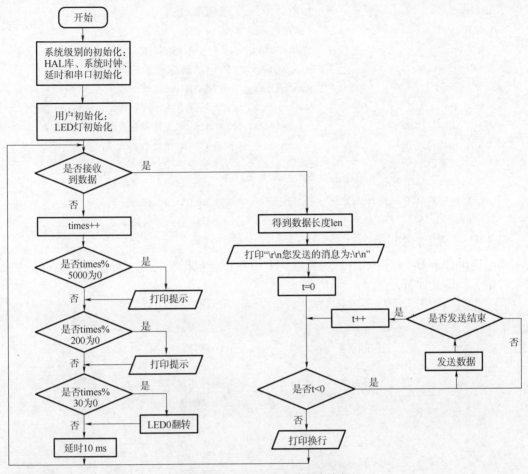

图 6-39　串口通信实验程序流程

3. USART 的 HAL 库驱动代码分析

HAL 库中关于本实验所需的驱动代码存放在 stm32f4××_hal_uart.c 文件及其对应的 .h 头文件中。本实验用到的主要函数如下。

（1）HAL_UART_Init( ) 函数

该函数对串口进行初始化，其声明如下。

HAL_StatusTypeDef HAL_UART_Init(UART_HandleTypeDef *huart);

函数描述：初始化 UART 模式的收发器。

函数形参：函数有 1 个形参。形参是串口的句柄，UART_HandleTypeDef 结构体类型存放在 .h 头文件中，其定义如下。

```
typedef struct
{
    USART_TypeDef                *Instance;         /* UART 寄存器基地址 */
    UART_InitTypeDef             Init;              /* UART 通信参数 */
    UART_AdvFeatureInitTypeDef   AdvancedInit;      /* UART 高级功能配置结构体 */
    uint8_t                      *pTxBuffPtr;       /* 指向 UART 发送缓冲区 */
```

```
    uint16_t              TxXferSize;       /* UART 发送数据的大小 */
    __IO uint16_t         TxXferCount;      /* UART 发送数据的个数 */
    uint8_t               * pRxBuffPtr;     /* 指向 UART 接收缓冲区 */
    uint16_t              RxXferSize;       /* UART 接收数据大小 */
    __IO uint16_t         RxXferCount;      /* UART 接收数据的个数 */
    uint16_t              Mask;             /* UART 数据接收寄存器掩码 */
    DMA_HandleTypeDef     * hdmatx;         /* UART 发送参数设置（DMA）*/
    DMA_HandleTypeDef     * hdmarx;         /* UART 接收参数设置（DMA）*/
    HAL_LockTypeDef       Lock;             /* 锁定对象 */
    __IO HAL_UART_StateTypeDef  gState;     /* UART 发送状态结构体 */
    __IO HAL_UART_StateTypeDef  RxState;    /* UART 接收状态结构体 */
    __IO uint32_t         ErrorCode;        /* UART 操作错误信息 */
}UART_HandleTypeDef;
```

UART_InitTypeDef 结构体用于配置 UART 的参数，包括波特率、停止位等，存放在 .h 头文件中，其定义如下。

```
typedef struct
{
    uint32_t       BaudRate;         /* 波特率 */
    uint32_t       WordLength;       /* 字长 */
    uint32_t       StopBits;         /* 停止位 */
    uint32_t       Parity;           /* 校验位 */
    uint32_t       Mode;             /* UART 模式 */
    uint32_t       HwFlowCtl;        /* 硬件流设置 */
    uint32_t       OverSampling;     /* 过采样设置 */
}UART_InitTypeDef
```

函数返回值：HAL_StatusTypeDef 枚举类型的值有 HAL_ERROR、HAL_OK、HAL_BUSY、HAL_TIMEOUT。

（2）HAL_UART_Receive_IT( ) 函数

该函数是开启串口接收中断函数，其声明如下。

```
HAL_StatusTypeDef HAL_UART_Receive_IT(UART_HandleTypeDef *huart,
                                       uint8_t *pData, uint16_t Size);
```

函数描述：开启接收中断方式。接收在中断处理函数里实现。

函数形参：函数有 3 个形参。

形参 1 是 UART_HandleTypeDef 结构体指针类型的串口句柄。

形参 2 是接收的数据地址。

形参 3 是接收的数据大小，以字节为单位。

函数返回值：HAL_StatusTypeDef 枚举类型的值。

（3）HAL_UART_IRQHandler( ) 函数

该函数是 HAL 库中断处理公共函数，用户一般不能随意修改，其声明如下。

```
void HAL_UART_IRQHandler(UART_HandleTypeDef *huart);
```

函数描述：HAL 库中断处理公共函数，在串口中断服务函数中被调用。
函数形参：函数有 1 个形参，是 UART_HandleTypeDef 结构体指针类型的串口句柄。
函数返回值：无。

若用户要在中断中实现控制逻辑，可直接在 HAL_UART_IRQHandler() 函数的前面或者后面添加新代码，也可直接在 HAL_UART_IRQHandler() 调用的各种回调函数里面执行。

4. USART 的配置步骤

（1）串口参数初始化，并使能串口

调用 HAL_UART_Init() 函数初始化串口参数，如波特率、字长、奇偶校验等。

（2）使能串口和 GPIO 口时钟

根据硬件设计可知，本实验需要使能 USART1 和 GPIOA 时钟。参考代码如下。

```
__HAL_RCC_USART1_CLK_ENABLE();      /* 使能 USART1 时钟 */
__HAL_RCC_GPIOA_CLK_ENABLE();       /* 使能 GPIOA 时钟 */
```

（3）GPIO 模式设置

调用 HAL_GPIO_Init() 函数实现 GPIO 的速度、上/下拉、复用功能等。

（4）开启串口相关中断，配置串口中断优先级

调用 HAL_UART_Receive_IT() 函数开启串口中断接收；调用 HAL_NVIC_EnableIRQ() 函数使能串口中断；调用 HAL_NVIC_SetPriority() 函数设置中断优先级。

（5）编写中断服务函数

串口 1 中断服务函数为 USART1_IRQHandler()。

HAL 库还提供了 1 个串口中断公共处理函数 HAL_UART_IRQHandler()，该函数在接收完成后会调用回调函数 HAL_UART_RxCpltCallback()，可在此回调函数中编写数据接收处理程序。

（6）串口数据接收和发送

通过读写 USART_DR 寄存器，完成串口数据的接收和发送。

HAL 库还提供了 HAL_UART_Receive() 和 HAL_UART_Transmit() 两个函数用于串口数据的接收和发送。

5. USART1 驱动代码

本实验范例创建了 2 个文件：usart.c 和 usart.h，存放在 Drivers\SYSTEM\USART 内，下面简单介绍下这两个文件的主要代码。

1）USART1 引脚宏定义：在 usart.h 文件中，定义了 USART1 端口号、引脚号与复用功能，并使能时钟。代码如下。

```
/* 串口 1 的 GPIO */
#define     USART_TX_GPIO_PORT          GPIOA
#define     USART_TX_GPIO_PIN           GPIO_PIN_9
#define     USART_TX_GPIO_AF            GPIO_AF7_USART1
/* 发送引脚时钟使能 */
#define     USART_TX_GPIO_CLK_ENABLE()  do{ __HAL_RCC_GPIOA_CLK_ENABLE(); }while(0)
#define     USART_RX_GPIO_PORT          GPIOA
#define     USART_RX_GPIO_PIN           GPIO_PIN_10
#define     USART_RX_GPIO_AF            GPIO_AF7_USART1
```

```
/* 接收引脚时钟使能 */
#define  USART_RX_GPIO_CLK_ENABLE()    do{ HAL_RCC_GPIOA_CLK_ENABLE(); }while(0)
#define  USART_UX           USART1
#define  USART_UX_IRQn        USART1_IRQn
#define  USART_UX_IRQHandler    USART1_IRQHandler
/* USART1 时钟使能 */
#define  USART_UX_CLK_ENABLE()      do{ HAL_RCC_USART1_CLK_ENABLE(); }while(0)
```

Stm32f407xx.h 文件中定义的 USART1_IRQn( ) 为中断向量表中 37 号中断服务函数，启动文件 startup_stm32f407xx.s 中定义了 USART1_IRQHandler( ) 是串口 1 的中断服务函数。

2) USART1 初始化函数：在 usart.c 文件中定义了初始化函数 usart_init( )，形参是波特率，其定义如下。

```
void usart_init(uint32_t baudrate)
{
    uartx_handle.Instance = USART_UX;                    /* USART1 */
    uartx_handle.Init.BaudRate = baudrate;               /* 波特率 */
    uartx_handle.Init.WordLength = UART_WORDLENGTH_8B;   /* 字长为 8 位数据格式 */
    uartx_handle.Init.StopBits = UART_STOPBITS_1;        /* 一个停止位 */
    uartx_handle.Init.Parity = UART_PARITY_NONE;         /* 无奇偶校验位 */
    uartx_handle.Init.HwFlowCtl = UART_HWCONTROL_NONE;   /* 无硬件流控 */
    uartx_handle.Init.Mode = UART_MODE_TX_RX;            /* 收发模式 */
    HAL_UART_Init(&uartx_handle);                        /* HAL_UART_Init()函数会使能 UART1 */
    /* 该函数会开启接收中断:标志位 UART_IT_RXNE,并且设置接收缓冲以及接收缓冲接收的最大数据量 */
    HAL_UART_Receive_IT(&uartx_handle, (uint8_t *)aRxbuffer, RXBUFFERSIZE);
}
```

3) HAL_UART_MspInit( ) 函数：还有一部分初始化需要调用 usart.c 文件中的 HAL_UART_MspInit( ) 函数，它是 HAL 库定义的弱定义函数，在 HAL_UART_Init( ) 函数中被调用，主要实现底层的初始化，其定义如下。

```
void HAL_UART_MspInit(UART_HandleTypeDef *huart)
{
    GPIO_InitTypeDef gpio_init_struct;
    if(huart->Instance == USART_UX)                      /* 如果是串口 1,进行串口 1 MSP 初始化 */
    {
        USART_UX_CLK_ENABLE();                           /* USART1 时钟使能 */
        USART_TX_GPIO_CLK_ENABLE();                      /* 发送引脚时钟使能 */
        USART_RX_GPIO_CLK_ENABLE();                      /* 接收引脚时钟使能 */
        gpio_init_struct.Pin = USART_TX_GPIO_PIN;        /* TX 引脚 */
        gpio_init_struct.Mode = GPIO_MODE_AF_PP;         /* 复用推挽输出 */
        gpio_init_struct.Pull = GPIO_PULLUP;             /* 上拉 */
        gpio_init_struct.Speed = GPIO_SPEED_FREQ_HIGH;   /* 高速 */
        gpio_init_struct.Alternate = USART_TX_GPIO_AF;   /* 复用为 USART1 */
        HAL_GPIO_Init(USART_TX_GPIO_PORT, &gpio_init_struct);  /* 初始化发送引脚 */
```

```c
        gpio_init_struct. Pin = USART_RX_GPIO_PIN;            /* RX 引脚 */
        gpio_init_struct. Alternate = USART_RX_GPIO_AF;       /* 复用为 USART1 */
        HAL_GPIO_Init(USART_RX_GPIO_PORT, &gpio_init_struct); /* 初始化接收引脚 */
#if USART_EN_RX
        HAL_NVIC_EnableIRQ(USART_UX_IRQn);                    /* 使能 USART1 中断通道 */
        HAL_NVIC_SetPriority(USART_UX_IRQn, 3, 3);            /* 抢占优先级为 3,响应优先级为 3 */
#endif
    }
}
```

4) 串口中断服务函数：在 usart.c 文件中定义了 USART_UX_IRQHandler( ) 中断服务函数，其定义如下。

```c
void USART_UX_IRQHandler(void)
{
#if SYS_SUPPORT_OS                                            /* 使用 OS */
    OSIntEnter();
#endif
    HAL_UART_IRQHandler(&g_uart1_handle);                     /* 调用 HAL 库中断处理公用函数 */
#if SYS_SUPPORT_OS                                            /* 使用 OS */
    OSIntExit();
#endif
}
```

函数主要调用串口中断公共处理函数 HAL_UART_IRQHandler( )，这个函数内部再调用相关的中断回调函数 HAL_UART_RxCpltCallback( )。

5) 串口接收完成中断回调函数：在 usart.c 文件中定义了 HAL_UART_RxCpltCallback( ) 回调函数，主要用来存放用户中断处理代码，其定义如下。

```c
void HAL_UART_RxCpltCallback(UART_HandleTypeDef *huart)
{
    if(huart->Instance == USART_UX)                           /* 如果是串口 1 */
    {
        if((g_usart_rx_sta & 0x8000) == 0)                    /* 接收未完成 */
        {
            if(g_usart_rx_sta & 0x4000)                       /* 接收了 0x0d */
            {
                if(g_rx_buffer[0] != 0x0a)
                {
                    g_usart_rx_sta = 0;                       /* 接收错误,重新开始 */
                }
                else
                {
                    g_usart_rx_sta |= 0x8000;                 /* 接收完成了 */
                }
```

```
            }
            else                            /* 还没收到 0x0d */
            {
              if(g_rx_buffer[0] == 0x0d)
              {
                g_usart_rx_sta |= 0x4000;
              }
              else
              {
                g_usart_rx_buf[g_usart_rx_sta & 0X3FFF] = g_rx_buffer[0];
                g_usart_rx_sta++;
                if(g_usart_rx_sta > (USART_REC_LEN - 1))
                {
                  g_usart_rx_sta = 0;       /* 接收数据错误,重新开始接收 */
                }
              }
            }
          }
        }
      }
}
```

HAL 库定义的串口中断逻辑比较复杂,也可不调用 HAL_UART_IRQHandler( )函数,而是直接编写自己的中断服务函数。

6. main.c 代码

实验范例中,main.c 代码先初始化 HAL 库、系统时钟和延时函数,然后调用 usart_init( )函数初始化串口,调用 led_init( )函数来初始化 LED,最后在 while 循环内先判断前一次数据接收是否已经完成。若已经完成则把接收的缓冲数据发送到串口,则在上位机显示。LED0 每隔一段时间翻转,提示系统正在运行。

```
int main(void)
{
    uint8_t len;
    uint16_t times = 0;
    HAL_Init();                              /* 初始化 HAL 库 */
    sys_stm32_clock_init(336, 8, 2, 7);      /* 设置时钟,168 MHz */
    delay_init(168);                         /* 延时初始化 */
    usart_init(115200);                      /* 串口初始化为 115 200 */
    led_init();                              /* 初始化 LED */
    while(1)
    {
        if (g_usart_rx_sta & 0x8000)         /* 接收到了数据? */
        {
            len = g_usart_rx_sta & 0x3fff;   /* 得到此次接收的数据长度 */
            printf("\r\n 您发送的消息为:\r\n");
```

```
            HAL_UART_Transmit(&g_uart1_handle,(uint8_t  *)g_usart_rx_buf,len,1000);
            /* 发送接收的数据 */
            while(__HAL_UART_GET_FLAG(&g_uart1_handle,UART_FLAG_TC)!=SET);
            /* 等待发送结束 */
            printf("\r\n\r\n");                              /* 插入换行 */
            g_usart_rx_sta = 0;
        }
        else
        {
            times++;

            if (times % 5000 == 0)
            {
                    printf("\r\n 正点原子 STM32 实验板串口实验\r\n");
                    printf("正点原子@ALIENTEK\r\n\r\n\r\n");
            }
            if (times % 200 == 0)printf("请输入数据,以回车键结束\r\n");
            if (times % 30 == = 0)LED0_TOGGLE();              /* 闪烁 LED,提示系统正在运行. */
            delay_ms(10);
        }
    }
}
```

7. 下载程序，验证实验结果

编译通过后使用 DAP 仿真器（也可以使用其他仿真器）下载程序。下载完成之后，LED0 闪烁，表示程序正在运行。连接计算机 USB 接口与实验板上的 USB UART 口，在安装了 CH340 驱动的情况下运行串口调试助手（以 XCOM 为例），选择对应的串口，波特率设置为 115 200，向下位机发送数据后按 Enter 键发送，观察接收区接收到的数据。串口通信实验结果如图 6-40 所示。

6.5.5　思考题

按照要求定义一个串口发送、接收协议，并编程实现。要求协议至少应有数据头、数据类型、数据长度、数据、校验。

6.5.6　实验报告

完成实验报告，要求如下。
1）实验名称、实验教学目标、实验内容。
2）实验方法：说明具体设计思路，绘制程序流程图。
3）实验结果：记录实验现象。
4）完成思考题，记录实验现象。
5）实验中（包括设计、调试、编程）遇到的问题与解决问题的方法。
6）实验总结与体会。

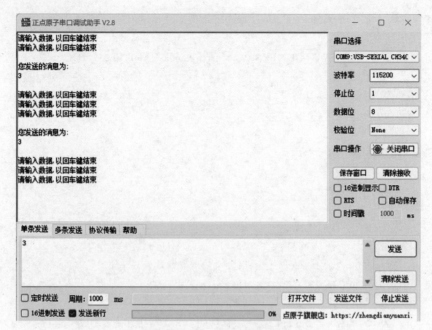

图 6-40　串口通信实验结果

6.6　基本定时器实验

6.6.1　实验教学目标

1) 掌握基本定时器工作原理、控制方法与配置。
2) 学习 HAL 库的使用。
3) 通过基本定时器实现定时功能。

6.6.2　实验设备

硬件：计算机一台，STM32F407 系列核心实验板一套，DAP 仿真器一个。
软件：MDK5 集成开发环境。

6.6.3　实验原理

1. 定时器功能简介

STM32F407 系列有 14 个定时器，其中有 2 个基本定时器为 TIM6、TIM7；10 个通用定时器为 TIM2～TIM5、TIM9～TIM14；2 个高级控制定时器为 TIM1、TIM8。这些定时器彼此完全独立。

本实验主要研究基本定时器的功能，基本定时器特性为：16 位自动重载递增计数器，16 位可编程预分频器，用于对计数器时钟频率进行分频，分频系数介于 1 和 65 536 之间；也可用于触发 DAC 的同步电路，计数器上也会生成中断/DMA 请求。基本定时器框图如图 6-41所示。

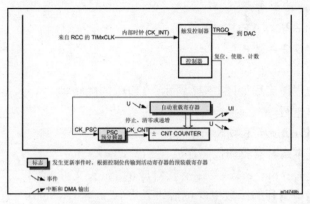

图 6-41　基本定时器框图

基本定时器时钟来自 APB1 时钟×2 后的信号 CK_INT，在 sys_stm32_clock_init( ) 时钟设置函数中已设置，APB1 总线时钟频率为 42 MHz，所以 APB1 总线的定时器时钟频率为 84 MHz。

输出 CK_CNT 是经过预分频器寄存器 TIMx_PSC 分频后的时钟，它是计数器实际的计数时钟；基本定时器的计数器 CNT 是一个递增的计数器，当定时器使能时，每来一个 CK_CNT 时钟信号，TIMx_CNT 的值就会递增加 1。当 TIMx_CNT 值与 TIMx_ARR 的设定值相等时，定时器上溢，TIMx_CNT 的值就会被自动清零并且会生成更新事件：中断/DMA 请求/触发 DAC。

2. TIM6/TIM7 寄存器

基本定时器有 8 个配置寄存器实现控制，如表 6-8 所示，其中 x 表示 6/7，具体的可查看 STM32F4×× 中文参考手册。

表 6-8　基本定时器配置寄存器

寄存器符号	寄存器名称	功能
TIMx_CR1	控制寄存器 1	使能或者禁止计数器，设置开始/停止计数，控制自动重载寄存器
TIMx_CR2	控制寄存器 2	主模式选择
TIMx_DIER	DMA/中断使能寄存器	使能或者禁止更新中断
TIMx_SR	状态寄存器	中断更新的标志位
TIMx_EGR	事件生成寄存器	重新初始化定时器计数器并生成寄存器更新事件
TIMx_CNT	计数器寄存器	计数器值
TIMx_PSC	预分频寄存器	16 位寄存器，写入是预分频值
TIMx_ARR	自动重载寄存器	要装载到实际自动重载寄存器的值

6.6.4　实验内容与步骤

1. 硬件设计

功能：本实验基于基本定时器的功能，配置定时器每 500 ms 产生周期性溢出，每次计数上溢产生中断后，翻转 LED1，代表定时器发生更新事件的频率。LED0 用来指示程序运行，每 200 ms 翻转 1 次。

硬件资源：LED0-PF9，LED1-PF10。

原理图：与实验 6.2 一致。

2. 流程图

基本定时器实验程序流程如图 6-42 所示。LED1 的翻转将在定时器更新中断里进行。

3. 基本定时器的 HAL 库驱动代码分析

HAL 库中关于基本定时器驱动代码存放在 STM32F4××_hal_tim.c 和 STM32F4××_hal_tim_ex.c 文件及其对应的 .h 头文件中，基本定时器实验中用到的函数主要包括如下几个。

（1）HAL_TIM_Base_Init() 函数

该函数主要是对定时器进行初始化，其声明如下。

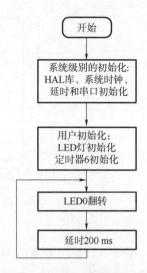

图 6-42 基本定时器实验程序流程

```
HAL_StatusTypeDef HAL_TIM_Base_Init(TIM_HandleTypeDef * htim);
```

函数描述：初始化定时器。

函数形参：该函数有 1 个形参。形参是 TIM_HandleTypeDef 结构体类型指针变量（又称定时器句柄），结构体定义如下。

```
typedef struct
{
    TIM_TypeDef  *Instance;                         /* 外设寄存器基地址 */
    TIM_Base_InitTypeDef Init;                      /* 定时器初始化结构体 */
    HAL_TIM_ActiveChannel Channel;                  /* 定时器通道 */
    DMA_HandleTypeDef  *hdma[7];                    /* DMA 管理结构体 */
    HAL_LockTypeDef Lock;                           /* 锁定资源 */
    __IO HAL_TIM_StateTypeDef State;                /* 定时器状态 */
    __IO HAL_TIM_ChannelStateTypeDef ChannelState;  /* 定时器通道状态 */
    __IO HAL_TIM_ChannelStateTypeDef ChannelNState; /* 定时器互补通道状态 */
    __IO HAL_TIM_DMABurstStateTypeDef DMABurstState;/* DMA 溢出状态 */
}TIM_HandleTypeDef;
```

其中，TIM_Base_InitTypeDef 这个结构体类型定义如下。

```
typedef struct
{
    uint32_t Prescaler;              /* 预分频系数 */
    uint32_t CounterMode;            /* 计数模式 */
    uint32_t Period;                 /* 自动重载值 ARR */
    uint32_t ClockDivision;          /* 时钟分频因子 */
    uint32_t RepetitionCounter;      /* 重复计数器 */
    uint32_t AutoReloadPreload;      /* 自动重载预装载使能 */
} TIM_Base_InitTypeDef;
```

函数返回值：HAL_StatusTypeDef 枚举类型的值。

(2) HAL_TIM_Base_Start_IT( )函数

该函数是更新定时器中断和使能定时器的函数,其声明如下。

```
HAL_StatusTypeDef HAL_TIM_Base_Start_IT(TIM_HandleTypeDef *htim);
```

函数描述:调用 HAL_TIM_ENABLE_IT( )和 HAL_TIM_ENABLE( )两个函数宏定义会分别更新定时器中断和使能定时器的宏定义。

函数形参:该函数有 1 个形参。形参是 TIM_HandleTypeDef 结构体类型指针变量,即定时器句柄。

函数返回值:HAL_StatusTypeDef 是枚举类型的值。

4. 基本定时器的配置步骤

1) 开启定时器时钟。

使能方法如下。

```
__HAL_RCC_TIMx_CLK_ENABLE(); /* x=1~14 */
```

2) 初始化定时器参数。

通过 HAL_TIM_Base_Init( )函数初始化,设置自动重装值、分频系数、计数方式等。

3) 使能定时器更新中断,开启定时器计数,配置定时器中断优先级。

通过 HAL_TIM_Base_Start_IT( )函数使能定时器更新中断和开启定时器计数;通过 HAL_NVIC_EnableIRQ( )函数使能定时器中断;通过 HAL_NVIC_SetPriority( )函数设置中断优先级。

4) 编写中断服务函数。

当发生中断的时候,程序会执行定时器中断服务函数 TIMx_IRQHandler( )。

HAL 库也提供了定时器中断公共处理函数 HAL_TIM_IRQHandler( ),该函数又调用 HAL_TIM_PeriodElapsedCallback( )等一些回调函数,用户可以根据中断类型选择重定义中断回调函数实现中断服务。

5. 基本定时器中断驱动代码

实验范例创建了两个文件:btim.c 和 btim.h,存放在 Drivers\BSP\TIMER 内,下面简单介绍下这两个文件的主要代码。

1) TIMx 宏定义:在 btim.h 文件中,通过 4 个宏定义,可以支持 TIM1~TIM14 任意一个定时器,并使能时钟。

```
#define BTIM_TIMX_INT                    TIM6
#define BTIM_TIMX_INT_IRQn               TIM6_DAC_IRQn
#define BTIM_TIMX_INT_IRQHandler         TIM6_DAC_IRQHandler
#define BTIM_TIMX_INT_CLK_ENABLE()       do{ __HAL_RCC_TIM6_CLK_ENABLE(); }while(0)
```

2) 定时器的初始化函数。

在 btim.c 文件中,初始化函数 btim_timx_int_init( )定义如下。

```
void btim_timx_int_init(uint16_t arr, uint16_t psc)
{
    g_timx_handler.Instance = BTIM_TIMX_INT;                    /* 定时器6*/
    g_timx_handler.Init.Prescaler = psc;                        /* 预分频 */
    g_timx_handler.Init.CounterMode = TIM_COUNTERMODE_UP;       /* 递增计数模式 */
```

```
        g_timx_handler.Init.Period = arr;                    /* 自动装载值 */
        HAL_TIM_Base_Init(&g_timx_handler);
        HAL_TIM_Base_Start_IT(&g_timx_handler);              /* 使能定时器6和定时器更新中断 */
    }
```

函数功能：初始化定时器，本实验是初始化基本定时器 6。

函数形参：该函数有 2 个形参。

形参 1 是 arr，设置 TIMx_ARR；

形参 2 是 psc，设置 TIMx_PSC。

3) 定时器底层驱动初始化函数。

在 btim.c 文件中，初始化函数 HAL_TIM_Base_MspInit( ) 定义如下。

```
    void HAL_TIM_Base_MspInit(TIM_HandleTypeDef *htim)
    {
        if (htim->Instance == BTIM_TIMX_INT)
        {
            BTIM_TIMX_INT_CLK_ENABLE();                          /* 使能 TIMx 时钟 */
            HAL_NVIC_SetPriority(BTIM_TIMX_INT_IRQn, 1, 3);      /* 抢占优先级为1,响应优先级为3 */
            HAL_NVIC_EnableIRQ(BTIM_TIMX_INT_IRQn);              /* 开启 TIMx 中断 */
        }
    }
```

函数功能：用于存放 GPIO、NVIC 和时钟相关的代码，判断定时器的寄存器基地址，满足条件后，先使能定时器时钟，然后设置定时器中断的抢占优先级为 1，响应优先级为 3，最后开启定时器中断。

4) 定时器中断服务函数。

定时器中断服务函数 BTIM_TIMX_INT_IRQHandler( ) 较为简单，主要调用了 HAL 库的定时器中断公共处理函数 HAL_TIM_IRQHandler( )，这个函数根据中断标志位调用各个中断回调函数，用户可以在相应的回调函数中编写中断处理代码。

本实验重定义的更新中断回调函数如下。

```
    void HAL_TIM_PeriodElapsedCallback(TIM_HandleTypeDef *htim)
    {
        if (htim->Instance == BTIM_TIMX_INT)
        {
            LED1_TOGGLE();                                        /* LED1 反转 */
        }
    }
```

更新中断回调函数是所有定时器共用的。只有对应定时器发生的更新中断才能被更新中断回调函数处理。因此，进入更新中断回调函数时要先判断是否为定时器 6，若是则翻转 LED1。

6. main.c 代码

在本实验范例中，main.c 代码先初始化 HAL 库、系统时钟和延时函数，然后调用

led_init( )函数来初始化 LED，最后在 while 循环里每 200 ms 翻转一次 LED0；LED1 在计时器中断程序中每 500 ms 翻转一次。编写代码如下。

```c
int main(void)
{
    HAL_Init();                              /* 初始化 HAL 库 */
    sys_stm32_clock_init(336, 8, 2, 7);      /* 设置时钟,168 MHz */
    delay_init(168);                         /* 延时初始化 */
    usart_init(115 200);                     /* 串口初始化为 115 200 */
    led_init();                              /* 初始化 LED */
    btim_timx_int_init(5000 - 1, 8400 - 1);
                /* 84 000 000 / 84 00 = 10 000 kHz 的计数频率,计数 5 000 次为 500 ms */
    while(1)
    {
        LED0_TOGGLE();                       /* LED0(红)翻转 */
        delay_ms(200);
    }
}
```

7. 下载程序，验证实验结果

编译通过后使用 DAP 仿真器（也可以使用其他仿真器）下载程序。下载完成之后，可以看到 LED0 不停闪烁（每 400 ms 一个周期），LED1 也不停闪烁（每 1 s 一个周期）。

6.6.5 思考题

1）如何使用通用定时器输出 PWM 信号？
2）如何使用通用定时器实现输入捕获功能？

6.6.6 实验报告

完成实验报告，要求如下。
1）实验名称、实验教学目标、实验内容。
2）实验方法：说明具体设计思路，绘制程序流程图。
3）实验结果：记录实验现象。
4）完成思考题，记录实验现象。
5）实验中（包括设计、调试、编程）遇到的问题与解决问题的方法。
6）实验总结与体会。

第7章 传感与测试技术实验

7.1 7660采集板卡

7.1.1 7660采集板卡概述

USB-7660（简称7660采集板卡）系列是USB/232/485总线接口的多功能数据采集设备，带有模拟量输入、模拟量输出、数字量输入、数字量输出、计数、测频等功能。7660采集板卡可以测量工业现场的电压、电流、压电集成电路（integrated electronics piezo-electric，IEPE）加速度计、频率、基于桥路的传感器等信号（详细资料见7660采集板卡说明书），其外形如图7-1所示。

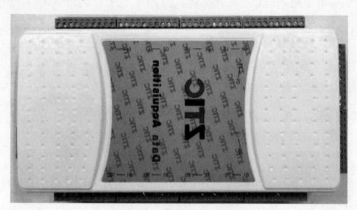

图7-1 7660采集板卡外形

1. 模拟量输入
1) 通道数：单端48路，双端24路。
2) 最高采样频率：50 kHz/250 kHz（A型）、100 kHz（B型）。
3) 分辨率：12位（A型）、16位（B型）。
4) 输入范围：0~5 V、0~10 V（出厂默认）、-5~+5 V、0~20 mA。
2. 模拟量输出
1) 通道数：4路。
2) 分辨率：12位。
3) 输出范围：0~5 V、0~10 V（出厂默认）、-5~+5 V、-10~+10 V、0~20 mA。

3. 计数器

1）通道数：3 路。

2）最高计数频率：1 MHz。

3）分辨率：16 位。

4）计数范围：0~65 535。

5）工作模式：减法计数器、频率测量。

4. 数字量输入

1）通道数：16 路。

2）电平方式：5 V CMOS，光隔（仅 7660N、7660XN、7660XDN 系列，5 V/12 V/24 V 电平可定制，出厂为 24 V）。

5. 数字量输出

1）通道数：16 路。

2）电平方式：5 V CMOS，光隔（仅 7660N、7660XN、7660XDN 系列，5 V/12 V/24 V 电平可定制，出厂为 24 V）。

7.1.2 7660 采集板卡引脚功能定义说明

7660 采集板卡引脚分布如图 7-2 所示，其引脚定义如表 7-1 所示。

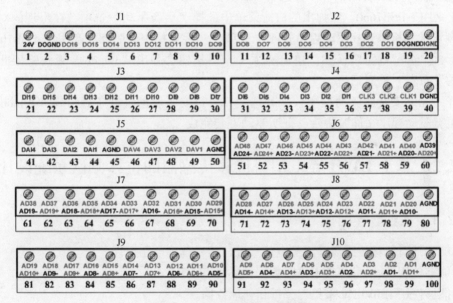

图 7-2 7660 采集板卡引脚分布

表 7-1 7660 采集板卡引脚定义

引脚信号名称	引脚功能定义
AD1~AD48	单端模拟信号正引脚
AD1+~AD24+	双端模拟信号正引脚
AD1-~AD24-	双端模拟信号负引脚

续表

引脚信号名称	引脚功能定义
DAV1~DAV3	电压模拟输出引脚
DAI1~DAI3	电流模拟输出引脚
CLK1~CLK3	计数器输入引脚
DI1~DI16	数字量输入引脚
DO1~DO16	数字量输出引脚
AGND	模拟地引脚
DOGND/DIGND	数字量输出地/数字量输入地
24 V	数字量输出供电引脚（5 V CMOS 电平时此引脚无效）

7.1.3 7660 采集板卡软件安装

64 位 Windows 操作系统下安装方法：开机时按 F8 键，进入系统选择菜单，选择"禁用驱动程序签名强制"选项，然后按 Enter 键进入系统。硬件安装完后，进入"设备管理器"，在"其他设备"里会看到一个带黄色叹号的设备 ZTIC-USB7660B。

右击 ZTIC-USB7660，在弹出的快捷菜单中选择"更新驱动"选项；在出现的对话框中选择"浏览计算机以查找驱动程序软件"选项，然后选择中泰驱动光盘里的 USB7660 驱动文件夹，再单击"确定"按钮。单击"下一步"按钮会弹出"Windows 无法验证此驱动程序软件的发布者"的对话框。

选择"始终安装此驱动程序软件"选项，经过安装驱动进度条后出现"Windows 已经成功地更新驱动程序文件"提示，证明驱动安装完成。

7.2 基于 LWH 导电塑料位移传感器的位移测试系统设计

7.2.1 实验教学目标

1) 能够针对位移传感器输出的电信号进行信号调理电路设计。
2) 能够使用 7660 采集板卡进行数据采集。
3) 能够使用 LabVIEW 采集、分析和处理数据。
4) 能够使用 LabVIEW 设计人机界面。

7.2.2 LWH 导电塑料位移传感器

1. LWH 位移传感器参数

1) 传感器型号：LWH 250。
2) 工作量程：250 mm。
3) 分辨率：0.01 mm。
4) 标准阻值：5 kΩ。

2. 位移传感器工作原理

LWH 导电塑料位移传感器及电路原理如图 7-3 所示。传感器位移与电阻阻值成比例，如果在传感器两端加上稳定的基准电压，传感器位移变化将输出与位移成比例的电压信号，从而可以测量位移。

图 7-3　LWH 导电塑料位移传感器及电路原理

7.2.3　位移测试系统结构

7660 采集板卡模拟量输入电压设定为 0~10 V，位移测试系统结构如图 7-4 所示，包括位移传感器、信号调理电路、7660 采集板卡及 LabVIEW 采集、处理数据等。

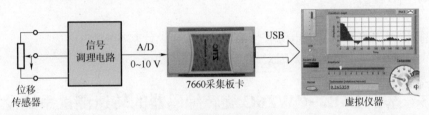

图 7-4　位移测试系统结构

位移传感器输出的电信号，经信号调理电路转换为 0~10 V 的模拟量，通过 7660 采集板卡由 LabVIEW 采集数据并进行处理，得到位移值。

7.2.4　实验内容和步骤

1. 设计信号调理电路

1）给位移传感器施加一个稳定的基准信号：0~10 V。
2）位移传感器输出的电信号，经信号调理电路的滤波、变换，输出 0~10 V 电压信号。

2. 7660 采集板卡

1）模拟输入连接：采用单端模拟输入方式接入信号调理电路输出的 0~10 V 电压信号。
2）使用 USB 连接线将板卡与计算机连接到一起。

3. LabVIEW 编程

1）编写人机界面。
2）编写数据采集、滤波、处理、计算程序。
3）编写实验参数显示、实验曲线等。

7.2.5　实验安全注意事项

1）通电前，检查信号调理电路电源与地是否短路。
2）通电前，检查面包板上信号调理电路插线是否可靠。
3）通电前，检查信号调理电路电源是否正确。
4）通电前，检查 7660 采集板卡模拟接入 A/D 是否正确。

5) 检查 7660 采集板卡软件安装是否正确。

7.2.6 实验报告

1) 实验名称、实验教学目标、实验内容。
2) 设计信号调理电路。
3) LabVIEW 编写人机界面。
4) LabVIEW 编写数据采集、滤波、处理、计算程序。
5) LabVIEW 编写实验参数显示、实验曲线等。
6) 改变位移进行实验测试,获得位移变化曲线。
7) 对实验结果进行分析,评价实验结果的合理性,分析误差产生的原因。
8) 实验的收获和体会,包括设计、调试、编程中遇到的问题与解决问题的方法。
9) 写清楚小组成员及自己在小组项目中所承担的主要工作。

7.2.7 思考题

1) 选择位移传感器的基准电源有什么要求?如何设计基准电源?
2) 影响位移测量精度的主要因素有哪些?怎样解决?

7.3 基于 E6B2-CWZ6C 旋转编码器的转速测试系统设计

7.3.1 实验教学目标

1) 能够针对光电编码器输出的电信号进行信号调理电路设计。
2) 能够使用 7660 采集板卡进行数据采集。
3) 能够使用 LabVIEW 采集、分析和处理数据。
4) 能应用 LabVIEW 设计人机界面。

7.3.2 旋转编码器

1. 旋转编码器参数

欧姆龙旋转编码器 E6B2-CWZ6C 如图 7-5 所示。

图 7-5 欧姆龙旋转编码器 E6B2-CWZ6C

1) 传感器型号：E6B2-CWZ6C。
2) 输出形式：NPN 型集电极开路输出。
3) 分辨率：1 000 脉冲/旋转。
4) 输出相：A、B、Z 相。
5) 最高响应频率：100 kHz×3。
6) 电源电压：DC 5 V−0.25 V~24 V+3.6 V，纹波 5%以下。

2. 旋转编码器工作原理

欧姆龙旋转编码器输出模式如图 7-6 所示，其接线方式如表 7-2 所示。

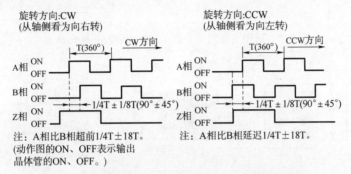

图 7-6 欧姆龙旋转编码器 E6B2-CWZ6C 输出模式

表 7-2 欧姆龙旋转编码器 E6B2-CWZ6C 接线方式

线色	端子名	线色	端子名
褐色	电源（+V_{CC}）	橙色	输出 Z 相
黑色	输出 A 相	蓝色	0 V（COMMON）
白色	输出 B 相		

如图 7-6 所示，A 相、B 相脉冲的相位差是 90°±45°（1/4 T±1/8 T），转轴每旋转一周，A 相和 B 相均输出 1 000 个脉冲，Z 相输出一个脉冲。对应图 6-5 中旋转方向是 CW 的状态，即从轴侧看为向右转，规定此方向为正转；对应图 7-6 中旋转方向是 CCW 的状态，即从轴侧看为向左转，规定为反转。

输出回路如图 7-7 所示，采用 NPN 集电极开路输出，公共端是输出电路的晶体管发射集，集电极悬空，电压输出时，需要在集电极和电源之间加一个上拉电阻，从而得到稳定的电压状态。编码器的供电电源采用直流电压 5 V 电源，在编码器 A 相、B 相输出端与电源之间连接了 1 kΩ 的上拉电阻，可以得到满足需要的稳定矩形波，用以脉冲计数和通过相位判断方向。

7.3.3 转速测试系统结构

7660 采集板卡计数器输入脉冲，转速测试系统结构如图 7-8 所示，包括编码器、信号调理电路、7660 采集板卡及 LabVIEW 采集、处理数据等。

编码器输出的 A、B、Z 三相脉冲信号，经信号调理电路处理、判向，通过 7660 采集板卡由 LabVIEW 采集数据并进行处理，得到转速值。

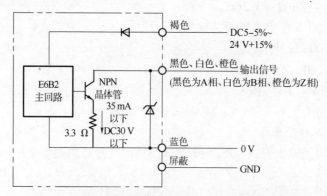

图 7-7 欧姆龙旋转编码器 E6B2-CWZ6C 输出回路

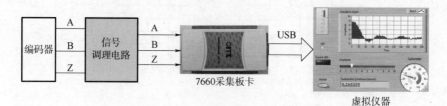

图 7-8 转速测试系统结构

7.3.4 实验内容和步骤

（1）设计信号调理电路

1）给编码器施加一个稳定的转速信号：0~800 r/min。

2）编码器输出的 A、B、Z 脉冲信号，经信号调理电路的滤波、判向，输出波形稳定的脉冲信号。

（2）7660 采集板卡

1）A、B、Z 脉冲信号经信号调理电路处理连接到 7660 采集板卡的计数器和 I/O 接口。

2）使用 USB 连接线将板卡与计算机连接到一起。

（3）LabVIEW 编程

1）编写人机界面。

2）编写数据采集、滤波、处理、计算程序。

3）编写实验参数显示、实验曲线等。

7.3.5 实验安全注意事项

1）通电前，检查信号调理电路电源与地是否短路。

2）通电前，检查面包板上信号调理电路插线是否可靠。

3）通电前，检查信号调理电路电源是否正确。

4）通电前，检查 7660 采集板卡计数器接入是否正确。

5）检查 7660 采集板卡软件安装是否正确。

7.3.6 实验报告

1) 实验名称、实验教学目标、实验内容。
2) 设计信号调理电路。
3) LabVIEW 编写人机界面。
4) LabVIEW 编写数据采集、滤波、处理、计算程序。
5) LabVIEW 编写实验参数显示、实验曲线等。
6) 改变转速进行实验测试,获得转速变化曲线。
7) 对实验结果进行分析,评价实验结果的合理性,分析误差产生的原因。
8) 实验的收获和体会,包括设计、调试、编程中碰到的问题与解决问题的方法。
9) 写清楚小组成员及自己在小组项目中承担的主要工作。

7.3.7 思考题

1) 测量信号中的噪声是如何产生的?怎样解决?
2) Z 信号是零位信号,如何确定 Z 信号有效?

7.4 基于 PT100 热电阻式温度传感器的测试系统设计

7.4.1 实验教学目标

1) 能够针对 PT100 温度传感器输出的电信号进行信号调理电路设计。
2) 能够使用 7660 采集板卡进行数据采集。
3) 能够使用 LabVIEW 采集、分析和处理数据。
4) 能够使用 LabVIEW 设计人机界面。

7.4.2 热电阻式温度传感器

1. PT100 温度传感器参数

PT100 温度传感器如图 7-9 所示。

1) 测量范围:-200~+850 ℃。
2) 热响应时间:<30 s。
3) 允通电流:≤5 mA。
4) 允许偏差值 $\Delta(℃)$:A 级为 $\pm(0.15+0.002|t|)$,B 级为 $\pm(0.30+0.005|t|)$。

图 7-9　PT100 温度传感器

2. PT100 温度传感器工作原理

PT100 温度传感器是一种以铂（Pt）做成的电阻式温度传感器，属于正电阻系数，其电阻和温度变化的关系为

$$R = R_0(1+\alpha T)$$

式中，$\alpha = 0.00392$；R_0 为 100 Ω（在 0 ℃ 的电阻值）；T 为摄氏温度（℃）。因此白金做成的电阻式温度传感器又称 PT100。

3. PT100 温度传感器测量方法

根据温度变化时，导致 PT100 电阻的变化，通过构建恒流源电路，将 PT100 电阻的变化转换成电压变化输出，从而实现温度的测量。

7.4.3 温度测试系统结构

7660 采集板卡模拟量输入电压设定为 0~10 V，温度测试系统结构如图 7-10 所示，包括 PT100 温度传感器、信号调理电路、7660 采集板卡及 LabVIEW 采集、处理数据等。

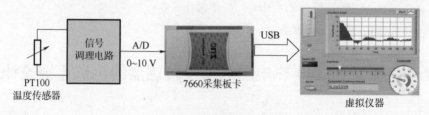

图 7-10 温度测试系统结构

温度传感器的电阻变化电信号，经信号调理电路转换为 0~10 V 的模拟量，通过 7660 采集板卡由 LabVIEW 采集数据并进行处理，得到温度值。

7.4.4 实验内容和步骤

1. 设计信号调理电路

1）给 PT100 施加一个变化的温度信号：0~100 ℃。
2）温度传感器输出的电阻变化电信号经信号调理电路的滤波、变换输出 0~10 V 电压信号。

2. 7660 采集板卡

1）模拟输入连接：采用单端模拟输入方式接入信号调理电路输出的 0~10 V 电压信号。
2）使用 USB 连接线将板卡与计算机连接到一起。

3. LabVIEW 编程

1）编写人机界面。
2）编写数据采集、滤波、处理、计算程序。
3）编写实验参数显示、实验曲线等。
4）对 PT100 的温度测量值与高精度温度测量仪的温度测量值进行比较。
5）对 PT100 的温度测量值进行校正。

7.4.5 实验安全注意事项

1）通电前，检查信号调理电路电源与地是否短路。

2) 通电前，检查面包板上信号调理电路插线是否可靠。
3) 通电前，检查信号调理电路电源是否正确。
4) 通电前，检查 7660 采集板卡模拟量接入是否正确。
5) 检查 7660 采集板卡软件安装是否正确。

7.4.6　实验报告

1) 实验名称、实验教学目标、实验内容。
2) 设计信号调理电路。
3) LabVIEW 编写人机界面。
4) LabVIEW 编写数据采集、滤波、处理、计算程序。
5) LabVIEW 编写实验参数显示、实验曲线等。
6) 改变温度进行实验测试，获得温度变化曲线。
7) 对实验结果进行分析，评价实验结果的合理性，分析误差产生的原因。
8) 实验的收获和体会，包括设计、调试、编程中碰到的问题与解决问题的方法。
9) 写清楚小组成员及自己在小组项目中所承担的主要工作。

7.4.7　思考题

1) PT100 电阻三线制和二线制接法有什么不一样？
2) PT100 电阻测温可以采用恒压源电路吗？为什么？

7.5　基于 10 kΩ 热敏电阻温度传感器的测试系统设计

7.5.1　实验教学目标

1) 能够针对热敏电阻温度传感器输出的电信号进行信号调理电路设计。
2) 能够使用 7660 采集板卡进行数据采集。
3) 能够使用 LabVIEW 采集、分析和处理数据。
4) 能够使用 LabVIEW 设计人机界面。

7.5.2　热敏电阻温度传感器

1. 热敏电阻温度传感器参数

负温度系数（negative temperature coefficient，NTC）热敏电阻温度传感器及其特性如图 7-11 所示。

1) 测量范围：-40~120 ℃。
2) 产品电阻：(1±1%) 10 kΩ (25 ℃)。
3) 产品 B 值：(1±1%) 3 950 K (25/50 ℃)。
4) 热响应时间：10~20 s。

2. NTC 热敏电阻温度传感器工作原理

NTC 热敏电阻是指随温度上升电阻呈指数关系减小、具有负温度系数的热敏电阻现象和材料。利用这一特性,构建测量电路,可将测量的温度通过 NTC 热敏电阻变化,再转换成电压的变化输出,从而实现温度的测量。温度测试系统结构如图 7-12 所示。

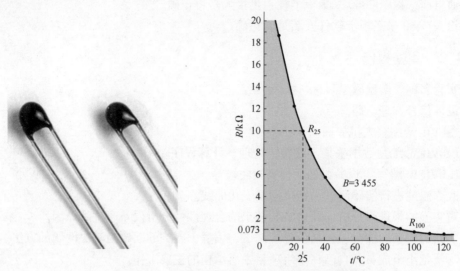

图 7-11　NTC 热敏电阻温度传感器及其特性

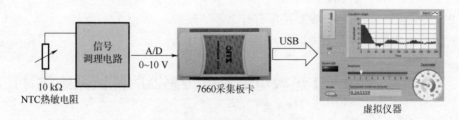

图 7-12　温度测试系统结构

7.5.3　温度测试系统结构

7660 采集板卡模拟量输入电压设定为 0~10 V,温度测试系统结构如图 7-12 所示,包括 NTC 热敏电阻温度传感器、信号调理电路、7660 采集板卡及 LabVIEW 采集、处理数据等。

温度传感器的电阻变化电信号,经信号调理电路转换为 0~10 V 的模拟量,通过 7660 采集板卡由 LabVIEW 采集数据并进行处理,得到温度值。

7.5.4　实验内容和步骤

1. 设计信号调理电路

1)给 NTC 热敏电阻施加一个变化的温度信号:0~100 ℃。

2)温度传感器输出的电阻变化电信号经信号调理电路的滤波、变换输出 0~10 V 电压信号。

2. 7660 采集板卡

1)模拟输入连接:采用单端模拟输入方式接入信号调理电路输出的 0~10 V 电压信号。

2）使用 USB 连接线将板卡与计算机连接到一起。

3．LabVIEW 编程

1）编写人机界面。

2）编写数据采集、滤波、处理、计算程序。

3）编写实验参数显示、实验曲线等。

4）对热敏电阻的温度测量值与高精度温度测量仪的温度测量值进行比较。

5）对热敏电阻温度测量值进行校正。

7.5.5　实验安全注意事项

1）通电前，检查信号调理电路电源与地是否短路。

2）通电前，检查面包板上信号调理电路插线是否可靠。

3）通电前，检查信号调理电路电源是否正确。

4）通电前，检查 7660 采集板卡模拟量接入是否正确。

5）检查 7660 采集板卡软件安装是否正确。

7.5.6　实验报告

1）实验名称、实验教学目标、实验内容。

2）设计信号调理电路。

3）LabVIEW 编程人机界面。

4）LabVIEW 编写数据采集、滤波、处理、计算程序。

5）LabVIEW 编写实验参数显示、实验曲线等。

6）改变温度进行实验测试，获得温度变化曲线。

7）对实验结果进行分析，评价实验结果的合理性，分析误差产生的原因。

8）实验的收获和体会，包括设计、调试、编程中碰到的问题与解决问题的方法。

9）写清楚小组成员及自己在小组项目中所承担的主要工作。

7.5.7　思考题

1）NTC 热敏电阻随温度的变化是非线性的，如何在温度测量范围内都能保证测量的准确性？

2）测量温度过程中，热敏电阻通电后电能转化成热能，导致电阻温度上升，如何减小电阻自热产生的误差？

7.6　基于 SSI P53 压力传感器的测试系统设计

7.6.1　实验教学目标

1）能够针对 SSI P53 压力传感器输出的电信号进行信号调理电路设计。

2）能够使用 7660 采集板卡进行数据采集。

3）能够使用 LabVIEW 采集、分析和处理数据。

4）能够使用 LabVIEW 设计人机界面。

7.6.2 SSI P53 压力传感器

1. SSI P53 压力传感器参数

SSI P53 压力传感器及接线引脚如图 7-13 所示。

图 7-13　SSI P53 压力传感器及接线引脚

1）输出信号：4~20 mA。
2）测量范围：0~40 MPa。
3）测量精度：<0.5%FS。
4）响应时间：1 ms。
5）电源供电：8~30 V。
6）引脚定义：1 为电源，2 为信号。

2. SSI P53 压力传感器工作原理

SSI P53 压力传感器工作原理是金属的电阻应变效应。金属导体在外力作用下发生机械变形时，其电阻值随着它所受机械变形变化而发生变化，通过相应的测量电路将电阻变化转换成电信号，从而完成将压力转换成电信号的过程。

7.6.3 压力测试系统结构

7660 采集板卡模拟量输入电压设定为 0~10 V，压力测试系统结构如图 7-14 所示，包括压力传感器、信号调理电路、7660 采集板卡及 LabVIEW 采集、处理数据等。

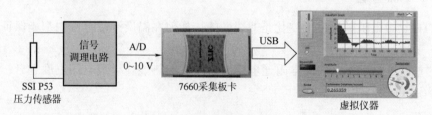

图 7-14　压力测试系统结构

压力传感器的电阻变化电信号，经信号调理电路转换为 0~10 V 的模拟量，通过 7660 采集板卡由 LabVIEW 采集数据并进行处理，得到压力值。

7.6.4 实验内容和步骤

1. 设计信号调理电路

1）给压力传感器施加一个静态压力信号：0~6 MPa。

2) 压力传感器输出的电阻变化电信号经信号调理电路的滤波、变换输出 0~10 V 电压信号。

2. 7660 采集板卡

1) 模拟输入连接：采用单端模拟输入方式接入信号调理电路输出的 0~10 V 电压信号。
2) 使用 USB 连接线将板卡与计算机连接到一起。

3. LabVIEW 编程

1) 编写人机界面。
2) 编写数据采集、滤波、处理、计算程序。
3) 编写实验参数显示、实验曲线等。
4) 压力测量值与高精度压力传感器标定仪的测量值进行比较。
5) 对压力传感器测量值进行校正。
6) 采用压力传感器对动态变化压力进行测量。

7.6.5 实验安全注意事项

1) 通电前，检查信号调理电路电源与地是否短路。
2) 通电前，检查面包板上信号调理电路插线是否可靠。
3) 通电前，检查信号调理电路电源是否正确。
4) 通电前，检查 7660 采集板卡模拟量接入是否正确。
5) 检查 7660 采集板卡软件安装是否正确。

7.6.6 实验报告

1) 实验名称、实验教学目标、实验内容。
2) 设计信号调理电路。
3) LabVIEW 编写人机界面。
4) LabVIEW 编写数据采集、滤波、处理、计算程序。
5) LabVIEW 编写实验参数显示、实验曲线等。
6) 改变压力进行实验测试，获得压力变化曲线。
7) 对实验结果进行分析，评价实验结果的合理性，分析误差产生的原因。
8) 实验的收获和体会，包括设计、调试、编程中碰到的问题与解决问题的方法。
9) 写清楚小组成员及自己在小组项目中承担的主要工作。

7.6.7 思考题

1) SSI P53 压力传感器输出 4~20 mA 电流信号，接线有什么特点？
2) 压力传感器的测量精度主要指哪些指标？如何选择压力传感器？

7.7 基于 AD590 温度传感器的测试系统设计

7.7.1 实验教学目标

1) 能够针对 AD590 温度传感器输出的电信号进行信号调理电路设计。

2）能够使用7660采集板卡进行数据采集。
3）能够使用LabVIEW采集、分析和处理数据。
4）能够使用LabVIEW设计人机界面。

7.7.2 AD590温度传感器

1. AD590温度传感器参数

AD590温度传感器及接线引脚如图7-15所示。

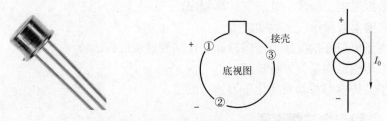

图7-15 AD590温度传感器及接线引脚

1）电流输出：1 μA/K。
2）测量范围：-55~+150 ℃。
3）测量精度：±0.3 ℃。
4）电源范围：4~30 V。
5）引脚定义：1为电源正，2为电源负。

2. AD590温度传感器工作原理

AD590是美国Analog Devices公司的单片集成两端感温电流源，其输出电流与绝对温度成比例。在4~30 V电源电压范围内，该器件可充当一个高阻抗、恒流调节器，调节系数为1 μA/K。

其输出电流是以绝对温度零度（-273 ℃）为基准，每增加1 ℃，它会增加1 μA输出电流，因此在室温25 ℃时，其输出电流I_{out} = （273+25）μA = 298 μA。

7.7.3 温度测试系统结构

7660采集板卡模拟量输入电压设定为0~10 V。温度测试系统结构如图7-16所示，包括AD590温度传感器、信号调理电路、7660采集板卡及LabVIEW采集、处理数据等。

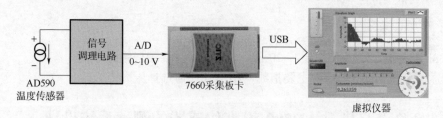

图7-16 基于AD590温度传感器的温度测试系统结构

温度传感器的电阻变化电信号，经信号调理电路转换为0~10 V的模拟量，通过7660采集板卡由LabVIEW采集数据并进行处理，得到温度值。

7.7.4 实验内容和步骤

1. 设计信号调理电路

1) 给温度传感器施加一个温度变化信号：0~100 ℃。
2) 温度传感器输出的变化电流信号经信号调理电路的滤波、变换输出 0~10 V 电压信号。

2. 7660 采集板卡

1) 模拟输入连接：采用单端模拟输入方式接入信号调理电路输出的 0~10 V 电压信号。
2) 使用 USB 连接线将板卡与计算机连接到一起。

3. LabVIEW 编程

1) 编写人机界面。
2) 编写数据采集、滤波、处理、计算程序。
3) 编写实验参数显示、实验曲线等。
4) 对温度测量值与高精度温度传感器的测量值进行比较。
5) 对温度传感器测量值进行校正。

7.7.5 实验安全注意事项

1) 通电前，检查信号调理电路电源与地是否短路。
2) 通电前，检查面包板上信号调理电路插线是否可靠。
3) 通电前，检查信号调理电路电源是否正确。
4) 通电前，检查 7660 采集板卡模拟量接入是否正确。
5) 检查 7660 采集板卡软件安装是否正确。

7.7.6 实验报告

1) 实验名称、实验教学目标、实验内容。
2) 设计信号调理电路。
3) LabVIEW 编写人机界面。
4) LabVIEW 编写数据采集、滤波、处理、计算程序。
5) LabVIEW 编写实验参数显示、实验曲线等。
6) 改变温度进行实验测试，获得温度变化曲线。
7) 对实验结果进行分析，评价实验结果的合理性，分析误差产生的原因。
8) 实验的收获和体会，包括设计、调试、编程中碰到的问题与解决问题的方法。
9) 写清楚小组成员及自己在小组项目中所承担的主要工作。

7.7.7 思考题

1) AD590 温度传感器测量系统，提高测量精度有哪些措施？
2) AD590 温度传感器测量系统，信号传输线上的电阻对测量精度有影响吗？为什么？

7.8 基于涡轮流量传感器的测试系统设计

7.8.1 实验教学目标

1）能够针对涡轮流量传感器输出的电信号进行信号调理电路设计。
2）能够使用 7660 采集板卡进行数据采集。
3）能够使用 LabVIEW 采集、分析和处理数据。
4）能够使用 LabVIEW 设计人机界面。

7.8.2 MX-LL-116-03Y 涡轮流量传感器

1. MX-LL-116-03Y 涡轮流量传感器参数

MX-LL-116-03Y 涡轮流量传感器及工作原理如图 7-17 所示。

图 7-17 MX-LL-116-03Y 涡轮流量传感器及工作原理

1）电流输出：4~20 mA。
2）测量范围：0.2~1.2 m^3/h。
3）测量精度：±0.5%。
4）电源范围：24 V DC 供电（两线制）。
5）工作温度：0~100 ℃。

2. 涡轮流量传感器工作原理

当被测液体流过涡轮流量传感器时，传感器内叶轮借助于液体的动能冲击涡轮叶片，对涡轮产生驱动力，使涡轮旋转，涡轮的转速随流量的变化呈正比。涡轮的转速通过装在机壳外的传感线圈来检测。当涡轮叶片切割由壳体内磁铁产生的磁力线时，就会引起传感线圈中的磁通产生周期变化，经磁电转换装置把涡轮的转速转换为相应频率的电脉冲，再将脉冲转换成与流量成正比的电流信号。

7.8.3 流量测试系统结构

7660 采集板卡模拟量输入电压设定为 0~10 V。流量测试系统结构如图 7-18 所示，包括流量传感器、信号调理电路、7660 采集板卡及 LabVIEW 采集、处理数据等。

流量传感器的电流信号，经信号调理电路转换为 0~10 V 的模拟量，通过 7660 采集板卡由 LabVIEW 采集数据并进行处理，得到流量值。

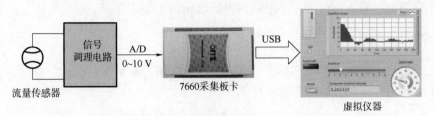

图 7-18　流量测试系统结构

7.8.4　实验内容和步骤

1. 设计信号调理电路

1）给流量传感器施加一个流量变化信号：0~10 L/min。

2）流量传感器输出的变化电流信号经信号调理电路的滤波、变换输出 0~10 V 电压信号。

2. 7660 采集板卡

1）模拟输入连接：采用单端模拟输入方式接入信号调理电路输出的 0~10 V 电压信号。

2）使用 USB 连接线将板卡与计算机连接到一起。

3. LabVIEW 编程

1）编写人机界面。

2）编写数据采集、滤波、处理、计算程序。

3）编写实验参数显示、实验曲线等。

4）对流量测量值与流量传感器仪表显示测量值进行比较。

5）对流量传感器测量值进行校正。

7.8.5　实验安全注意事项

1）通电前，检查信号调理电路电源与地是否短路。

2）通电前，检查面包板上信号调理电路插线是否可靠。

3）通电前，检查信号调理电路电源是否正确。

4）通电前，检查 7660 采集板卡模拟量接入是否正确。

5）检查 7660 采集板卡软件安装是否正确。

7.8.6　实验报告

1）实验名称、实验教学目标、实验内容。

2）设计信号调理电路。

3）LabVIEW 编写人机界面。

4）LabVIEW 编写数据采集、滤波、处理、计算程序。

5）LabVIEW 编写实验参数显示、实验曲线等。

6）改变流量进行实验测试，获得流量变化曲线。

7）对实验结果进行分析，评价实验结果的合理性，分析误差产生的原因。

8）实验的收获和体会，包括设计、调试、编程中碰到的问题与解决问题的方法。

9) 写清楚小组成员及自己在小组项目中所承担的主要工作。

7.8.7 思考题

1) 对于涡轮流量传感器测量系统,有哪些因素影响测量精度?
2) 使用涡轮流量传感器需要注意什么?

7.9 基于 HCT206NB 电流互感器的交流电流测试系统设计

7.9.1 实验教学目标

1) 能够针对电流互感器输出的电信号进行信号调理电路设计。
2) 能够使用 7660 采集板卡进行数据采集。
3) 能够使用 LabVIEW 采集、分析和处理数据。
4) 能够使用 LabVIEW 设计人机界面。

7.9.2 HCT206NB 电流互感器

1. HCT206NB 电流互感器参数

HCT206NB 电流互感器及应用电路如图 7-19 所示。

 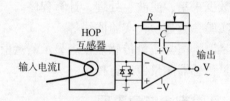

图 7-19　HCT206NB 电流互感器及应用电路

1) 输入电流:0~5 A。
2) 输出电流:0~2.5 mA。
3) 测量精度:0.1%。
4) 工作温度:-35~60 ℃。

2. 电流互感器工作原理

电流互感器工作原理是依据电磁感应原理研发出来的,由闭合铁芯与绕组组成。它的一次侧绕组匝数很少,需要连接在电源线上,线电流是互感器的一次电流。电流互感器二次侧绕组匝数较多,外部电路与测量仪表或继电保护及自动控制装置相连。

7.9.3 电流测试系统结构

7660 采集板卡模拟量输入电压设定为 0~10 V。电流测试系统结构如图 7-20 所示,包括电流互感器、信号调理电路、7660 采集板卡及 LabVIEW 采集、处理数据等。

电流互感器的电流信号,经信号调理电路转换为 0~10 V 的模拟量,通过 7660 采集板卡由 LabVIEW 采集数据并进行处理,得到电流值。

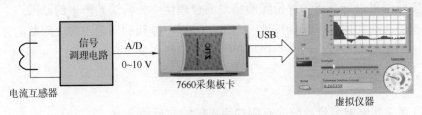

图 7-20 电流测试系统结构

7.9.4 实验内容和步骤

测量三相交流异步电机的电流信号。用两个电流互感器分别测量电机的两相电流,根据测量的两相电流值计算第三相电路的电流值。

1. 设计信号调理电路

1)给电流互感器施加一个电流变化信号:0~2.5 A。

2)电流互感器输出的变化电流信号经信号调理电路的滤波、变换输出 0~10 V 电压信号。

2. 7660 采集板卡

1)模拟输入连接:采用单端模拟输入方式接入信号调理电路输出的 0~10 V 电压信号。

2)使用 USB 连接线将板卡与计算机连接到一起。

3. LabVIEW 编程

1)编写人机界面。

2)编写数据采集、滤波、处理、计算程序。

3)测量三相异步电机的两相电流值,并计算第三相电路的电流值。

4)编写实验参数显示、实验曲线等。

5)画出三相交流电的波形图。

7.9.5 实验安全注意事项

1)通电前,检查信号调理电路电源与地是否短路。

2)通电前,检查面包板上信号调理电路插线是否可靠。

3)通电前,检查信号调理电路电源是否正确。

4)通电前,检查 7660 采集板卡模拟量接入是否正确。

5)检查 7660 采集板卡软件安装是否正确。

7.9.6 实验报告

1)实验名称、实验教学目标、实验内容。

2)设计信号调理电路。

3)LabVIEW 编写人机界面。

4)LabVIEW 编写数据采集、滤波、处理、计算程序。

5)LabVIEW 编写实验参数显示、实验曲线等。

6)改变电机负载进行实验测试,获得电流变化曲线。

7）对实验结果进行分析，评价实验结果的合理性，分析误差产生的原因。
8）实验的收获和体会，包括设计、调试、编程中碰到的问题与解决问题的方法。
9）写清楚小组成员及自己在小组项目中所承担的主要工作。

7.9.7　思考题

1）电流互感器电流测量系统，有哪些因素影响测量精度？
2）三相交流电出现幅值不对称的原因是什么？

第8章 液压传动实验

8.1 液压元件认知实践

8.1.1 认知实践教学目标

1) 了解实际液压元件产品及其结构,增强对液压元件产品的感性认识。
2) 进一步理解、掌握各类液压元件工作的原理和特性。
3) 了解液压传动实验台结构和功能。
4) 了解液压传动实验台操作和测量仪表。

8.1.2 认知实践内容

1. 齿轮泵拆装操作认知实践

(1) 齿轮泵型号参数

1) 型号:CBW-F316-CFP,如图 8-1 所示。
2) 公称排量:16 mL/r。
3) 额定压力:20 MPa。
4) 额定转速:2 500 r/min。

(2) 齿轮泵拆装操作

齿轮泵拆装操作如图 8-2~图 8-4 所示。其主要组成如下。
1) 前盖。
2) 泵体。

图 8-1 CBW-F316-CFP 齿轮泵

图 8-2 拆开齿轮泵泵体

图 8-3 拆开齿轮泵前盖　　　　　　图 8-4 拆开齿轮泵前盖和轴承

3) 驱动轴、主动齿轮。
4) 从动齿轮。
5) 轴承。
6) 端盖。
7) 轴密封圈、泵体密封件、轴向区域密封件。
8) 连接螺钉。

2. 换向阀及阀板连接认知实践

(1) 电磁换向阀

电磁换向阀如图 8-5、图 8-6 所示。

图 8-5 电磁换向阀　　　　　　图 8-6 电磁换向阀剖开

(2) 手动换向阀

手动换向阀如图 8-7 所示。

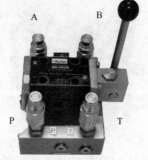

图 8-7 手动换向阀

(3) 换向阀阀芯

换向阀阀芯如图 8-8、图 8-9 所示。

图 8-8　换向阀阀芯左位　　　图 8-9　换向阀阀芯右位

3. 轴向柱塞液压泵认知

轴向柱塞液压泵如图 8-10~图 8-12 所示。

图 8-10　斜盘式轴向柱塞液压泵　　　图 8-11　斜盘式轴向柱塞液压泵缸体组件

图 8-12　斜轴式轴向柱塞液压泵剖开

4. 单向节流阀认知

单向节流阀如图 8-13、图 8-14 所示。

5. 液压缸和齿轮液压电机认知

液压缸如图 8-15 所示。

齿轮液压电机如图 8-16 所示。

图 8-13　Parker 单向节流阀　　图 8-14　华德液压单向节流阀

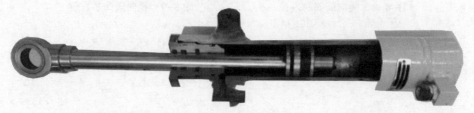

图 8-15　液压缸剖开

图 8-16　齿轮液压电机

6. 其他液压元件认知

平衡阀、电磁溢流阀、叶片泵、蓄能器、快速接头等其他液压元件如图 8-17~图 8-21 所示。

图 8-17　平衡阀　　　　图 8-18　电磁溢流阀

图 8-19　叶片泵泵芯结构

图 8-20　蓄能器　　　　图 8-21　快速接头

7. 液压传动实验台和测量仪表认知

液压传动实验台及测量仪表如图 8-22 所示。

（1）液压传动实验台

1）电动机功率：1.1 kW。

2）电机转速：900 r/min。

3）液压泵排量：16 mL/r。

（2）测量仪表柜和操作按钮

1）压力传感器：SCP-060-14-07。

量程：0~6 MPa。

2）流量传感器：SCFT-015-32-07。

量程：1~15 L/min。

3）温度传感器：SCT-150-14-00。

量程：-25~125 ℃。

4）传感器显示仪表：SCE-020-02。

8.1.3　认知实践注意事项

1）齿轮泵拆装实践，严禁用工具野蛮拆装。

2）严禁在通电情况下拔插电磁换向阀的插头。

3）在液压泵启动的工作情况下，严禁拔插管路接头。

图 8-22 液压传动实验台及测量仪表

4）如果液压传动实验台管路泄漏，应立即关停液压泵。

8.1.4 思考题

1）齿轮泵的泄漏主要有哪些原因？
2）齿轮泵可采取什么措施来减少端面泄漏？
3）斜盘式轴向柱塞泵如何改变排量？
4）斜盘式轴向柱塞泵的泄漏主要有哪些原因？

8.2 液压系统卸荷、调压、节流阀特性实验

8.2.1 实验教学目标

1）掌握液压系统卸荷的基本方法和卸荷压力的概念。
2）掌握液压系统调压的原理和基本方法。
3）能够对溢流阀的调压特性进行测量。
4）能够对节流阀的调节特性进行测量。

8.2.2 实验装置

1. 液压传动实验台基本油路

液压传动实验油路如图 8-23 所示。

2. 液压传动实验台基本参数

1）液压泵输出流量：12~14 L/min。
2）安全阀设定压力：4 MPa。
3）流量计最小显示流量：1 L/min。

8.2.3 实验内容

1. 液压系统卸荷实验

液压系统卸荷实验数据如表 8-1 所示。

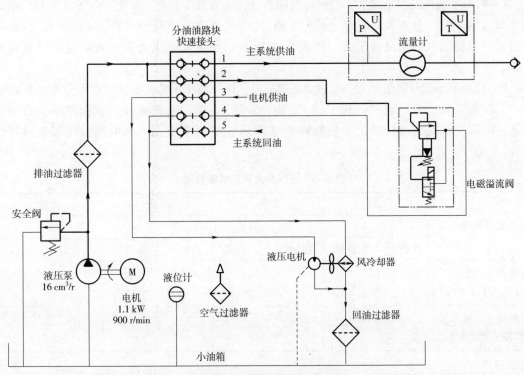

图 8-23 液压传动实验油路

1）液压系统主油路封闭，电磁溢流阀完全打开卸荷（电磁铁通电），液压系统卸荷，记录系统压力和油温。

2）液压系统主油路直接通主回油路，电磁溢流阀完全打开卸荷（电磁铁通电），液压系统卸荷，记录系统压力和油温。

表 8-1 液压系统卸荷实验数据

实验条件	液压系统卸荷压力/MPa	液压系统油温/℃
主油路封闭，电磁溢流阀打开卸荷		
主油路直接通主回油路，电磁溢流阀打开卸荷		

2. 液压系统调压实验

1）采用电磁溢流阀、节流阀、橡胶软管搭建液压系统调压实验油路。

2）电磁溢流阀完全打开卸荷（电磁铁通电），启动液压泵。

3）设计搭建测量液压泵输出最大流量的实验油路，记录液压泵输出的最大流量、系统压力和油温等实验数据，如表 8-2 所示。

表 8-2 液压泵最大流量实验数据

实验条件	液压泵最大流量/（L·min^{-1}）	液压系统压力/MPa	液压系统油温/℃

4）打开节流阀开口至最大，电磁溢流阀断电，调节调压手轮，系统工作压力为 1.5 MPa。调节节流阀手轮，分别顺时针转 1 圈、2 圈、3 圈、4 圈，节流阀开口逐渐减小，分别计算通过电磁溢流阀的流量并记录，如表 8-3 所示。绘制系统压力和电磁溢流阀流量特性曲线。

5）打开节流阀开口至最大，电磁溢流阀断电，调节调压手轮，系统工作压力为 2.2 MPa。调节节流阀手轮，分别顺时针转 1 圈、2 圈、3 圈、4 圈，节流阀开口逐渐减小，分别计算通过电磁溢流阀的流量并记录，如表 8-3 所示。绘制系统压力和电磁溢流阀流量特性曲线。

表 8-3 液压系统调压实验数据

实验条件	1 圈		2 圈		3 圈		4 圈	
	流量/(L·min^{-1})							
	流量计	溢流阀	流量计	溢流阀	流量计	溢流阀	流量计	溢流阀
节流阀开口最大工作压力 1.5 MPa								
节流阀开口最大工作压力 2.2 MPa								

3. 节流阀特性实验

1）调节节流阀开口至最大，电磁溢流阀调压手轮全开，电磁溢流阀电磁铁断电，调节液压系统压力由小逐渐增大，分别为 0.5 MPa、1 MPa、1.5 MPa、2 MPa 时，记录通过节流阀的流量，如表 8-4 所示。

2）调节节流阀开口至完全打开，再调节节流阀手轮顺时针转 3 圈，节流阀开口减小，电磁溢流阀调压手轮全开，电磁溢流阀电磁铁断电，调节液压系统压力由小逐渐增大，分别为 0.5 MPa、1 MPa、1.5 MPa、2 MPa 时，记录通过节流阀的流量，如表 8-4 所示。

3）上述两种情况下，分别绘制液压系统工作压力和通过节流阀流量之间的特性曲线。

表 8-4 节流阀特性实验数据

实验条件	0.5 MPa	1 MPa	1.5 MPa	2 MPa
	通过节流阀的流量/(L·min^{-1})			
节流阀开口最大				
节流阀开口最大，顺时针转 3 圈，节流阀开口减小				

8.2.4 实验安全注意事项

1）液压泵启动前，检测管路连接是否正确。
2）严禁在通电情况下拔插电磁溢流阀的插头。
3）在液压泵启动工作情况下，严禁拔插管路接头。
4）如果液压传动实验台管路泄漏，应立即关停液压泵。

5）实验中如果出现意外情况，应立即关停液压泵。

8.2.5 实验报告

1）实验名称、实验内容。
2）设计实验油路原理图。
3）记录实验条件：液压系统油液的温度、压力。
4）叙述实验操作过程，记录实验数据。
5）对数据进行分析、处理，计算相应的参量，并对实验结果的正确性进行评判。
6）采用实验报告纸，报告必须手写，分小组进行实验。
7）同小组成员可以共享实验数据，但报告内容需独立完成，写清小组成员。

8.2.6 思考题

1）为什么液压系统卸荷压力比大气压要高？
2）电磁溢流阀、主油路同时卸荷，为什么卸荷压力比主油路封闭情况下减少？

8.3 液压马达调速综合设计系统实验

8.3.1 实验教学目标

1）能够设计液压传动实验系统，测量液压电机的空载排量。
2）能够设计液压节流调速系统，对液压电机转速进行调节。
3）能够对液压电机低速运转稳定性进行分析。

8.3.2 实验装置

1. 液压传动实验台基本油路

液压传动实验油路如图 8-23 所示。

2. 液压传动实验台基本参数

1）液压泵输出流量：12~14 L/min。
2）安全阀设定压力：4 MPa。
3）流量计最小显示流量：1 L/min。

3. 液压电机测速原理

液压电机测速原理如图 8-24 所示。

齿盘齿数为 30，齿盘由液压电机驱动旋转。测量齿轮每转过一个齿，磁路磁阻变化一次，W18LD 传感器便产生一个感应电动势，感应电动势的变化频率 f 正比于齿轮的齿数 z 和转速 n 的乘积，即，$f \propto zn(\text{Hz})$，由 TC-XSM 显示仪表直接显示液压电机的转速。

8.3.3 实验内容

1. 液压电机空载排量测定

1）设计实验测试油路，并完成液压实验油路的搭建。

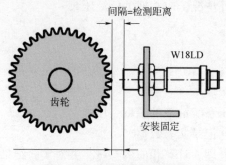

图 8-24 液压电机测速原理

2) 记录实验测试数据，并对实验数据进行处理，完成液压电机空载排量的计算，如表 8-5 所示。

表 8-5 液压电机空载排量测定实验数据

实验次数	流量计流量/(L·min^{-1})	液压电机转速/(r·min^{-1})	液压系统压力/MPa	液压系统油温/℃

2. 液压电机节流调速特性实验

1) 采用两个单向节流阀、一个换向阀设计电机正向、反向旋转运动节流调速回路，完成液压实验油路搭建。

2) 当液压泵工作压力为 2.5 MPa 时，调节输入电机的流量为 2~4 L/min 的一个数值，记录液压电机的转速，计算该转速下液压电机的容积效率。

3) 当液压泵工作压力为 2 MPa 时，采用进油路节流调速，从电机转速 100 r/min 开始，逐渐降低液压电机转速，测量最低稳定转速（转速波动范围在 ±10% 以内，记录转速波动范围）。

4) 当液压泵工作压力为 2 MPa 时，采用回油路节流调速，从电机转速 100 r/min 开始，逐渐降低液压电机转速，测量最低稳定转速（转速波动范围在 ±10% 以内，记录转速波动范围）。

8.3.4 实验安全注意事项

1) 液压泵启动前，检测管路连接是否正确。
2) 严禁在通电情况下拔插电磁溢流阀的插头。
3) 在液压泵启动工作情况下，严禁拔插管路接头。
4) 如果液压传动实验台管路泄漏，应立即关停液压泵。
5) 实验中如果出现意外情况，应立即关停液压泵。

8.3.5 实验报告

1) 实验名称、实验内容。

2) 设计实验油路原理图。
3) 记录实验条件：液压系统油液的温度、压力。
4) 叙述实验操作过程，记录实验数据。
5) 对数据进行分析、处理，计算相应的参量，并对实验结果的正确性进行评判。
6) 采用实验报告纸，报告必须手写，分小组进行实验。
7) 同小组成员可以共享实验数据，但报告内容需独立完成，写清小组成员。

8.3.6 思考题

1) 在低转速下时，为什么电机转速不稳定？
2) 提高液压电机低速稳定性，可以采取哪些方法？

8.4 液压缸调速综合设计系统实验

8.4.1 实验教学目标

1) 能够设计液压节流调速系统，对液压缸运动速度进行调节。
2) 针对负值负载情况下液压缸的运动，能够设计液压平衡回路。
3) 能够设计液压传动实验系统，测量液压缸的最低稳定速度。

8.4.2 实验装置

1. 液压传动实验台基本油路

液压传动实验油路如图 8-23 所示。

2. 液压传动实验台基本参数

1) 液压泵输出流量：12~14 L/min。
2) 安全阀设定压力：40 MPa。
3) 流量计最小显示流量：1 L/min。

3. 液压缸负载实验装置

1) 液压缸型号：单活塞杆双作用液压缸（25CHMIRN14M250M14）。
2) 液压缸参数：活塞直径 25 mm，活塞杆直径 18 mm，行程 250 mm。
3) 加载砝码：9.5 kg/块，砝码托盘：2.3 kg/个。砝码加载如图 8-25 所示。

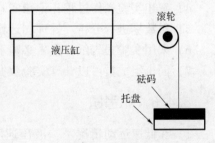

图 8-25 砝码加载

8.4.3 实验内容

1. 液压缸最低稳定运动速度实验

1) 设计液压缸伸、缩往复运动进油路节流调速回路：具有卸荷、换向功能，伸、缩运动速度均为进油路调节且各自独立调节。
2) 当液压泵压力为 2.5 MPa 时，在空载条件下，测量液压缸伸、缩运动最低稳定速度

（速度波动范围在±10%以内）。

3）对实验系统卸荷，记录卸荷时系统压力和油温。

2. 液压缸节流调速特性实验

1）设计液压缸伸、缩往复运动回油节流调速回路，Y形机能换向阀，伸出速度可调，缩回快速运动；在3个砝码加载下，采用内控式单向顺序阀作平衡阀使液压缸在砝码作用下锁住。思考如何调节平衡阀的压力设定值，油缸、平衡阀、单向节流阀、换向阀的油路如何正确连接（记录负载力）？

2）当液压泵工作压力为2.5 MPa时，调节液压缸伸出速度，使通过流量计流量为1.5~2.5 L/min，记录该流量值下液压缸的伸出速度和缩回最高速度。

3）保持流量调节元件开口面积不变，记录加载砝码分别为2个和1个时的伸出速度、缩回最高速度。思考在负载变化的条件下，对液压缸速度有什么影响。

8.4.4 实验安全注意事项

1）液压泵启动前，检测管路连接是否正确。
2）加载砝码时，保证砝码加载平稳、不偏载。
3）严禁在通电情况下拔插电磁溢流阀的插头。
4）在液压泵启动的工作情况下，严禁拔插管路接头。
5）如果液压传动实验台管路泄漏，应立即关停液压泵。
6）实验中如果出现意外情况，应立即关停液压泵。

8.4.5 实验报告

1）实验名称、实验内容。
2）设计实验油路原理图。
3）记录实验条件：液压系统油液的温度、压力。
4）叙述实验操作过程，记录实验数据。
5）对数据进行分析、处理，计算相应的参量，并对实验结果的正确性进行评判。
6）采用实验报告纸，报告必须手写，分小组进行实验。
7）同小组成员可以共享实验数据，但报告内容需独立完成，写清小组成员。

8.4.6 思考题

1）在低速运动情况下，液压速度不稳定会产生爬行现象，为什么液压缸低速运动不稳定？
2）提高液压缸低速运动稳定性可以采取哪些方法？

第 9 章 自动控制系统综合实验

9.1 基于 C++语言的电液比例位置闭环控制实验

9.1.1 实验教学目标

1) 掌握电液比例位置闭环控制系统基本结构。
2) 能够用 C++语言编程实现电液比例位置闭环控制。
3) 能够将 PID 控制方法应用于电液比例位置闭环控制。
4) 能够对控制系统中的死区、摩擦、不对称、饱和等非线性特性提出解决方法。

9.1.2 电液比例位置闭环控制实验装置

1. 实验装置结构

电液比例位置闭环控制实验装置结构如图 9-1 所示。

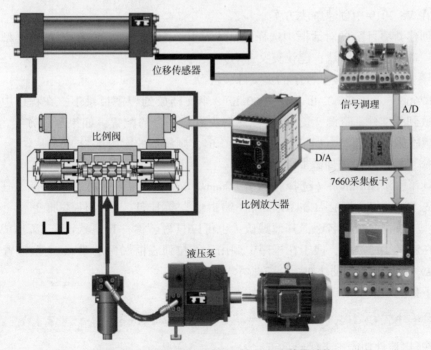

图 9-1 电液比例位置闭环控制实验装置结构

1) 液压泵输出流量：12~14 L/min。
2) 比例阀控制液压缸：行程 250 mm。
3) 位移传感器：精度 0.01 mm，检测液压缸位移。
4) 7660 采集板卡：12 位 A/D 采集位移信号 0~10 V，12 位 D/A 输出 ±10 V。
5) 比例放大器：把 D/A 输出 ±10 V 电压信号转换为电流信号，驱动比例阀电磁铁。
6) 计算机控制：C++ 语言编程实现 PID 控制算法。

2. 控制系统结构框图

电液比例位置闭环控制实验控制系统结构如图 9-2 所示。

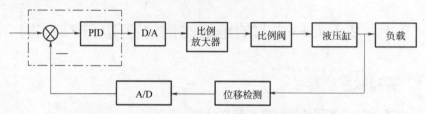

图 9-2　电液比例位置闭环控制实验控制系统结构

9.1.3　实验内容

1. C++ 语言编写 MFC

（1）下载安装 Visual Studio 2019

Visual Studio（VS）2019 安装链接为 https：//visualstudio.microsoft.com/zh-hans/vs/older-downloads/#visual-studio-2019-and-other-products。

（2）在 VS 2019 中创建解决方案

在"创建新项目"的对话框中选择"MFC 应用"选项，之后的应用程序类型选择"基于对话框"选项，其他默认，建议英文命名。

（3）添加 7660 采集板卡程序的头文件、资源

将 usb7660.h、usb7660.dll、usb7660.lib 3 个文档放到程序目录下，在程序中添加现有项（分别放到头文件、资源、资源）。注意解决方案平台的配置，如果解决方案为 X86，则添加的库版本为 X86 版本，如果解决方案为 X64，则添加的库版本为 X64 版本。

（4）添加控件并对控件添加变量

在工具箱中添加 Button（选择按钮）、Combo Box（下拉列表框）、Static Text（固定文本）、Group Box（组合框）、Edit Control（编辑框）等控件，对控件添加变量（可以"访问"设置为 private，填写名称，其他默认；也可以只写名称，其他默认），添加成功后，变量会出现在××××Dlg 类中，便于在程序中调用，下拉列表框属性的 Type 类型设置为 droplist（下拉列表）选项。界面设计如图 9-3 所示。

获取下拉列表框中的选项参考代码如下。

option =m_Box.GetCurSel();   //m_box 为设置的下拉列表框变量名

禁用/开启控件功能参考代码如下。

GetDlgItem(IDC_START)->EnableWindow(FALSE/TRUE);   //IDC_START 为设置的下拉列表框变量名

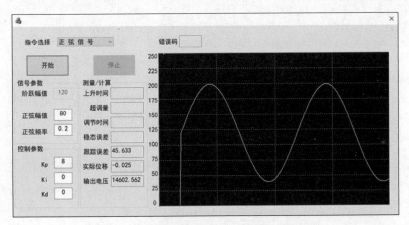

图 9-3 电液比例位置闭环控制实验界面设计

在编辑框中输入文本参考代码如下。

```
SetDlgItemText(IDC_Step, _T("120"));        //第一个参数为编辑框变量名
```

编辑框中显示变量参考代码如下。

```
CString m_Out;
m_Out.Format(_T("%d"), Out);                //_T("%.3lf")等同于L"%.3lf"
GetDlgItem(IDC_OUT)->SetWindowText(m_Out);  //显示控制电压的值
```

获取编辑框中文本参考代码如下。

```
CString m_Set1;
GetDlgItem(IDC_STEP)->GetWindowText(m_Set1);
Set = _ttof(m_Set1);                        //读取阶跃信号设定值
```

（5）编写初始化程序

控制实验开始前，需要对 7660 采集板卡和相关外设进行初始化操作，主要包括以下步骤。

1）清除错误代码并打开设备，通过调用 usb7660.h 库中的函数完成，涉及的函数包括 ZT7660_OpenDevice( )、ZT7660_ADstop( )、ZT7660_ClearFifo( )。详细参数参考 usb7660.h 文件中的说明。

2）外设初始化。

涉及的函数是 ZT7660_AIinit( )。

3）检查与 7660 采集板卡的连接情况。示例代码如下。

```
int ErrorCode = ZT7660_GetLastErr();
wchar_t Error[12];
wsprintf(Error, _T("%d"), ErrorCode);
```

4）利用 SetTimer( ) 函数，使 OnTimer( ) 方法运行间隔为 X（单位为毫秒）。

（6）实验结束后关闭 7660 采集板卡并停止中断

示例代码如下。

```
KillTimer(1);
ZT7660_CloseDevice(1);                          //关闭 7660 采集板卡设备
```

（7）为 Picture 控件添加画图方法

添加 CStatic 变量，名称设为 m_picDraw。然后添加画图方法（内容见下方画图方法）到××××Dlg.cpp 文件中。如果图像显示需要坐标、颜色变换，可以自行更改这一部分代码，要想取得较好的显示效果，也可以在定时器中写代码完成画图功能。在添加方法后还需要在.cpp 文件的开头定义一些变量。

```
#define POINT_COUNT 100                         //设一个宏,代表波形图横坐标点数
double m_nzValues1[10 * POINT_COUNT];           //构造一个数组,用于存放 Set 的波形数据
double m_nzValues2[10 * POINT_COUNT];           //构造一个数组,用于存放 Num 的波形数据
```

画图如下：

```
void CPositionControl1Dlg::DrawWave(CDC* pDC, CRect& rectPicture)
{
    float fDeltaX;                              // X 轴相邻两个绘图点的坐标距离
    float fDeltaY;                              // Y 轴每个逻辑单位对应的坐标值
    int nX;                                     //在连线时用于存储绘图点的横坐标
    int nY;                                     //在连线时用于存储绘图点的纵坐标
    CPen newPen;                                //用于创建新画笔
    CPen* pOldPen;                              //用于存放旧画笔
    CBrush newBrush;                            //用于创建新画刷
    CBrush* pOldBrush;                          //用于存放旧画刷

    //计算 fDeltaX 和 fDeltaY(分别为横纵两个方向的单位长度)
    fDeltaX = (float)rectPicture.Width()/ (POINT_COUNT - 1);
    fDeltaY = (float)rectPicture.Height()/ 250;

    //将背景刷为黑色
    newBrush.CreateSolidBrush(RGB(0, 0, 0));    //创建黑色新画刷
    pOldBrush = pDC->SelectObject(&newBrush);   //选择新画刷,并将旧画刷的指针保存到 pOldBrush
    pDC->Rectangle(rectPicture);                //以黑色画刷为绘图控件填充黑色,形成黑色背景
    pDC->SelectObject(pOldBrush);               //恢复旧画刷
    newBrush.DeleteObject();                    //删除新画刷

    //绘制坐标轴线(暗绿色细点状线)
    newPen.CreatePen(PS_DOT, 0, RGB(0, 128, 0));//创建点状线画笔,粗度为 0,颜色为暗绿色
    pDC->SetBkColor(RGB(0, 0, 0));              //设置虚线间隔颜色为黑色
    pOldPen = pDC->SelectObject(&newPen);       //选择新画笔,并将旧画笔的指针保存到 pOldPen
    pDC->MoveTo(rectPicture.left, rectPicture.bottom);//将当前点移动到绘图控件窗口的左下角,以此为
                                                //  波形的起始点
    for (int i = 10; i > 0; i--)                //绘制纵坐标水平刻度线(0~250,每间隔 25 个画
                                                //  一条线)
```

```cpp
{
    pDC->MoveTo(0, (int)rectPicture.Height()*i / 10);
    pDC->LineTo((int)rectPicture.Width(), (int)rectPicture.Height()*i / 10);
}
for (int i = POINT_COUNT; i > 0; i--)          //绘制横坐标垂直刻度线(0~NewCount,每间隔
                                               //  40个单位长度画一条线)
{
    pDC->MoveTo((int)rectPicture.Width()*50*i / POINT_COUNT, 0);
    pDC->LineTo((int)rectPicture.Width()*50*i / POINT_COUNT, (int)rectPicture.Height());
}
pDC->SelectObject(pOldPen);                    //恢复旧画笔
newPen.DeleteObject();                         //删除新画笔

//绘制设定位移值曲线(红色粗实线)
newPen.CreatePen(PS_SOLID, 2, RGB(255, 0, 0)); //创建实心画笔,粗度为2,颜色为红色
pOldPen = pDC->SelectObject(&newPen);          //选择新画笔,并将旧画笔的指针保存到pOldPen
pDC->MoveTo(rectPicture.left, rectPicture.bottom); //将当前点移动到绘图控件窗口的左下角,以此
                                               //  为波形的起始点
for (int i = 0; i < POINT_COUNT; i++)          //计算m_nzValues1数组中的每个点对应的坐标
                                               //  位置,并依次连接,最终形成曲线
{
    nX = rectPicture.left + (int)(i*fDeltaX);
    nY = rectPicture.bottom - (int)(m_nzValues1[i]*fDeltaY);
    pDC->LineTo(nX, nY);
}
pDC->SelectObject(pOldPen);                    //恢复旧画笔
newPen.DeleteObject();                         //删除新画笔

//绘制实际位移值曲线(蓝色粗实线)
newPen.CreatePen(PS_SOLID, 2, RGB(0, 255, 0)); //创建实心画笔,粗度为2,颜色为蓝色
pOldPen = pDC->SelectObject(&newPen);          //选择新画笔,并将旧画笔的指针保存到pOldPen
pDC->MoveTo(rectPicture.left, rectPicture.bottom); //将当前点移动到绘图控件窗口的左下角,以此
                                               //  为波形的起始点
for (int i = 0; i < POINT_COUNT; i++)          //计算m_nzValues2数组中的每个点对应的坐标
                                               //  位置,并依次连接,最终形成曲线
{
    nX = rectPicture.left + (int)(i*fDeltaX);
    nY = rectPicture.bottom - (int)(m_nzValues2[i]*fDeltaY);
    pDC->LineTo(nX, nY);
}
pDC->SelectObject(pOldPen);                    //恢复旧画笔
newPen.DeleteObject();                         //删除新画笔
}
```

(8) 创建 OnTimer( )方法

添加画图函数后,还缺少来调用这个画图方法的"主要函数",即用来实现主要功能的 OnTimer( )方法。在类视图中选择××××Dlg 类的属性,在属性栏中选择"消息",找到 WM_TIMER 属性,在右侧箭头下选择 add TIMER 选项(自动创建 OnTimer( )方法,但是启停需要自己写,即在"开始"和"停止"按钮中定义)。OnTimer( )方法中的内容会每隔一定时间间隔(如 10 ms,可以在"开始"按钮中的 SetTimer( )函数中定义)重复执行,在一个周期里需要完成的工作如下。

1) 读取位移:

Num=ZT7660_AIonce(1,0,21,2,0,0,0,0,0,0)*0.025;

2) 画图:调用方法 DrawWave( )来画图。

3) 调用函数 PID( )计算输出电压:

Out = PID();   //计算控制量

4) 输出电压:

ZT7660_AOonce(1, 1, 6, Out);   //输出控制量

5) 计算性能指标。

(9) 设定文字编辑框的初始值

在类视图中的××××Dlg 类中选择 OnInitDialog( )方法,在其实现中加入初始化代码,赋予默认值。

GetDlgItem(IDC_STEP)->EnableWindow(TRUE); //得到控件(名称为 IDC_STEP),将控件置为可用
SetDlgItemText(IDC_Step, _T("120"));   //设定控件内容(名称为 IDC_Step 的控件中写入 120)

(10) 添加 PID 程序

在××××Dlg.cpp 中添加 PID 程序,如位置式 PID 程序。

(11) 计算机与板卡的适配设置

保存后需要禁用应用程序签名才可以与 7660 采集板卡交互数据,步骤如下。

先保存好代码,打开 Windows 操作系统的"设置"→"恢复"窗口,在"高级启动"下单击"立即重新启动"按钮。随后选择"疑难解答"→"高级选项"→"启动设置"→"重启"选项按数字 7 键重启计算机。

完成后在桌面快捷方式"计算机"图标上右击,在出现的快捷菜单中选择,"管理"选项,单击左侧"设备管理器"节点,其中"通用串行总线控制器"中的 7660 采集板卡应当没有黄色叹号,此时能够与 7660 采集板卡交互数据。

(12) 调试

此时生成、运行程序,应当能够实现控制。在实验中需要试凑 PID 参数,以达到最佳控制效果。在 VS 2019 中按此法能够完整创建液压缸 PID 控制 MFC 程序,根据软件版本、环境配置等不同,可能存在其他 bug。如果有绘图、多媒体计时器等方面的问题,可以在鸡啄米论坛、CSDN 上找到解答。

2. 液压缸最低稳定运动速度实验

通过改变输入参数，使液压缸在不同的输入下运动，通过将位移传感器的输出采集到 .txt 文件中，记录运动数据。可以在 Excel、Origin 等软件中生成液压缸最低稳定速度时的矢量图像。

3. 液压缸节流调速特性实验

1）液压泵输出流量：12~14 L/min。
2）比例阀控制液压缸：行程 250 mm。
3）位移传感器检测液压缸位移：精度 0.01 mm。

对比例阀的通流截面积 A 和溢流阀的调定压力（泵的供油压力）调定滞后，改变负载 F 的大小，同时测出相应的工作缸活塞杆的速度 v 以及有关压力值。以速度 v 为纵坐标，负载 F 为横坐标，按照比例阀不同的通流截面积 A 或不同的溢流阀调定压力 P，各调速回路可得到各自的一组速度—负载特性曲线。实验中，速度 v 可以由位移求差分得到，压力 P 可以由实验台传感器测得，负载为固定质量砝码。

9.1.4 思考题

1）比例阀有死区、液压缸摩擦力也产生死区，怎样解决死区引起的控制误差问题？
2）分析液压油工作温度升高对控制系统的稳定性有什么影响。
3）液压缸有杆腔、无杆腔面积不相等，对控制系统的稳定性、精度有什么影响？如何解决？

9.2 基于 C++语言的交流伺服位置闭环控制实验

9.2.1 实验教学目标

1）掌握交流伺服位置闭环控制系统基本结构。
2）能够用 C++语言编程实现交流伺服位置闭环控制。
3）能够将 PID 控制方法应用于交流伺服位置闭环控制。
4）能够对控制系统中的死区、摩擦、不对称、饱和等非线性特性提出解决方法。

9.2.2 交流伺服位置闭环控制实验装置

1. 实验装置结构

交流伺服位置闭环控制实验装置结构如图 9-4 所示。
1）伺服驱动器：220 V 交流供电，内置信号放大器和驱动电路。
2）伺服电机丝杠装置：行程 500 mm，内置光电编码器。
4）7660 采集板卡：16 位计数器采集光电编码器脉冲，12 位 D/A 输出±10 V。
5）中继电路：把 7660 采集板卡输出的数字信号转换成 24 V 电平的数字信号，控制伺服驱动器工作。
6）计算机控制：C++语言编程实现 PID 控制算法。

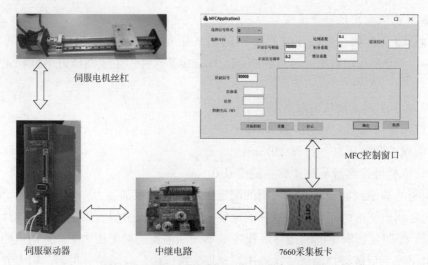

图 9-4 交流伺服位置闭环控制实验装置结构

2. 控制系统结构框图

交流伺服位置闭环控制实验控制系统结构如图 9-5 所示。

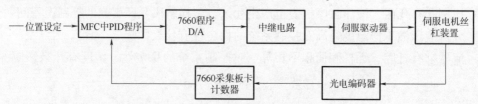

图 9-5 交流伺服位置闭环控制实验系统结构

9.2.3 实验内容

1. 搭建实验装置

1）连接线路。

7660 采集板卡引脚和电位器分布如图 9-6 所示。

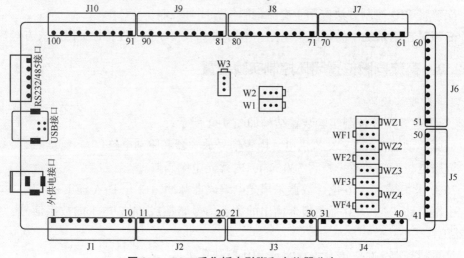

图 9-6 7660 采集板卡引脚和电位器分布

中继电路板的引脚分布如图 9-7 所示。

图 9-7　中继电路板引脚分布

将图 9-7 右侧中连接器 2 的 1~8 号引脚依次连接到图 9-6 中 J2 的 20~13 号引脚，连接器 1 的 1 号和 2 号引脚连接到图 9-6 中的 J4 的 40 号和 39 号引脚，图 9-7 中左上角连接器 3 的 1 号和 5 号引脚连接到图 9-6 中的 J5 的 50 和 49 号引脚。

连接完成后的示意如图 9-8 所示。

图 9-8　中继电路板和 7660 采集板卡连接完成后的示意

将图 9-7 中 SCSI 连接器和伺服驱动器上的 SCSI 连接器连接，注意将连接器上的螺钉拧紧，防止接线不良导致电机无动作。

7660 采集板卡可以使用 USB 供电，也可以使用外部供电，由于伺服电机运行时的干扰较大，建议采用外部供电，USB 供电可能出现错误。

中继电路板也需要外部 24 V 供电，供电接口为图 9-7 中右下角对应的接线端子，绿色接线端子左侧为 24 V，右侧为 GND，正确供电情况下中继电路板上的 LED 会点亮，如果发现 LED 不亮则需要检查是否正确供电。

将 7660 采集板卡和计算机使用 USB 连接线连接，接线完成。

图 9-9 伺服驱动器 USB 接口

2) 伺服驱动器参数配置。

伺服驱动器提供了多种运动模式，便于用户进行不同模式的控制，使用前需要将伺服驱动器配置在需要的运动模式下。

安装 MR-Configurator2-C 1.70Y 软件，安装所需软件和产品 ID 参考如下链接：http://down.ymmfa.com/?id=360。

安装完毕后打开软件，将伺服驱动器和计算机 USB 接口连接，并为伺服驱动器供电。伺服驱动器 USB 接口如图 9-9 所示。

连接完成后打开软件，双击左上角工程栏下的"轴1：MR-JE-A 标准"→"参数"节点，在弹出的"参数设置"对话框（见图 9-10）中选择"通用"→"基本设置"→节点，将"控制模式选择"设为"速度控制模式"。

其余参数保持默认即可，如有需要，则根据实验需要更改参数，更改之后单击参数设置界面右上角的"轴写入"按钮，然后将伺服驱动器断电重新启动。

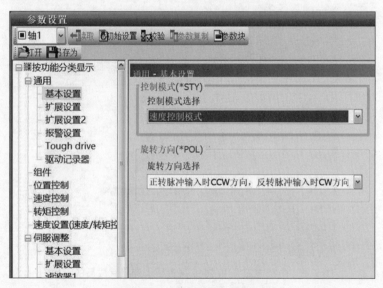

图 9-10 "参数设置"对话框

3) 7660 采集板卡跳线设置。

将图 9-8 中 7660 采集板卡的跳线设置为图 9-11 的模式。

2. C++程序编写 MFC

(1) 下载安装 VS 2019

VS 2019 安装链接为 https://visualstudio.microsoft.com/zh-hans/vs/older-downloads/#visual-studio-2019-and-other-products。

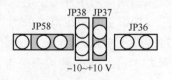

图 9-11 7660 采集板卡的跳线设置

(2) 在 VS 2019 中创建解决方案

在"创建新项目"的对话框中选择"MFC 应用"选项，之后的应用程序类型选择"基于对话框"选项，其他默认，建议英文命名。

(3) 添加 7660 采集板卡程序的头文件、资源

将 usb7660.h、usb7660.dll、usb7660.lib 3 个文档放到程序目录下，在程序中添加现有项（分别放到头文件、资源、资源）。注意解决方案平台的配置，如果解决方案为 X86，则添加的库版本为 X86 版本，如果解决方案为 X64，则添加的库版本为 X64 版本。

(4) 添加控件并对控件添加变量

在工具箱中添加 Button、Combo Box、Static Text、Group Box、Edit Control 等控件。界面设计如图 9-12 所示。

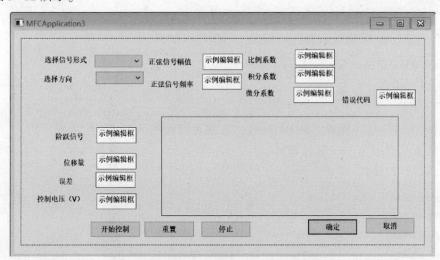

图 9-12 交流伺服位置闭环控制实验界面设计

获取下拉列表框中的选项参考代码如下。

option = m_Box.GetCurSel();   //m_box 为设置的下拉列表框变量名

禁用/开启控件功能参考代码如下。

GetDlgItem(IDC_START)->EnableWindow(FALSE/TRUE);   //IDC_START 为设置的下拉列表框变量名

在编辑框中输入文本参考代码如下。

SetDlgItemText(IDC_Step, _T("120"));   //第一个参数为编辑框变量名

编辑框中显示变量参考代码如下。

CString m_Out;
m_Out.Format(_T("%d"), Out);   //_T("%.3lf")等同于 L"%.3lf"
GetDlgItem(IDC_OUT)->SetWindowText(m_Out);   //显示控制电压的值

获取编辑框中文本参考代码如下。

CString m_Set1;
GetDlgItem(IDC_STEP)->GetWindowText(m_Set1);
Set = _ttof(m_Set1);   //读取阶跃信号设定值

(5) 主要功能编写——初始化

MFC 应用程序完成 PC 与采集卡的交互，首先需要进行相关外设的初始化，初始化主要包括以下流程。

1) 清除错误代码并打开设备，通过调用 usb7660.h 库中的函数完成，涉及的函数包括 ZT7660_OpenDevice( )、ZT7660_ADstop( )、ZT7660_ClearFifo( )、ZT7660_AIinit( )。详细参数参考 usb7660.h 文件中的说明。

2) 外设初始化。

```
ZT7660_CTStop(1, 1);
ZT7660_CTStart(1, 1, 0 ,65535);
ZT7660_DOAll(1, 0);
ZT7660_DOBit(1, 5, 1);                    //SON 打开
```

3) 检查与 7660 采集板卡的连接情况，示例代码如下。

```
int ErrorCode = ZT7660_GetLastErr();
wchar_t Error[12];
wsprintf(Error, _T("% d"), ErrorCode);
```

4) 利用 SetTimer( )函数，使 OnTimer( )方法运行间隔为 X（单位为毫秒）。

(6) 主要功能编写——电机控制

1) 设置初始方向。

```
ZT7660_DOBit(1, 2, 0);
ZT7660_DOBit(1, 6, 1);                    //初始方向正转
ZT7660_DOBit(1, 2, 1);
ZT7660_DOBit(1, 6, 0);                    //初始方向反转
```

2) 速度控制。

```
ZT7660_AOonce(1, 1, 6 ,**);               //修改第四个参数可以改变电机速度,范围为-10 000~10 000
```

3) 强制停止。

```
ZT7660_DOBit(1, 4, 1);
```

(7) 主要功能编写——计数器（测速或测位移）

1) 计数器开始。

```
ZT7660_CTStart(1, 1, 0, 65535);           //清空计数值
```

2) 计数器停止。

```
ZT7660_CTStop(1, 1);
```

3) 计数器重置。

```
ZT7660_CTStop(1, 1);
ZT7660_CTStart(1, 1, 0, 65535);           //清空计数值
for (i = 0;i < 100;i++)
{
}                                          //延时,等待计数器重置完成
```

4) 读取计数值。

```
POS =ZT7660_CTRead(1,1,0);
```

（8）实验结束后关闭 7660 采集板卡并中断函数

```
KillTimer(1);
ZT7660_CloseDevice(1);                //关闭 7660 采集板卡设备
```

（9）为 Picture 控件添加画图方法

添加 CStatic 变量，名称设为 m_picDraw。在选择给定信号后单击"开始"按钮后即开始在画板上画图，一支画给定信号，一支画实际位移。在添加方法前，需要在.cpp 文件的开头定义如下变量。

```
#define POINT_COUNT 100                    //设一个宏,代表波形图横坐标点数
double m_nzValues1[10 *POINT_COUNT];       //构造一个数组,用于存放 Set 的波形数据
double m_nzValues2[10 *POINT_COUNT];       //构造一个数组,用于存放 Num 的波形数据
```

然后添加画图方法内容到××××Dlg.cpp。如果图像显示需要坐标、颜色变换，可以自行更改这一部分代码，要想取得较好的显示效果，也可以在 OnTimer( )方法中写自动变换的代码。

画图方法如下：

```
void CPositionControl1Dlg::DrawWave(CDC*  pDC, CRect& rectPicture)
{
    float fDeltaX;                   // X 轴相邻两个绘图点的坐标距离
    float fDeltaY;                   // Y 轴每个逻辑单位对应的坐标值
    int nX;                          //在连线时用于存储绘图点的横坐标
    int nY;                          //在连线时用于存储绘图点的纵坐标
    CPen newPen;                     //用于创建新画笔
    CPen* pOldPen;                   //用于存放旧画笔
    CBrush newBrush;                 //用于创建新画刷
    CBrush* pOldBrush;               //用于存放旧画刷

    //计算 fDeltaX 和 fDeltaY(分别为横纵两个方向的单位长度)
    fDeltaX = (float)rectPicture.Width()/ (POINT_COUNT - 1);
    fDeltaY = (float)rectPicture.Height()/ 250;

    //将背景刷为黑色
    newBrush.CreateSolidBrush(RGB(0, 0, 0));            //创建黑色新画刷
    pOldBrush = pDC->SelectObject(&newBrush);           //选择新画刷,并将旧画刷的指针保存到 pOldBrush
    pDC->Rectangle(rectPicture);                        //以黑色画刷为绘图控件填充黑色,形成黑色背景
    pDC->SelectObject(pOldBrush);                       //恢复旧画刷
    newBrush.DeleteObject();                            //删除新画刷

    //绘制坐标轴线(暗绿色细点状线)
    newPen.CreatePen(PS_DOT, 0, RGB(0, 128, 0));        //创建点状线画笔,粗度为 0,颜色为暗绿色
    pDC->SetBkColor(RGB(0, 0, 0));                      //设置虚线间隔颜色为黑色
```

```
        pOldPen = pDC->SelectObject(&newPen);              //选择新画笔,并将旧画笔的指针保存到 pOldPen
        pDC->MoveTo(rectPicture.left, rectPicture.bottom); //将当前点移动到绘图控件窗口的左下角,因此
                                                            //  为波形的起始点
        for (int i = 10; i > 0; i--)                        //绘制纵坐标水平刻度线(0~250,每间隔25个单
                                                            //  位长度画一条线)
        {
            pDC->MoveTo(0, (int)rectPicture.Height()*i / 10);
            pDC->LineTo((int)rectPicture.Width(), (int)rectPicture.Height()*i / 10);
        }
        for (int i = POINT_COUNT; i > 0; i--)               //绘制横坐标垂直刻度线(0~NewCount,每间隔40
                                                            //  个单位长度画一条线)
        {
            pDC->MoveTo((int)rectPicture.Width()*50 *i / POINT_COUNT, 0);
            pDC->LineTo((int)rectPicture.Width()*50 *i / POINT_COUNT, (int)rectPicture.Height());
        }
        pDC->SelectObject(pOldPen);                         //恢复旧画笔
        newPen.DeleteObject();                              //删除新画笔

        //绘制设定位移值曲线(红色粗实线)
        newPen.CreatePen(PS_SOLID, 2, RGB(255, 0, 0));      //创建实心画笔,粗度为2,颜色为红色
        pOldPen = pDC->SelectObject(&newPen);               //选择新画笔,并将旧画笔的指针保存到 pOldPen
        pDC->MoveTo(rectPicture.left, rectPicture.bottom);  //将当前点移动到绘图控件窗口的左下角,以此
                                                            //  为波形的起始点
        for (int i = 0; i < POINT_COUNT; i++)               //计算 m_nzValues1 数组中的每个点对应的坐标位
                                                            //  置,并依次连接,最终形成曲线
        {
            nX = rectPicture.left + (int)(i*fDeltaX);
            nY = rectPicture.bottom - (int)(m_nzValues1[i] * fDeltaY);
            pDC->LineTo(nX, nY);
        }
        pDC->SelectObject(pOldPen);                         //恢复旧画笔
        newPen.DeleteObject();                              //删除新画笔

        //绘制实际位移值曲线(蓝色粗实线)
        newPen.CreatePen(PS_SOLID, 2, RGB(0, 255, 0));      //创建实心画笔,粗度为2,颜色为蓝色
        pOldPen = pDC->SelectObject(&newPen);               //选择新画笔,并将旧画笔的指针保存到 pOldPen
        pDC->MoveTo(rectPicture.left, rectPicture.bottom);  //将当前点移动到绘图控件窗口的左下角,以此
                                                            //  为波形的起始点
        for (int i = 0; i < POINT_COUNT; i++)               //计算 m_nzValues2 数组中的每个点对应的坐标位
                                                            //  置,并依次连接,最终形成曲线
        {
            nX = rectPicture.left + (int)(i * fDeltaX);
            nY = rectPicture.bottom - (int)(m_nzValues2[i] *fDeltaY);
```

```
            pDC->LineTo(nX, nY);
    }
    pDC->SelectObject(pOldPen);                  //恢复旧画笔
    newPen.DeleteObject();                       //删除新画笔
}
```

（10）创建 OnTimer( )方法

添加画图函数后，还缺少来调用这个画图方法的"主要函数"，即用来实现主要功能的 OnTimer( )方法。在类视图中选择××××Dlg 类的属性，在属性栏中选择"消息"，找到 WM_TIMER 属性，在右侧箭头下选择 add TIMER 选项（自动创建 OnTimer( )方法，但是启停需要自己写，即在"开始"和"停止"按钮中定义）。OnTimer( )方法中的内容会每隔一定时间间隔（如 10 ms，可以在"开始"按钮中的 SetTimer( )函数中定义）重复执行，在一个周期里需要完成的工作如下。

1）读取位移：

```
ZT7660_CTRead(1,1,0);                            //单次采集编码器输出脉冲数
```

2）画图：调用方法 DrawWave( )来画图。

3）调用函数 PID( )计算输出电压：

函数 PID( )代码编写需要使用静态变量和全局变量。

4）输出电压：

```
ZT7660_AOonce(1, 1, 6, Out);                     //输出控制量
```

5）计算性能指标。

其中部分代码如下。

```
if(Out>0)                                        //根据速度方向计算位置
    Num=Num+(65535- ZT7660_CTRead(1,1,0))* 1;    //单次采集编码器输出脉冲数,将其换算成速度
else
    Num=Num - (65535 - ZT7660_CTRead(1, 1, 0))* 1;  //单次采集编码器输出脉冲数,将其换算成速度
Out=(int)PID();                                  //运行 PID 算法

if (Out < -10000)
{
    Out=-10000;

}
if (Out > 10000)
{
    Out=10000;

}
if (erro < 200)
{
    ZT7660_DOBit(1, 4, 1);                       //电机停止
```

```
        }
        else
        {
            ZT7660_DOBit(1, 4, 0);                //电机启动
        }

        ZT7660_AOonce(1, 1, 6, Out);              //输出电压

                                                   //画图

        count++;
        if (count==5)                              //间隔5个位移数据,绘制一次波形(即波形显示频率)
        {
            for (int j=0; j < (int)POINT_COUNT - 1; j++)
            {
                m_nzValues1[j] = m_nzValues1[j + 1];
                m_nzValues2[j] = m_nzValues2[j + 1];
            }
            for (int j = (int)POINT_COUNT; j <= (int)POINT_COUNT; j++)
            {
                m_nzValues1[j - 1] = Set* 0.003;
                m_nzValues2[j - 1] = Num* 0.003;
            }
            CRect rectPicture;
            m_picDraw.GetClientRect(&rectPicture);
            DrawWave(m_picDraw.GetDC(), rectPicture);
            count = 0;
            t=t + 0.05;                            //t 时间+0.05 s,SetTimer()每 10 ms 调用一次 OnTimer()
        }

        ZT7660_CTStop(1, 1);
        ZT7660_CTStart(1, 1, 0, 65535);            //每次中断清空计数值
```

(11) 设定文字编辑框的初始值

在类视图中的××××Dlg 类中选择 OnInitDialog( )方法,在其实现中加入初始化代码,赋予默认值。

```
GetDlgItem(IDC_STEP)->EnableWindow(TRUE);    //得到控件(名称为 IDC_STEP),将控件置为可用
SetDlgItemText(IDC_Step, _T("120"));         //设定控件内容(名称为 IDC_Step 的控件中写入
                                               120)
```

(12) 添加 PID 程序

在××××Dlg.cpp 中添加 PID 程序,如位置式 PID 程序。

(13) 计算机与板卡的适配设置

保存后需要禁用应用程序签名才可以与 7660 采集板卡交互数据，步骤如下。

先保存好代码，打开 Windows 操作系统的"设置"→"恢复"窗口，在"高级启动"下单击"立即重新启动"按钮。随后选择"疑难解答"→"高级选项"→"启动设置"→"重启"选项按数字 7 键重启计算机。

完成后在计算机上右键打开的设备管理器标签中，通用串行总线控制器中的 7660 采集板卡应当没有黄色叹号，此时能够与 7660 采集板卡交互数据。

(14) 调试

此时生成、运行程序，应当能够实现控制。在实验中需要试凑 PID 参数，以期达到最佳控制效果。在 VS2019 中按此法能够完整创建伺服电机 PID 控制 MFC 程序，根据软件版本、环境配置等不同，可能存在其他 bug，如果有绘图、多媒体计时器等方面的问题，可以在鸡啄米论坛、CSDN 上找到解答。

3. 阶跃控制实验

按照上述步骤连接实验装置，编写并运行 MFC 程序，伺服电机按照当前设置的目标位置运行一段距离后停止，同时在 MFC 窗口显示阶跃曲线和位置误差，调节 PID 参数优化电机动态特性。

4. 正弦跟踪控制实验

按照上述步骤连接实验装置，编写并运行 MFC 程序，按照正弦规律运行，同时在 MFC 窗口显示阶跃曲线和位置误差，调节 PID 参数优化电机动态特性。

9.2.4 思考题

1) 改变 7660 采集板卡输出电压可以控制电机速度，如果要实现位置控制该如何设计控制系统？

2) 示例代码中为什么中断中需要每次清空计数值，如果不清空会有什么影响？

3) PID 程序中为什么需要使用静态变量和全局变量，如果使用局部变量会有什么影响？

第 10 章 可编程控制器（PLC/PAC）控制实验

10.1 可编程自动化控制系统及 Sysmac Studio 编程概述

10.1.1 可编程自动化控制系统构成

可编程自动化控制系统由电气控制模组、气动机械手模组和伺服电机运动控制模组组成，如图 10-1 所示。其中电气控制模组包括欧姆龙 NX1P2-1140DT 可编程自动化控制器、台达伺服系统（R88D-1SN01H-ECT、R88M-1M10030T-S2）、NB 可编程终端（触摸屏）、16 路 LED 灯、16 路拨动开关、4 路旋转开关组成的电压/电流发生器。气动机械手控制模组主要是由无杆气缸、平行气爪、摆缸等组成，可以对工件进行拾放操作。伺服电机运动控制模组主要包含两套伺服系统、一套轨迹描绘机构，可自行配置 XY 两轴联动实现各种轨迹图形绘制。

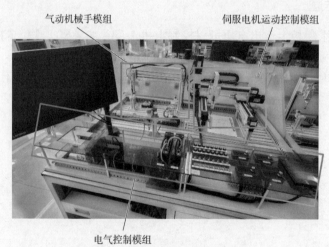

图 10-1 可编程自动化控制系统

10.1.2 Sysmac Studio 编程概述

Sysmac Studio 自动化软件提供一个集成的开发环境，用于设置、编程、调试、维护欧姆龙 NX1P 控制器和其他机器自动化控制器以及 EtherCAT 从站。

Sysmac Studio 具有以下特点：

1) 支持 IEC 61131-3 的编程语言；

2)便捷的操作;
3)完善的调试手段;
4)强大的诊断维护功能。

基本配置和编程方法如下。

1. 创建工程的基本流程

(1)打开软件,创建新工程

双击 Sysmac Studio 图标打开软件,选择"新建工程"选项,在"工程属性"对话框中给新工程取名并选择设备类型和版本,如图 10-2 所示。设备类型为控制器,名称为 NX1P2,型号为 1140DT,版本为 V1.13。

(2)配置机架

选择窗口左侧"配置和设置"→"CPU/扩展机架"选项,打开"CPU/扩展机架"配置界面,如图 10-3 所示,在相应的窗口右侧工具箱里,选择 NX 系列单元,在右下侧可以选择具体型号,将所需型号拖动到中间对应位置。也可以通过在线的方式,利用"合并"直接配置扩展机架。

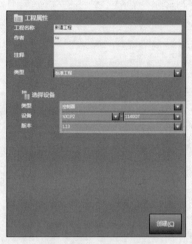

图 10-2 创建新工程

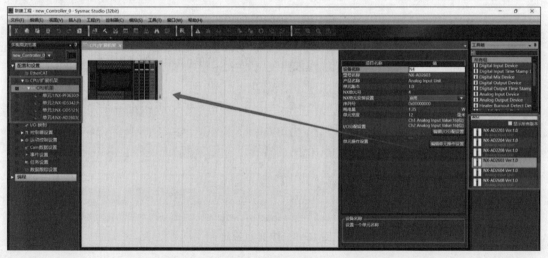

图 10-3 配置机架

(3)控制器设置

选择左侧"控制器设置"→"操作设置"选项,如图 10-4 所示,可对控制器进行一些基本设定,如控制的模式、启动时是否诊断 SD 卡等。

选择左侧"控制器设置"→"内置 EtherNet/IP 端口设置"选项,对内置 EtherNet/IP 端口的操作时,主要是进行 IP 地址的设定,默认地址为 192.168.250.1,如图 10-5 所示。

选择左侧"控制器设置"→"选项板设置"选项,可设定添加选项板的位置及型号,如图 10-6 所示。若当前选项板为通信型选项板时,可在此处设定其通信方式及参数。

图 10-4 控制器设置

图 10-5 IP 地址设定

(4) I/O 映射创建变量

选择左侧"CPU/扩展机架"→"I/O 映射"选项,如图 10-7 所示,打开 I/O 映射界面,右击 I/O 模块名称,在弹出的快捷菜单中选择"创建新设备变量"选项,在变量一列中就会生成有规律的变量名称。也可自行创建变量名称。

选择"编程"→"数据"→"全局变量"选项,如图 10-8 所示,可以看到刚才 I/O 映射生成的变量自动登记到了全局变量表中。在这里,也可以创建其他全局变量。

2. 程序输入及下载方法

(1) 输入程序

新建一个工程之后,在"编程"→"POUs"→"程序"下会自动创建一个 Program0 节点,双击 Section0 节点,就可以进入图 10-9 所示的编程页面,编程前需先在变量表里创建一些需要使用的内部变量，调用外部变量时，外部变量会自动登录到外部变量页。窗口中间是编写程序的区域，NX1P 所有指令都可以在右侧的工具箱中找到。

图 10-6　选项板设置

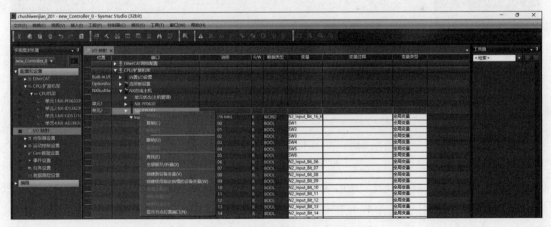

图 10-7　I/O 映射创建变量

（2）任务设定

在新工程中，软件会自动创建 4 号任务（即主要周期任务），可以在图 10-10 所示的"任务设置"窗口中看到。如果要添加其他任务，单击窗口中的"+"按钮。编写好的程序需要分配给任务，此程序才能按照任务的优先级执行。

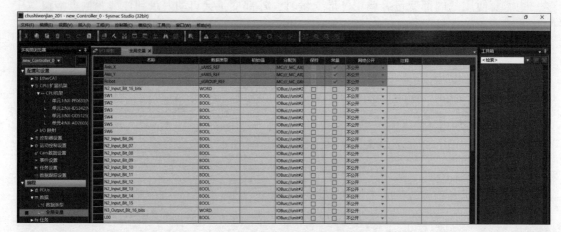

图 10-8　全局变量表

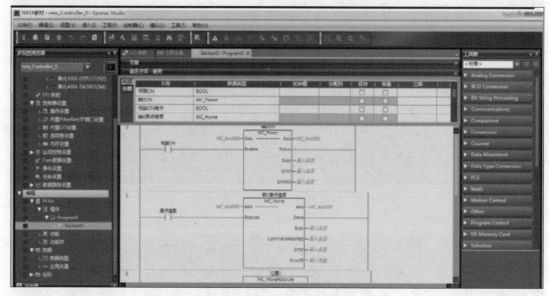

图 10-9　编程页面

（3）连接到控制器/下载程序

选择"控制器"→"通信设置"选项，在弹出的"通信设置"对话框中"连接类型"选项区域默认选中的是"Ethernet-直接连接"单选按钮，如图 10-11 所示。由于 NX1P 本体未提供 USB 接口，故需勾选"Ethernet-直接连接"复选框或"Ethernet-Hub 连接"复选框。勾选"Ethernet-Hub 连接"复选框时，在下方"远程 IP 地址"选项区域中，填写所要连接的 NX1P 的 IP 地址。也可以通过单击下方的"Ethernet 通信测试"按钮，测试网络是否设置连接正常。设置完成后，单击"确定"按钮即可。

然后单击在线图标，将 NX1P 在线；下一步选择"控制器"→"同步"选项，将工程同步后，单击"传送到控制器"按钮，将工程下载到 NX1P 控制器。

第 10 章 可编程控制器（PLC/PAC）控制实验

图 10-10 "任务设置"窗口

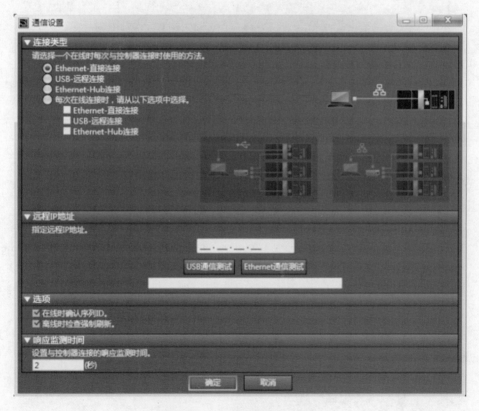

图 10-11 "通信设置"对话框

10.1.3 NB 触摸屏使用方法

NB 触摸屏作为自动化系统中重要的人机交互设备,用于监控配置控制系统,本实验台通过 RS232 与 PLC 相连,可实现传送画面数据、显示画面、读取主机数据及向主机发送数据等,其使用方法如下。

1. 启动 NB 触摸屏的编程软件 NB-Designer

选择"开始"→"所有程序"→OMRON→NB-Designer→NB-Designer 选项,或者可以双击桌面快捷方式图标 启动。NB-Designer 界面显示内容如图 10-12 所示。

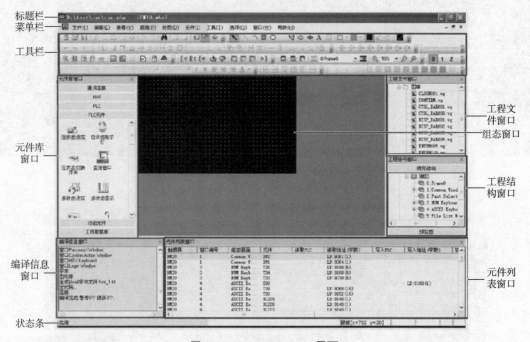

图 10-12　NB-Designer 界面

2. 工程创建流程

1)选择"文件"→"新建工程"选项。

2)选择"通讯连接"→"串口"选项。

3)选择 HMI→NB7W-TW00B 选项,双击设置 COM1 的波特率与 Sysmac Studio 软件相同。

4)选择 PLC→Omron NX1 Series Host Link 选项,把串口的通信线连接到 HMI 的 COM1 和 PLC 的 COM0。

5)选择"PLC 元件"中的"数值显示元件""位状态设定元件""位状态指示灯"等选项,然后编辑地址。

3. 与 PLC 连接

1)选择"工具"→"编译"选项。

2)选择"工具"→"下载"选项。

10.1.4 KingView 与 Sysmac Studio 连接使用方法

KingView（组态王）是北京亚控科技发展有限公司开发的自动化系统组态软件，为用户提供快速构建工业自动化控制系统监控层一级的软件平台和开发环境。组态王与欧姆龙公司 Sysmac Studio 的连接及变量配置方法如下。

1. 欧姆龙 SYSMAC Gateway Console 设置

（1）打开 SYSMAC Gateway Console

选择"开始"→"所有程序"→OMRON→SYSMAC Gateway→SYSMAC Gateway Console 选项，弹出 SYSMAC Gateway Console 对话框，如图 10-13 所示。

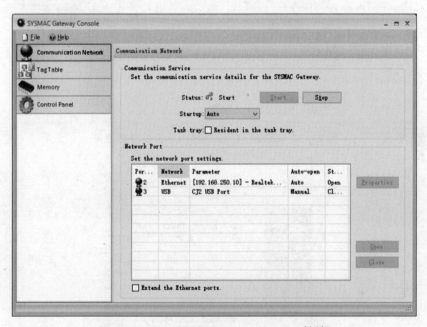

图 10-13　SYSMAC Gateway Console 对话框

（2）参数设置

按图 10-14 中箭头指示的内容设置参数，首先停止 Communication Service，单击图中的 Stop 按钮。当 Status 为 Start 时，不允许修改 Network Port 的属性。在 Network Port 选项区域中选中所需的网络，一般情况下 Port ID 为 2 时对应 Ethernet，其中 IP 设置要与计算机自身 IP 一致；Port ID 为 3 时对应 USB。

（3）启动 Communication Service

单击 Start 按钮。

2. 组态王的 I/O 设备配置与寄存器对照

（1）在组态王中定义设备

在组态王中定义设备时请选择 PLC→OMRON→NJSeries→NJCompolet 节点。

（2）本设备的地址格式及地址范围

按图 10-15 所示的方式指定要安装设备的地址，即 PeerAddress；LocalPort；ConntionType_××。

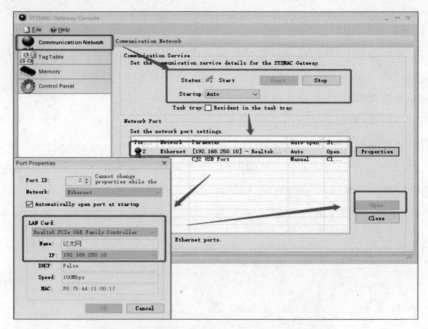

图 10-14　SYSMAC Gateway Console 参数设置

图 10-15　指定设备地址

PeerAddress：PLC 设备的 IP 地址。

LocalPort：与 SYSMAC Gateway Console 中设置的端口相一致（一般网络为 2，USB 为 3）。

ConntionType：连接方式，0 为 UDP 通信；1 为 TCP 通信。

××：设备编号，0~255。

注意：每个设备编号须不同。

（3）组态王中寄存器列表说明

组态王中各种寄存器的说明如表 10-1 所示。

表 10-1 寄存器的说明

寄存器	范围	数据类型	读写	说明
REG	变量名称	bit/byte/short/ushort/float/double/long/string	读写	见说明部分（目前仅支持这几种数据类型）

例如，如果 PLC 控制器程序里变量名为 Tag1，则组态王 I/O 工程里面建立变量寄存器名为 REGTag1。

另外，PLC 数据类型与组态软件数据类型的对应关系如表 10-2 所示。

表 10-2 PLC 数据类型与组态软件数据类型的对应关系

PLC 数据类型	组态王数据类型
bool	bit
sint	short
int	short
dint	long
lint	long
usint	long
uint	short
udint	long
ulint	long
real	float
lreal	double（组态王不支持此类型、KS 支持）
string	string
byte	byte
word	short
dword	long
lword	long
struct	见说明部分 2)
enum	string
date_ns_ec	----------------
time_nsec	----------------
date_and_time_nsec	----------------
time_of_day_nsec	----------------
union	见说明部分 2)

表 10-2 说明如下。

1）表格中标记"----------------"的表示，该数据类型组态软件不支持。对于带红色字体类型为新增类型。

2）对于 STRUCT 数据成员的支持情况要视其成员的具体数据类型而定，对于带"----------------"标记的成员不支持。

对于 UNION 数据成员的支持情况要视其成员的具体数据类型而定，对于带"----------------"标记的成员不支持。

3）支持多维数组（与 PLC 匹配）。

4）组态王中变量参数设置方法如图 10-16 所示。

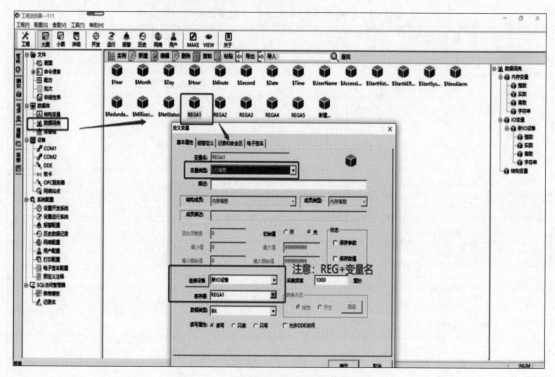

图 10-16　组态王中变量参数设置方法

10.2　基于 OMRON NX1P 的逻辑顺序控制系统设计

10.2.1　实验教学目标

1）掌握 OMRON NX1P 工作原理。

2）能够使用 Sysmac Studio 编程软件编写数字量、模拟量输入/输出程序，触摸屏的通信与编程等。

3）能够使用组态王编写典型程序，掌握组态软件与 I/O 设备的网络构成及通信方式，掌握组态软件和 Sysmac Studio 联机的方法和组态动画的制作。

4）通过气缸运动控制实验，了解气动系统的组成及单、双电控电磁阀工作方式。

5）通过编写电磁阀控制程序，掌握 PLC 控制气动系统的方法和气缸运动的调试方法。

6）通过组态王测试气缸的点动，完成气缸夹取物块的循环动作，完成 PLC 梯形图设计和组态软件的联动，实现气动系统的控制和显示。

10.2.2 实验内容

1. BCD 码加法

内容及要求：通过四路 LED 灯实现一个十进制数拨动开关的四位二进制编码的十进制 (binary-coded decimal, BCD) 码显示，两个四位数相加后显示新的 4 位或 5 位 BCD 码并显示出来。

1）开关对应如图 10-17 所示，指示灯 GL01~GL04 代表 4 位 BCD 码，SW01~SW08 代表 8 位输入开关。当 SW01 通仅 GL04 亮代表 0001；当 SW02 通仅 GL03 亮代表 0010；依次至当 SW08 通仅 GL01 亮代表 1000，SW01~SW08 有同时两个或以上通 GL01~GL04 都会灭。同理，GL05~GL08 代表另一组 4 位 BCD 码，SW09~SW16 为与 GL05~GL08 对应的 8 位输入开关，其代表值同上。

2）实现 BCD 码加法功能，GL01~GL04 表示 4 位 BCD 码，GL05~GL08 表示另外一组 4 位 BCD 码，GL09~GL13 表示一组 5 位 BCD 码，其中 GL09 为高位。Ⅰ、Ⅱ 为加数，Ⅲ 为和。例如，Ⅰ 为只有 GL02 亮即 0100（SW04 接通、十进制数 4），Ⅱ 为 GL07、08 都亮即 0011（SW11 接通、十进制数 3），则 Ⅲ 为 GL11、GL12、GL13 亮表示 00111（十进制数 7）。实现 BCD 码全部情况的加法功能。

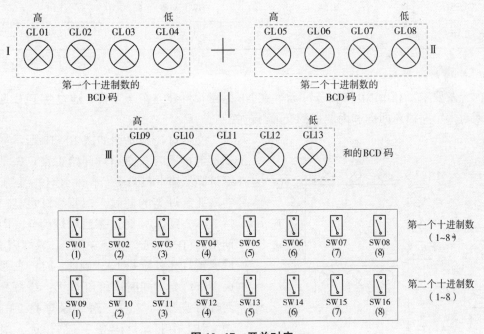

图 10-17 开关对应

表 10-3 为本实验变量名和对应实验台设备编号。

表 10-3 变量名和对应实验台设备编号

变量名	实验台设备编号	变量名	实验台设备编号
GL01	L00	SW01	S00
GL02	L01	SW02	S01
GL03	L02	SW03	S02
GL04	L03	SW04	S03
GL05	L04	SW05	S04
GL06	L05	SW06	S05
GL07	L06	SW07	S06
GL08	L07	SW08	S07
GL09	L08	SW09	S08
GL10	L09	SW10	S09
GL11	L10	SW11	S10
GL12	L11	SW12	S11
GL13	L12	SW13	S12
GL14	L13	SW14	S13
GL15	L14	SW15	S14
GL16	L15	SW16	S15

2. 交通灯控制系统设计

内容及要求：利用 NB-Designer 软件在 NB 型触摸屏建立组态工程，通过与 PLC 通信模拟实现对十字路口东西向和南北向的交通灯的控制。

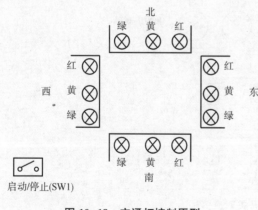

图 10-18 交通灯控制原型

交通灯控制原型如图 10-18 所示，当启动按键接通时，交通灯开始工作。先是东西绿灯亮、南北红灯亮。南北红灯亮维持 35 s，在南北红灯亮的同时，东西绿灯也亮，并维持 30 s，到 30 s 时，东西绿灯闪亮，闪亮周期 1 s（0.5 s 亮，0.5 s 灭）。绿灯闪亮 3 s 后，黄灯亮，维持 2 s，到 2 s 时，东西黄灯灭、红灯亮，同时南北红灯灭、绿灯亮。东西红灯亮维持 25 s，南北绿灯亮 20 s，到 20 s 时，南北绿灯闪亮 3 s 后熄灭，南北黄灯亮维持 2 s，到 2 s 时，南北黄灯灭、红灯亮，同时东西红灯灭、绿灯亮。进入第二次循环，当启动开关断开时交通灯全部熄灭。

数字量地址对应表如表 10-4 所示，包括本实验台指示灯/开关与变量及实验台设备编号/触摸屏地址的对应关系。

表 10-4 数字量地址对应表

指示灯/开关	变量名	实验台设备编号/触摸屏地址	指示灯/开关	变量名	实验台设备编号/触摸屏地址
实验台启动开关	SW01	S00	东西红灯	GL03	L02
触摸屏启动开关	无	W0	南北红灯	GL04	L03
东西绿灯	GL01	L00	南北绿灯	GL05	L04
东西黄灯	GL02	L01	南北黄灯	GL06	L05

3. 模拟量运算及显示

内容及要求：利用旋转式变阻器实现模拟量采集并通过模拟量输出到触摸屏上显示电压值，并且两个模拟量的相加和相减结果也显示在触摸屏上；当相加结果大于 5 V 时，GL01 亮；当相减结果小于 1 V 时，GL02 亮；打开 SW1 启动数值转换，断开 SW1 停止数值转换。

模拟量地址对应表如表 10-5 所示，包括本实验台设备与 AD 通道及触摸屏地址的对应关系。

表 10-5 模拟量地址对应表

实验台设备	AD 通道	触摸屏地址
旋转开关 1	输入通道 1	无
旋转开关 2	输入通道 2	无
旋转开关 3	输入通道 3	无
旋转开关 4	输入通道 4	无
数码显示 1	无	W0
数码显示 2	无	W1
数码显示 3	无	W2
数码显示 4	无	W3

4. 彩灯控制组态设计

内容及要求：流水灯控制原型如图 10-19 所示，组态王设计画面灯 1~16 对应实验台指示灯 1~16，拨开开关 SW1，实现以下要求。

1) 按下按键 1：灯 1 亮，延时 1 s 灯 1 灭同时灯 2 亮，依次按照 1~16 的顺时针方向循环，并且"显示 1"显示循环的圈数，打开按键 1 的同时"显示 5"清零并倒计时 20 s，若计时时间到且没有其他按键操作进入步骤 2) 中循环模式，且要实现组态王与实验台指示灯同步亮灭。

2) 按下按键 2：灯 1 亮，延时 1 s 灯 1 灭同时灯 16 亮，依次按照 16 至 1 的逆时针方向循环，并且"显示 2"显示循环的圈数，打开按键 2 或由步骤 1) 进入步骤 2) 的同时"显示 5"清零并倒计时 20 s，若计时时间到且没有其他按键操作进入步骤 3) 中循环模式，且要实现组态王与实验台指示灯同步亮灭。

3）按下按键3：灯1亮，延时1 s灯1灭同时灯3亮，依次按照1—3—5—7—9—11—13—15—1的顺时针方向循环，并且"显示3"显示当前时刻点亮灯对应的号码，打开按键3或由步骤2）进入步骤3）的同时"显示5"清零并倒计时20 s，若计时时间到且没有其他按键操作进入步骤4）中循环模式，且要实现组态王与实验台指示灯同步亮灭。

4）按下按键4：灯2亮，延时1 s灯2灭同时灯4亮，依次按照2—4—6—8—10—12—14—16—2的顺时针方向循环，并且"显示4"显示当前时刻点亮灯对应的号码，打开按键4或由步骤3）进入步骤4）的同时"显示5"清零并倒计时20 s，若计时时间到且没有其他按键操作进入步骤1）中循环模式，且要实现组态王与实验台指示灯同步亮灭。

5）按下按键5一次暂停灯的循环及显示，再次按下按键5指示灯按暂停前的运行状态继续运行。

6）按下按键6：所有灯停止运行且全部熄灭。

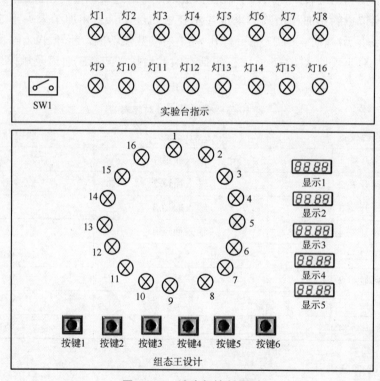

图10-19 流水灯控制原型

5. 液位、压力输入显示及相应曲线显示实验

内容及要求：组态显示示例如图10-20所示，旋转开关1对应液位1输入，压力显示1是液位输入1的0.5倍；旋转开关2对应液位2输入，压力显示2是液位输入2的0.2倍，压力显示3是液位3的0.6倍。

1）拨动旋转开关对应数码管显示相应电压值：数码管1、2分别显示旋转开关1、2的输入值，数码管3、4显示压力值1、2。

2）组态王画面设计：拨动旋转开关1组态王对应液位1显示增加，当液位大于量程

（量程为 10）的 4/5 时进行报警，即灯 1 点亮；拨动旋转开关 2 组态王对应液位 2 显示增加，当液位大于量程的 4/5 时进行报警，即灯 2 点亮；

3）同时打开阀 1、2，液罐 3 为液罐 1、2 的和。

4）实时曲线显示：横轴为时间轴，纵轴为数据轴分别为液位 1、液位 2、液位 3、压力 1、压力 2、压力 3，当拨动旋转开关 1、2 对应液位、压力曲线跟随变化。

5）XY 控件：横轴为压力，纵轴为液位，分别绘制液位 1—压力 1、液位 2—压力 2、液位 3—压力 3 的曲线图，拨动旋转开关 XY 控件的液位—压力曲线跟随变化。

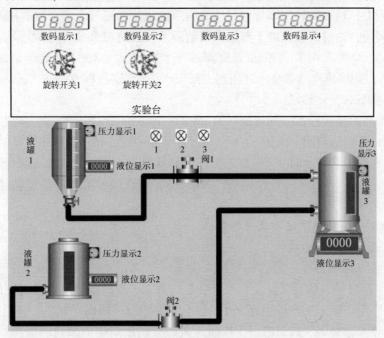

图 10-20 组态显示示例

6. 气动执行机构调压、调速、换向实验

本实验使用单电控和双电控两种电磁阀分别控制薄型缸和自由安装缸的运动。气动回路如图 10-21 所示。

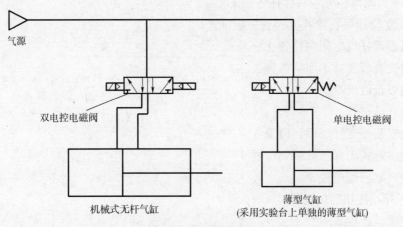

图 10-21 气动回路

表 10-6 为开关对应的实验设备编号，对应的 I/O 配置参考 10.2.2 节相应内容。

表 10-6　开关对应实验设备

装置	对应实验台开关	装置	对应实验台开关
SW1	S00	SW3	S02
SW2	S01	SW4	S03

本实验内容及要求如下。

1) 调节压力，通过旋转三联件中部压力调节旋钮并观察压力表来调节气体压力。

2) 气缸调速，通过旋转气缸上节流阀旋钮调节气缸进气和出气的大小从而改变气缸的运动速度，本实验要求调节薄型缸节流阀进气、出气大小使薄型缸运动的平均速度为 200 mm/s 左右，并将速度结果显示到组态王画面。（薄型缸行程 50 mm，运动时间可通过薄型缸行程开关状态的变化确定。）

3) 气缸循环运动实验，打开复位开关 SW1 两个气缸回到初始位置，即机械式无杆气缸回到左侧位置，薄型缸收回。关闭 SW1 打开运行开关 SW2，薄型缸伸出，延时 2 s 机械式无杆气缸移动到右侧，之后延时 2 s 机械式无杆气缸移动到左侧，延时 2 s 薄型缸收回，如此进行循环运动。打开 SW3 气缸暂停运动，关闭 SW3 气缸接着按暂停前运动状态继续运动，打开 SW4 气缸停止运动。

7. PLC 控制气动机械手运动及组态显示

（1）组态王测试气缸运动

内容及要求：物块抓取往复运动简图如图 10-22 所示，完成滑尺型无杆气缸、自由安装型气缸 1、平行气爪、薄型气缸、自由安装型气缸 2、机械接触式无杆气缸的组态王动作测试，具体操作是在组态王软件中将上述气缸分别在组态王画面上标出，并用指示灯对应每个气缸的行程开关，每个气缸对应一个按钮开关，分别用对应的按钮开关测试气缸的运动；每个气缸的单独动作调试成功后再进行气缸循环动作实验。

（2）气缸循环动作实验

内容及要求：设置两个功能开关为开始和复位；按下复位开关所有装置回到初始位置，按下开始开关实验装置按下一方案开始循环运动；按分组完成动作要求，每组按所在的实验台号完成对应的动作任务。具体任务如下。

1) 按下复位开关实验装置回到初始位置。

① 滑尺型无杆气缸回到位置 2。

② 自由安装型气缸 1 回到位置 3。

③ 真空吸盘取消真空。

④ 平行气爪打开。

⑤ 自由安装型气缸 2 回到位置 6。

⑥ 机械接触式无杆气缸回到位置 9。

⑦ 薄型气缸回到位置 8。

2) 按下开始按钮后的动作。

① 真空吸盘产生真空。

② 自由安装型气缸 1 由位置 3 到位置 4。

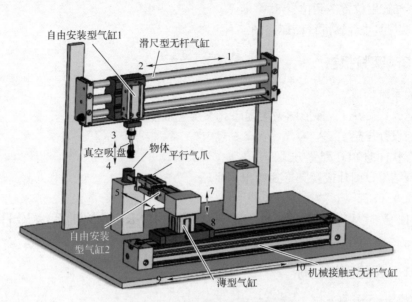

图 10-22 物块抓取往复运动简图

③ 延时 3 s。
④ 自由安装型气缸 1 由位置 4 到位置 3。
⑤ 滑尺型无杆气缸由位置 2 到位置 1。
⑥ 自由安装型气缸 1 由位置 3 到位置 4。
⑦ 真空吸盘取消真空。
⑧ 薄型气缸由位置 8 到位置 7。
⑨ 机械接触式无杆气缸由位置 9 到位置 10。
⑩ 自由安装型气缸 1 由位置 4 到位置 3。
⑪ 自由安装型气缸 2 由位置 6 到位置 5。
⑫ 薄型气缸由位置 7 到位置 8。
⑬ 延时 2 s。
⑭ 平行气爪关闭。
⑮ 延时 1 s。
⑯ 薄型气缸由位置 8 到位置 7。
⑰ 机械接触式无杆气缸由位置 10 到位置 9。
⑱ 薄型气缸由位置 7 到位置 8；。
⑲ 延时 2 s。
⑳ 平行气爪打开。
㉑ 延时 1 s。
㉒ 滑尺型无杆气缸由位置 1 到位置 2。
㉓ 薄型气缸由位置 8 到位置 7。
㉔ 自由安装型气缸 2 由位置 5 到位置 6。

㉕ 薄型气缸由位置7到位置8。

重复步骤①~步骤㉕进行循环运动。

10.2.3 实验报告

1) 实验系统构成。
2) 变量表（截屏），梯形图关键程序（截屏、带注释）。
3) 实验设计思想。
4) 组态软件的PLC配置方式。
5) 实验结果以图片或视频形式给出。

10.3 基于OMRON NX1P的电机运动控制系统设计

10.3.1 实验教学目标

1) 掌握NX1P内置EtherCAT通信网络的配置。
2) 掌握台达公司ASDA-A2-E CoE Drive型号伺服驱动器速度控制和位置控制的方法，通过编写程序实现电机运动控制。

10.3.2 实验内容

1. 伺服驱动器单轴位置控制

内容及要求：按下通电开关，MC_Power指令取值为真，对伺服1（添加的第一个ASDA-A2-E CoE Drive模块）进行激活，轴Axis_X000（0，MC）操作准备就绪，伺服1打开后，使用原点返回指令MC_Home对轴Axis_X000（0，MC）启动原点返回操作；按下启动开关后，轴Axis_X000（0，MC）开始运动，从左侧运动到右侧后停止。

2. 轴组的插补运动

内容及要求：通过MC_MoveLinear指令的多次执行完成两轴的直线插补过程，并通过实验台的笔绘制出运动轨迹如图10-23所示的矩形，其中工位1 (0 mm, 0 mm)、工位2 (0 mm, 100 mm)、工位3 (150 mm, 100 mm)、工位4 (150 mm, 0 mm)、工位5 (0 mm, 0 mm)。（轴1，轴2）的过程顺序为1—2—3—4—5，最后返回原点并停止。

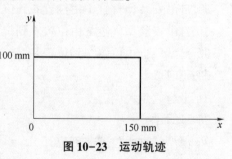

图10-23 运动轨迹

10.3.3 实验报告

1) EtherCAT和EtherNET/IP网络的配置方式。
2) Sysmac Studio中的PLC梯形图程序（注释）。
3) 实验设计思想。
4) 实验结果以图片或视频形式给出。

10.4 基于 OMRON NX1P 的网络控制系统设计

10.4.1 实验教学目标

1) 掌握 NX1P EtherNET/IP 通信网络的配置。
2) 掌握多 NX1P 通过 EtherNET/IP 组网的方法，利用 Network Configurator 进行网络配置，通过编写程序实现伺服电机的本地及远程运动控制。

10.4.2 实验内容

两个实验台上的 NX1P 通过 EtherNET/IP 组网，当按下一台 NX1P 实验台的上电和启动开关后，两个实验台的启动灯亮起，该 NX1P 实验台的轴 Axis_X000（0，MC）开始运动，从左侧运动到右侧，并停止。等待 10 s 后一台 NX1P 实验台将启动指令通过 EtherNET/IP 传送到另一台 NX1P 实验台，并使得另一台 NX1P 实验台上的轴 Axis_X000（0，MC）开始运动，从左侧运动到右侧后停止，从而实现 NX 系列 PLC 间的通信。

10.4.3 实验报告

1) EtherCAT 和 EtherNET/IP 网络的配置方式。
2) Sysmac Studio 中的 PLC 梯形图程序（注释）。
3) 实验设计思想。
4) 实验结果以图片形式给出。

参 考 文 献

[1] RICHARD E, HASKELL, DARRIN M, et al. FPGA 数字逻辑设计教程：Verilog [M]. 郑利浩, 王荃, 陈华锋, 译. 北京：电子工业出版社, 2010.

[2] 廉玉欣, 侯博雅, 王猛, 等. 基于 Xilinx Vivado 的数字逻辑实验教程 [M]. 北京：电子工业出版社, 2016.

[3] 孟宪元. FPGA 现代数字系统设计教程：基于 Xilinx 可编程逻辑组件与 Vivado 平台 [M]. 北京：清华大学出版社, 2020.

[4] 左冬红. 计算机组成原理与接口技术：基于 MIPS 架构 [M]. 北京：清华大学出版社, 2014.

[5] 吴宁, 乔亚男, 主编. 微型计算机原理与接口技术 [M]. 4 版. 北京：清华大学出版社, 2016.

[6] 广州风标教育技术股份有限公司. 微机原理与接口技术实验系统 [DB/CD], 广州：广州风标教育技术股份有限公司, 2020.

[7] 马忠梅, 李元章, 王美刚, 等. 单片机的 C 语言应用程序设计 [M]. 6 版. 北京：北京航空航天大学出版社, 2017.

[8] 彭伟. 单片机 C 语言程序设计实训 100 例：基于 STC8051+Proteus 仿真与实战 [M]. 北京：电子工业出版社, 2022.

[9] 张义和, 王敏男, 许宏昌, 等. 例说 51 单片机（C 语言版）[M]. 3 版. 北京：人民邮电出版社, 2010.

[10] 彭敏, 邹静, 王巍. 单片机课程设计指导 [M]. 武汉：华中科技大学出版社, 2018.

[11] JOSEPH YIU, 吴常玉, 曹孟娟, 王丽红, 等. ARM Cortex-M3 与 Cortex-M4 权威指南 [M]. 北京：清华大学出版社, 2015.

[12] 意法半导体. RM0090 参考手册——STM32F40xxx, STM32F41xxx, STM32F42xxx, STM32F43xxx 基于 ARM 内核的 32 位高级 MCU [EB/OL]. (2015-07-27) [2024-05-25]. https://www.stmcu.com.cn/Designresource/detail/localization_document%20/710005.

[13] 意法半导体. STM32F405xx STM32F407xx [EB/OL]. (2024-11). [2024-05-25]. https://www.st.com/resource/en/datasheet/stm32f405rg.pdf.

[14] 刘军, 凌柱宁, 徐伟健, 等. 精通 STM32F4（HAL 库版）（上）[M]. 北京：北京航空航天大学出版社, 2024.

[15] 正点原子. STM32F407 开发指南 V1.2-正点原子探索者 STM32F407 开发板教程 [DB/CD]. 广州：广州市星翼电子科技有限公司, 2022.